安徽湿地保护修复实践与探索

安徽省林业局　编著

合肥工業大學出版社

图书在版编目(CIP)数据

安徽湿地保护修复实践与探索/安徽省林业局编著．—合肥：合肥工业大学出版社，2021.9

ISBN 978-7-5650-4951-4

Ⅰ.①安… Ⅱ.①安… Ⅲ.①沼泽化地—自然资源保护—研究—安徽②沼泽化地—生态恢复—研究—安徽 Ⅳ.①P942.547.8

中国版本图书馆CIP数据核字(2021)第178222号

安徽湿地保护修复实践与探索

安徽省林业局 编著　　　　责任编辑 权 怡

出 版	合肥工业大学出版社	版 次	2021年9月第1版
地 址	合肥市屯溪路193号	印 次	2021年9月第1次印刷
邮 编	230009	开 本	787毫米×1092毫米 1/16
电 话	编校与质量管理部：0551-62903210	印 张	13.25 彩 插 0.5印张
	市 场 营 销 部：0551-62903198	字 数	295千字
网 址	www.hfutpress.com.cn	印 刷	安徽昶颉包装印务有限责任公司
E-mail	hfutpress@163.com	发 行	全国新华书店

ISBN 978-7-5650-4951-4　　　　定价：88.00元

升金湖国际重要湿地（阮红霞　摄）

安庆菜子湖国家湿地公园（吴志贵　摄）

淮北中湖国家湿地公园（中湖湿地公园　摄）

新安江湿地（方传波　摄）

黄山太平湖国家湿地公园（唐　勇　摄）

太和沙颍河国家湿地公园（张　磊　摄）

来安池杉湖国家湿地公园(池杉湖湿地公园　摄)

贵池十八索省级自然保护区(程东升　摄)

砀山黄河故道省级自然保护区(李玉林　摄)

安庆沿江湿地省级自然保护区(赵　凯　摄)

蚌埠三汊河国家湿地公园(刘　敏　摄)

桐城嬉子湖国家湿地公园
小微湿地(田胜尼　摄)

长江江豚(国家Ⅰ级保护野生动物　章　贤　摄)

中华秋沙鸭(国家Ⅰ级保护野生动物　赵　凯　摄)

牛背鹭(赵　凯　摄)

东方白鹳(国家Ⅰ级保护野生动物　程东升　摄)

小天鹅(国家Ⅱ级保护野生动物　孙葆根　摄)

灰翅鸥(叶向荣　摄)

池鹭(陈世萍　摄)

大白鹭(陈世萍　摄)

红嘴鸥(褚道璜　摄)

黑翅长脚鹬(宛小红　摄)

普通鸬鹚(周立志　摄)

遗鸥(国家Ⅰ级保护野生动物
闻啼鸟自然教育工作室　摄)

水蕨（国家Ⅱ级保护野生植物　田胜尼　摄）

野大豆（国家Ⅱ级保护野生植物　田胜尼　摄）

野菱（国家Ⅱ级保护野生植物　田胜尼　摄）

菹草（田胜尼　摄）

荇菜（周忠泽　摄）

马来眼子菜（田胜尼　摄）

黑藻(田胜尼　摄)

苦草(田胜尼　摄)

水葱(田胜尼　摄)

水鳖(周忠泽　摄)

入侵物种喜旱莲子草(田胜尼　摄)

入侵物种加拿大一枝黄花(田胜尼　摄)

编纂委员会

前 言

湿地与森林、海洋并称为地球的三大生态系统，是人类最重要的生存环境与资源资本，在涵养水源、净化水质、防洪抗旱、调节气候和维护生物多样性等方面发挥着极其独特的生态功能，享有“地球之肾”美誉。保护湿地是生态文明建设的重要内容，事关生态安全、社会经济可持续发展和中华民族子孙后代的生存福祉。党的十九大报告指出，必须树立和践行绿水青山就是金山银山的理念，坚持节约资源和保护环境的基本国策，像对待生命一样，对待生态环境，统筹山水林田湖草系统治理。

安徽地跨南北、承东启西、通江达海，湿地生态区位极其重要。境内河流纵横，湖泊密布，生境多样。安徽是全国湿地资源较丰富的省份之一，据全国第二次湿地资源调查统计，全省湿地总面积104.18万公顷，占全省国土总面积的7.47%，包括河流湿地、湖泊湿地、沼泽湿地、人工湿地四大类。全国七大水系中的长江、淮河横贯全境，新安江发源于皖南，巢湖为全国第五大淡水湖，分布于淮北、淮南、亳州等地的煤矿塌陷湿地在全国极为典型独特，安庆沿江大型湖泊集中成片，构成了长江中下游区域享有盛名的华阳河湖群。从江南到皖北，风光秀美的安徽湿地不仅具有重要的生态功能，也是众多野生动植物栖息的天堂，为安徽省经济社会发展和生态安全发挥了重要的支撑作用。同时，安徽湿地面临着面积萎缩、功能退化、环境污染、生物入侵、生境破碎等诸多威胁，加大湿地保护修复力度迫在眉睫。为增强湿地保护修复的科学性，总结提炼安徽湿地保护修复最新研究成果、创新做法和建设成效，安徽省林业局组织编著了《安徽湿地保护修复实践与探索》一书，本书共分三编，各编主要内容如下：

第一编为修复理论编。主要从安徽湿地形成与演变、保护与利用、生态补偿、价值评估、空缺地分析、湿地生态状况评估、湿地植被修复技术、湿地碳汇、湿地承载力、湿地水位调控、湿地生态系统机理、地理信息系统构建等方面介绍安徽湿地保护修复最新研究成果。

第二编为保护规划编。分别从全省范围、皖江流域、升金湖流域和单个保护地层面介绍各类规划编制的指导思想、目标任务、区划原则、工程布局、行动计划等内容。

第三编为实践案例编。主要介绍环巢湖十大湿地、太和沙颍河、池州平天湖、蚌埠三汊河、来安池杉湖、肥东管湾、利辛西淝河、淮北中湖、庐阳董铺、安庆菜子湖、泗县石龙湖、桐城嬉子湖、安庆社区共管、贵池十八索湿地学校等地的创新做法和实践成效。

本书在编写和出版过程中，得到国家林业和草原局湿地管理司、安徽加强安徽省湿地保护地体系管理有效性（GEF）项目指导委员会、国内外相关专家、有关自然保护区及其所在地林业行政主管部门、有关高校院所等单位的支持，在此一并表示感谢。限于水平，书中不妥之处，敬请读者批评指正。

编　者

2020 年 7 月

目录
Contents

壹 修复理论编

湿地为人类生产生活提供了大量的资源，是地球上最具生产力的生态系统之一。然而当前湿地正承受巨大压力，已经成为全球最受威胁的生态系统之一。湿地功能退化现象依然存在，对湿地进行生态修复迫在眉睫。党的十八大要求，扩大湿地面积。党的十九大报告强调，强化湿地保护和修复，还自然以宁静、和谐、美丽。湿地修复，主要是指通过生态技术或生态工程对退化或消失的湿地进行修复或重建，再现干扰前的结构和功能，以及相关的物理、化学和生物学特征，使其发挥应有的作用。而退化湿地生态系统的恢复是一项技术复杂、所需时间长、投入巨大的工程，只有在准确理解湿地生态修复理论的基础上，才能真正做到保护湿地，所以对湿地修复理论的研究和探讨，无疑将有助于湿地生态系统在修复过程中做到在最小风险、最小投资的情况下获得最大效益。

安徽湿地的形成与演变研究

湿地的英文单词是“Wet Land”，意思是潮湿的土壤，即地表过湿或经常积水，生长湿地生物的地区。地貌和气候条件决定了地表水的状况，地势低平，容易汇集地表水和降水较为丰沛的地区易形成湿地。湿地的形成主要受自然和人为两大类因素影响。安徽省的地理位置在大陆构造上，处于淮阳古陆与江南古陆之间，大别山区和皖南山区的南部成陆最早，以这两个地区的古陆为基础，向周围不断扩展，经历10亿～18亿年的漫长时间和多次海陆变迁，发展成为现在的地貌景观，并形成了多种多样的天然湿地。而人工湿地形成的时间较短，主要是由人为力量形成的。

安徽湿地具有类型众多、形成方式多样等特点。全省湿地总面积约为104.18万hm^2，占省国土面积的7.47%。其中，自然湿地面积约为71.36万hm^2，包括永久性河流、洪泛平原湿地、永久性淡水湖泊、沼泽湿地等；人工湿地面积约为32.82万hm^2，包括库塘、塌陷湿地、运河或输水河、水产养殖场湿地等。此外，安徽还有大面积的水稻田湿地。全国七大水系中的长江、淮河在安徽省内穿境而过，新安江源于皖南，水量充沛，由此衍生出许多支流和湖泊湿地。其中，天然湖泊、天然河流伴随着安徽地质地貌的变迁而形成，历史悠久；但有些湿地或因黄河南泛、或因河流改道、或因人工蓄水、或因采煤塌陷而形成，时间较短。

一、安徽湿地的形成方式

（一）河流湿地的形成

按河流湿地形成方式不同，划分为天然河流湿地和人工河流湿地。

1. 天然河流湿地的形成

安徽天然河流湿地包括长江河流湿地、淮河河流湿地、新安江河流湿地等。

（1）长江河流湿地

长江发源于青藏高原，自湖北省黄梅县进入安徽，流经安庆、池州、铜陵、芜湖、马鞍山五市，在和县乌江口进入江苏省。距今1.4亿年前的侏罗纪燕山运动形成了唐古拉山脉，使青藏高原缓缓抬高，形成许多高山深谷、洼地和裂谷。到距今3000万～4000万年前的始新世，由于发生了强烈的喜马拉雅造山运动，使青藏高原和云贵高原显著抬升，古地中海消失，长江流域普遍间歇上升，金沙江两岸高山突起，形成了一些断陷盆地，出现了许多深邃险峻的峡谷，原来自北往南流的水系相互归并顺折向东流。到了距今300万年前，喜马拉雅山强烈隆起，长江流域上游进一步抬高，长江中下游上升幅度较小，形成中山、低山和丘陵，低凹地带下沉为平原。从湖北伸向四川盆地的古长江溯源侵蚀作用加快，切穿巫山，使东西古长江贯通一气，江水浩浩荡荡注入东海，形成今日之长江。

长江河流湿地就是由长江及其支流形成的湿地类型。

（2）淮河河流湿地

淮河发源于河南省桐柏山，流经安徽的阜阳、六安、淮南、蚌埠四市，经洪泽湖由三江营入长江，为我国东部南方、北方的天然分界线。在商代的甲骨文和西周的钟鼎文里就有“淮”字出现，历史上，淮河与长江、黄河、济水并称四渎，是独流入海的四条大河之一。淮河河流湿地就是由淮河形成的湿地类型。

（3）新安江河流湿地

新安江为钱塘江上游，其来源于两大支流，北支流为横江，源于黟县五溪山主峰白顶山；南支流称率水，为新安江正源，发源于休宁县的六股尖。两支流在屯溪区黎阳汇合后，注入新安江，经歙县流入浙江省新安江水库。新安江河流湿地就是由新安江及其支流形成的湿地类型。

（4）洪泛平原湿地

洪泛平原湿地是由丰水季节因洪水泛滥的河滩、河心洲、河谷，季节性泛滥的草地以及保持了常年或季节性被水浸润的内陆三角洲所组成。

（5）河流故道湿地

河流故道湿地或因河流改道，或因河流截弯取直，或因人工河道开挖后废弃而成。旧河道多分布于淮北平原和江淮丘陵，如颍泉区的泉水河、肥西的丰乐河、六安的老淠河等。

历史上黄河流经安徽，后因南泛入淮，原先部分的黄河河流废弃，形成黄河故道湿地，如萧县、砀山的黄河故道湿地。

2. 人工河流湿地的形成

人工河流包括输水河和运河。输水河和运河是为输水或水运而建造的人工河流，其湿地包括圩沟和死（旧）河道、人工河道。圩沟主要分布于沿江两岸，周围以农田为主；人工河道主要是在治淮工程中建设的较大的人工沟渠，如茨淮新河、新汴河、汲东干渠、淠河总干渠、淠东干渠、瓦西干渠、淠杭干渠、瓦东干渠等，主要分布于六安市和淮北平原，有助于农田灌溉。

（二）湖泊湿地的形成

安徽湖泊湿地有天然湖泊湿地和人工湖泊湿地两大类。

1. 天然湖泊湿地的形成

安徽天然湖泊湿地主要有三种形成方式：①河道淤塞形成的，如沿淮的湖泊湿地是由于黄河南徙入淮顶托，使淮河支流水系因泥沙淤塞不能排入干流壅水形成的湖泊，包括焦岗湖、沱湖、八里河、天井湖等；②河道摆动形成的，如沿江的龙感湖、黄大湖、泊湖等系长江干流河床的南迁摆动而形成的；③地壳构造运动形成的，如巢湖、黄陂湖、竹丝湖等，这些湖泊已有几百万年的演变历史，有进水河流、出水河流。其中由第一种和第二种方式形成的湖泊皆为河成湖。

2. 人工湖泊湿地的形成

安徽人工湖泊湿地有采煤塌陷型湖泊湿地和人工开挖型湖泊湿地两类。

（1）采煤塌陷型湖泊湿地

采煤塌陷型湖泊湿地形成始于 20 世纪 60 年代，主要分布在安徽的阜阳、淮北、淮南、亳州等地煤层埋藏较浅、倾角较小、可采煤层厚的地区，这些地在进行地下采煤后形成采空区，造成地表大面积土地塌陷，塌陷区因地下水上升、聚集降雨和汇集地表水形成人工湖泊湿地。采煤塌陷型湖泊湿地分为三类：①已稳定的深水湿地，常年有水，积水面积大；②已稳定的浅水湿地，多为沼泽地，雨季内涝积水，旱季泛碱荒芜；③尚未稳定的塌陷湿地，这类湿地位于正在开采的煤层之上，地层尚不稳定，水域面积和水体深度随季节性变化较大。

塌陷湖泊区别于天然湖泊的一个显著特点是：形成时间短，最长不过数十年，湖床平坦，一般无进水河流、出水河流，滩涂少、淤泥薄、沉水植物较少。

(2) 人工开挖型湖泊湿地

这类湖泊湿地因城市化建设而形成，时间短，面积小，生物多样性贫乏，如合肥的天鹅湖、翡翠湖等。

(三) 库塘湿地的形成

库塘湿地是安徽分布最广、面积最大的人工水域湿地类型。

1. 水库湿地的形成

全省的水库基本上都是由河流截流而成。有山谷型（如陈村水库）和丘陵型（如董铺水库）等类型。六安市为安徽省大型水库的集中分布区，滁州市是全省水库分布最为集中的城市。水库的水位取决于流入和流出的水量平衡，因都建有库闸，其水位皆由人为控制。

2. 池塘湿地的形成

池塘面积小，通常不足 1 hm^2，数量甚多，广布于农田间和村前屋后，主要用于灌溉、养殖和农村生活饮用水源。池塘在平原地区多称为水塘，多为人工开挖，如因灌溉、农村建房、采集制作砖坯的坯泥后留下的凹坑积水而成；在山区和丘陵地区称山塘，多为山谷截流而成。较之湖泊，池塘小而浅，常与沟渠相连，为人工湿地。

(四) 沼泽湿地的形成

沼泽湿地包括草本沼泽、灌丛、森林沼泽、藓类沼泽、草甸等类型，其中草本沼泽为安徽分布最广、面积最大的沼泽湿地类型，但全省没有大面积成片分布的草本沼泽，而是零星分布于湖泊湖滨低地、旧河床、山区洼地等处。沼泽湿地的特点是地势低洼，排水不良，并生长有湿地植物，底下有较厚的淤泥。煤矿塌陷区湖泊由于没有进水和出水河流，排水不良，会形成一些草本沼泽湿地。

草本沼泽、灌丛、森林沼泽、藓类沼泽、草甸湿地等类型的形成主要是由水位的高低来决定。

(五) 水稻田湿地的形成

水稻田湿地是我国劳动人民在土壤中种植水稻而形成的，安徽栽培水稻历史悠久，主要分布于沿淮两岸及其淮河以南的广大地区，以长江干流、支流沿岸地区最为集中。水稻田湿地可分为稳定水稻田和不稳定水稻田两类，由于现行农业生产实行家庭承包责任制，经营方式灵活，农民随时都可能根据市场供求情况改变其耕作方式。由此可知，水稻田既是安徽面积最大的人工湿地，也是安徽最不稳定的湿地类型。

二、安徽湿地的演变

生态系统的结构和功能随时间的变迁而改变就是生态系统的演变。生态系统演变是系统内部的发展过程与外加的物理力量相互作用的结果，以前者为动因的演变称为内因演变，以后者为动因的演变称为外因演变。自然状态下，湿地生态系统的演变需要经历漫长的岁月，但人类对湿地的人为干扰，如江湖隔绝、过度养殖、环境污染、生物入侵等，加速了湿地生态系统的演变，并可能改变湿地生态系统自然演变的轨迹。

（一）湿地类型的演变

1. 河流湿地的演变

由于城市化进程的不断推进，人们会不自觉地将城市周边的小河流、小沟渠作为垃圾堆放的场所，导致其退废、萎缩，甚至消失。

由于水利工程实施、兴建人工湖泊、采煤塌陷区面积不断扩大，部分天然河流可能断流、萎缩，甚至沦为河流“故道”。

安徽河流湿地总的演变趋势是：河流水系紊乱现象将进一步加剧，天然河流数量减少、自然属性衰退，人工河流数量增加、功能单一化现象严重。

2. 湖泊湿地的演变

围垦是导致安徽天然湖泊湿地急剧减少的主要原因，这主要发生于 20 世纪 50～80 年代，全省湖泊围垦面积达 20 万 hm^2，占全省原湖泊面积的 36.4%，少数湖泊比例占原湖泊总面积的 50%，导致许多湖泊如庐江的白湖、当涂的丹阳湖已荡然无存。

近年来围垦现象基本得到遏制，但水土流失、湖床抬高、江湖隔绝等现象仍然严重，沼泽化进程加速，甚至出现老年化现象，如陈瑶湖。

受城市建设需要，人工湖泊将持续增多；采煤塌陷湖泊将大幅增加。

总之，全省呈现天然湖泊数量稳定、调蓄能力下降，人工湖泊数量增多、景观异质性下降趋势。

3. 库塘湿地的演变

（1）水库湿地

历史上，安徽水利发展较早，如寿县的芍陂（今安丰塘），始建于 2500 多年前的春秋时代，灌田万顷。新中国成立后，水库建设得到空前发展。由于水利工程的建设，水库数量和面积将继续增加。

（2）池塘湿地

实行农业生产承包责任制后，由于池塘治理缺少统一的生产组织，加上农村生活饮用水逐渐采用地下水，同时填塘造陆和作为垃圾堆放场所与建设用地，导致许多池塘淤积十分严重，容积不断缩小，甚至消失。近年来，湖岸、河岸虽连年加高，但旱涝灾害仍频繁发生，其中一个重要原因就是池塘的大量萎缩和消失。20 世纪 80 年代，安徽面积达 0.2 hm^2 以上的池塘有 24 万多口，江淮丘陵之间更是池塘密布，其容积相当于巢湖的三分之二。如巢湖流域原有 15 万个小池塘，总面积约 2.7 万 hm^2，总蓄积量达 5.65 亿 m^3，相当于整个巢湖的三分之一，而如今退废、消失的现象十分严重。

随着国务院印发的《湿地保护修复制度方案》和《安徽省湿地保护条例》的实施，以及海绵城市的建设需求，池塘湿地将迎来新一轮的增长高峰。

4. 沼泽湿地的演变

沼泽湿地因干旱、水源断绝，或人为活动开沟排水等，改变了沼泽生境，湿生植被可能逐渐被中生植物所取代，成为草甸。泥炭藓湿地由于泥炭层的不断积累，地下水位变低，中生植物侵入，渐渐发展成为草甸或草地，甚至被乔木和灌木取代。由于旅游业的发展，建造宾馆蓄水池供游人用水，改变了原水系的流向和沼泽水位，从而造成湿地演变。如黄山风景区曾有几处泥炭藓湿地，但随着旅游的开发及人类活动的干扰，现在已难见其踪迹。

沼泽湿地演变趋势是：湖滨、河滨沼泽仍有被开垦和被填埋的危险，山地沼泽将进一步减少，或由藓类沼泽向乔木和灌木沼泽演变，甚至消失。

5. 水稻田湿地演变

由于粮食产量的大幅提高，加之现代食用需求多元化和退田还湖工程的实施，水稻田已由传统种植水稻向养殖业、现代种植业、生态旅游业转变，包括种植藕、茭白、水芹等水生蔬菜和水生花卉，以及发展观光农业等。总的趋势是：水稻田仍作为农用地，但其功能多样化，动态变化特征明显，传统水稻田湿地面积将会减少。

（二）湿地面积的演变

安徽湿地围垦主要发生于20世纪80年代前，近年来不断加大湿地保护力度，采取退田还湖政策，湖泊围垦现象鲜有发生，湖泊湿地面积保持基本稳定或稍有增加；而水库湿地和塌陷湿地不断形成。

全省湿地面积变化趋势呈现：自然湿地面积减少、人工湿地面积增加，湿地总面积呈增大趋势。而安徽省第一次（2000年）和第二次（2011年）湿地资源调查也表明，全省面积达100 hm^2以上的湿地面积增加了9.56万hm^2。

（三）湿地生态服务功能的演变

1. 湿地调蓄能力减弱

湿地是一个巨大的海绵体，贪婪地吞食着雨水，具有巨大的滞洪和抗旱功能。由于入湖河流的泥沙沉积和生物残体的堆积，洲滩不断扩大增高，湖床、河床也不断被抬高，加之农村大量池塘消失、城市地表大面积固化、湿地调蓄能力下降，导致洪灾、旱灾频繁发生，加剧了城市内涝。

2. 湿地自我修复能力下降

江湖隔绝、修桥筑路，加剧了湿地破碎化进程，导致湿地生态系统稳定性下降；生物入侵、环境污染、植被退化、湿地生产力下降，导致湿地自净和修复能力不足，如巢湖为重富营养化，陈瑶湖已出现泥炭层。

3. 湿地部分功能丧失

湿地作为重要水源地，提供水源是其重要功能。如巢湖十多年前可作合肥、巢湖的饮用水源，现由于污染严重，已丧失饮用水源功能，每年合肥不得不从皖西五大水库购水。

少数湿地由于水位提升，导致滩涂消失，一些珍稀水禽的重要栖息地和觅食地也随之消失。

（四）湿地生物多样性的演变

1. 湿地植被的演变

决定湿地植被演变的主要因素是生境改变、过度利用和水位变化。湖泊湿地如遇干旱或随着其沿岸草本湿地植被、挺水型水域植被残体的累积，会加速腐殖质堆积，致使水体变浅，这样湖缘的草本湿地植被带和挺水植被带就会向湖心推进，使沉水植物的分布范围逐渐缩小，而浮水植物则逐渐侵入，使水体继续沼泽化，水生植被逐渐被草本湿地植被所取代。如 20 世纪 80 年代调查资料表明，龙感湖以马来眼子菜（*Potamogeton wrightii*）群落占据优势，几乎遍布全湖，而现在只是零星小块状分布，从单株到 1～5 m^2 丛生分布，已被菱（*Trapa bispinosa*）群落所取代。陈瑶湖以芡实（*Euryale ferox*）为优势种，武昌湖以茭白（*Zizania latifolia*）为优势种；此外，入侵物种水花生（*Alternanthera philoxeroides*）疯狂生长和蔓延抑制土著种生长，以及不断增多的蟹养殖业，也对沉水植物造成了毁灭性破坏。湿地植被总的演变趋势是：总覆盖度下降，沉水植物锐减，浮水植物减少，挺水植物增多，植被单一化现象严重，中华水韭（*Isotes sinensis*）、莼菜（*Brasenia schreberi*）、水蕨（*Ceratopteris thalictroides*）等珍稀物种的分布范围和数量在逐渐减少。

2. 湿地动物种群的演变

东方白鹳（*Ciconia boyciana*）、白头鹤（*Grus monacha*）、黑鹳（*Ciconia nigra*）、白鹤（*Grus leucogeranus*）、灰鹤（*Grus grus*）、白枕鹤（*Grus vipio*）、扬子鳄（*Alligator sinensis*）等珍稀濒危物种种群数量保持相对稳定或略有增长；中华秋沙鸭（*Mergus squamatus*）为近几年发现的我省水鸟分布新纪录，数量稳定。近几十年因过度渔猎、生境破坏、环境污染等因素造成我省原有分布、现已绝迹的种类有海南鳽（*Gorsachius magnificus*）、黑头白鹮（*Threskiornis melanocephalus*）、朱鹮（*Nipponia nippon*）、白鳖豚（*Lipotes vexillifer*）等，以及由上述因素造成数量锐减、濒临灭绝的种类有大鲵（*Andrias davidianus*）、沼蛙（*Hylarana guentheri*）、黄喉拟水龟（*Mauremys mutica*）、眼斑水龟（*Sacalia bealei*）、黄缘闭壳龟（*Cuora flavomarginata*）、金头闭壳龟（*Cuora aurocapitata*）、水獭（*Lutra lutra*）等。

湿地生物多样性的演变趋势是：生物入侵现象加剧，生物多样性丰富度下降，导致 20 世纪 80 年代之前农村房前屋后的泥鳅嬉水、鱼虾绕屋、蛙声如潮的场景不易重现。

（五）湿地利用方式的演变

湖泊、水库、河流、库塘等湿地由主要利用其供水、防洪、灌溉、养殖、航运、发电等功能，向生态旅游、生物多样性保护、环境美化、水生蔬菜种植、碳汇等功能方面拓展，湿地在衍生新功能的同时，一些传统功能逐步弱化，如养殖、航运等。

湿地利用方式的演变趋势是：由单一化向多样化转变，由重经济向重生态转型，水产养殖强度逐步下降，湿地周边社区对湿地的经济依赖性下降。

（六）湿地威胁因子的演变

安徽省两次湿地资源调查表明，湿地的主要威胁因子已从围垦、非法猎捕和资源过度利用三大因子演变为环境污染、基建占用、过度养殖、外来物种入侵和生境破碎五大因子。随着湿地受主要威胁因子的增加，影响频次和影响湿地面积也呈增加态势，可见安徽湿地生态仍面临严重威胁。

（七）湿地保护措施的演变

安徽湿地资源的利用具有悠久的历史，但湿地保护工作相对滞后，并且真正将湿地保护列入议事日程仅有40年的时间。

在就地保护方面：20世纪80年代初，安徽以建立湿地类型自然保护区为主要就地保护措施，注重单个保护地的保护；自21世纪初以来，安徽以建立湿地公园为主要就地保护措施，工程实施也由单个保护地向流域层面和全省层面推进。

在尊重民意方面：自然保护区和湿地公园的建立与范围划定由政府行为向尊重社区意愿转变，采取听证、公示等形式，征询社区意见，推进和谐共建。

在湿地补偿方面：由社区无偿奉献到注重周边社区诉求，采取生态补偿，或租赁、流转农民土地等形式，补偿因水禽觅食造成的农作物损失。

在社会参与方面：从宣传教育、工程措施、资金投入、体制机制、行政执法等方面，由少数部门主导向推进湿地保护部门主流化转变，形成多部门协作、全社会参与的湿地保护机制。

在法制建设方面：湿地保护管理由依据《中华人民共和国野生动物保护法》《中华人民共和国环境保护法》《中华人民共和国渔业法》《中华人民共和国自然保护区条例》《中华人民共和国野生植物保护条例》等相关法规，向依据国务院《湿地保护修复制度方案》和原国家林业局《湿地保护管理规定》《国家湿地公园管理办法》以及《安徽省湿地保护条例》《安徽省湿地保护修复制度实施方案》等专业性法规转变，标志着湿地保护管理逐步走向更加专业化、法制化轨道。

三、对策建议

（1）尊重湿地自然演变规律，减少人为干预

严禁围垦和填埋湿地，严禁擅自截断湿地水源或改变湿地水位，杜绝河道截弯取直，减少湿地驳岸固化，慎重引入外来物种，严格湿地征用和占用管理，加强湿地利用监管，健全湿地用途监管机制，实施负面清单管理，严厉查处违法利用湿地的行为，对湿地进行勘界立标，坚决避免新的生态破坏，确保全省湿地面积不减少、功能不退化、性质不改变，实现江、湖、河、库、塘、渠一体化，维护其自然吞吐规律，让水连起来。

（2）落实湿地生态空间，扩大洪灾易发区湿地面积

在粮食亩产已大幅提高和城镇化快速推进的今天，严格落实生产、生活、生态空间，将沿河沿湖容易发生洪涝灾害的低凹地居住的居民迁出集中安置，将这些低凹地作为水生态空间，使其成为季节性的积水区和沼泽地带。这样不将水全部围在河坝、湖坝和塘坝内，让其自然释放，既可减少旱灾和洪灾的发生，也可发挥湿地净化功能。这些土地仍作为农用地，可种植水生蔬菜和花卉，也可养殖，让水拥有自己更广阔的家园。

（3）实施湿地生态修复工程，维护湿地生态系统健康

根据《安徽省湿地保护工程规划（2016—2030 年）》，坚持以自然恢复为主、自然与人工修复相结合的方式，对集中连片、破碎化严重、功能退化的自然湿地进行修复和综合整治，优先修复生态功能严重退化的国际、国家和地方重要湿地。通过污染清理、土地整治、地形地貌修复、自然湿地岸线维护、河湖水系连通、植被恢复、野生动物栖息地恢复、农村池塘构建、拆除围网、生态移民、退田还湖、还耕还湿、退房还湿和湿地有害生物防治等手段，逐步恢复湿地生态功能，增强湿地碳汇功能，维持湿地生态系统健康，让水美起来。

（4）健全湿地管理体制机制，实行湿地保护目标责任制

贯彻落实《湿地保护修复制度方案》《安徽省湿地保护条例》《安徽省湿地保护修复制度实施方案》《安徽省湿地名录管理办法》，完善湿地保护体制机制，实行最严格的源头保护制度、湿地资源产权制度、用途管制制度、损害赔偿制度、责任追究制度、生态补偿制度等，明确湿地修复责任主体，建立湿地水位调控机制，加大湿地保护投入，健全湿地监测评价制度，将湿地面积、湿地保护率、湿地生态状况等保护成效指标纳入区域生态文明建设目标评价考核等制度体系，用制度规范湿地保护与利用行为，让湿地保护深入人心，让水资源得到人类更好的呵护。

城市湿地的保护与利用对策

城市湿地是一个地域上的概念，泛指城市内及其邻近区域的湿地，可能包括所有湿地类型，常见有河流、湖泊、水库、池塘、沼泽、水稻田和滨海湿地等类型。随着城市化进程的不断加速，城市湿地范围不断向外扩展。城市生态系统是以人为主体与城市环境组成的一个多层次、多单元、高开放、非自律的复杂系统，它必须由其他系统输入物质和能量，排出废物，这其中城市湿地依靠其水体的流动性为城市提供部分物质和能量，湿地由此成为城市与外界自然生态系统连接的唯一桥梁，并保持城市的活力。可见，城市与湿地唇齿相依，共生共荣，以湿地保护引领城市建设已成为现代城市发展的一个重要课题。

一、城市湿地基本特点

城市湿地与其他湿地一样，不仅为人类的生产、生活提供多种资源，而且还具有巨大的生态功能和效益，在抵御洪水、调节气候、涵养水源、净化水体、水上运输、提供水源与动植物产品、维护全球碳循环和保护生物多样性等方面有着其他生态系统无法替代的作用。除此之外，城市湿地还具有以下四个基本特征。

（一）人工湿地所占比例增大

一是为了提升城市品位，改善人居环境，增加休憩场所，许多城市兴建了大量人工湖泊；二是为了防洪、排水、保障人工湖泊水源和保持水系畅通等目的，开挖了许多人工河流和沟渠，导致城市湖泊湿地和河流湿地中人工类型所占比例增大。

（二）生物多样性下降

（1）生物种类较少

由于城市湿地水体相对封闭、生境单调、隐蔽性差、人为干扰大，湿地动植物种类组成均较少。常见植物有满江红（*Azalla imbricata*）、槐叶萍（*Salvinia natans*）、狗牙根（*Cynodon dactylon*）、莲（*Nelumbo nucifera*）、睡莲（*Nymphaea tetragona*）、菱、芦苇（*Phragmites communis*）、荇菜（*Nymphoides peltatum*）、香蒲（*Typha orientalis*）、菖蒲（*Acorus calamus*）、水葱（*Scirpus validus*）、菰（*Zizania latifolia*）、凤眼莲（*Eichhornia crassipes*）、水花生等；鱼类中，人工放养种占比较高；凶猛种类少，鸟类以鹭鸟、鹡鸰居多；兽类以啮齿类为主。

（2）植被类型单调

城市湿地植被多为人工种植的单优势种群系类型。如为观赏目的所形成的莲群系、睡莲群系、菱群系、菖蒲群系等，为净化水体所种植的香蒲群系、芦苇群系和凤眼莲群系等，由入侵物种所形成的空心莲子草（别名喜旱莲子草）群系、大米草群系和加拿大一枝黄花群系等。

(3) 外来和类较多

为了达到美化和绿化城市的目的，在城市湿地建设过程中引入了大量的外来湿地植物；因城市湿地中废弃食物资源充足，往往吸引外来啮齿类动物和卫生昆虫前来摄食。

(三) 湿地驳岸固化现象普遍

为满足防洪、护坡、休憩、垂钓等目的，许多城市湖泊、河流、池塘驳岸被严重固化，人类印迹明显。

(四) 湿地生态效应凸现

追溯远古，许多城市依水而建、因水而兴，时至今日，城市湿地的意义已远远超出其自身的价值，湿地是城市文明的象征，彰显城市特色，体现城市品位。许多城市湿地由于其交通便捷，环境良好，成为现代人类休憩、垂钓、度假的理想去处。人们徜徉在城市湿地时，不仅感官需求得到满足、精神得到慰藉，心灵也能得到感化和熏陶。如杭州西溪湿地、上海崇明东滩、武汉东湖、北京昆明湖、南京玄武湖等已成为这些城市烫金的名片。

二、面临威胁

(1) 理念缺失

湿地保护是一项新兴事业，由于人们对湿地功能的重要性认识不到位，导致在城市建设过程中忽视湿地存在或湿地保护让步于城市建设的现象频发。

(2) 机制不健全

湿地保护管理涉及多个部门，存在职能交叉重叠、沟通不够畅通、工作协调难度大的现象，湿地保护合力尚未形成。

(3) 湿地大量消失

由于城市规模扩大化进程加速，许多城市池塘、河流湿地作为垃圾堆放场所，直至被夷为平地，最终沦为建设用地，导致其永久消失。

(4) 湿地景观破坏现象严重

城镇化建设推进过程中的修路建桥，不可避免地造成湿地景观破碎；许多湿地驳岸被固化，破坏了湿地原有的自然景观，改变了湿地作为水陆过渡地带的自然属性。

(5) 河流变成排污通道

许多污水直接流入城市河流，把河流变成城市排水的下水道，有的甚至变成名副其实的涵道，使得湿地环境遭到破坏，生态功能丧失，天然属性荡然无存。

(6) 污染加剧

围绕城市湿地展开的工农业生产和人类生活等人为活动频繁，特别是在大型湿地周边开发房地产一直是开发商的至爱，由此造成生活污水、城市垃圾、工业污染源增加，导致城市湿地富营养化现象逐渐加重。如巢湖、太湖、滇池等均发生过这种生态灾难。

(7) 造成水系紊乱

一是由于城区大量新建的人工湖泊是采取截流、河流改道而成，由此改变了水系的自然格局；二是由于天然湿地原有的天然径流和汇入通道被人为阻断，天然水源逐渐断流，导致其干枯、颓废、消失。

（8）水土涵养功能破坏

由于城市湿地的消失，城市地面硬化、驳岸固化，使得土壤渗透性能下降，导致降水无法滞留，地表径流系数增大，造成城市内涝现象严重；城市湿地的消失，也使得城市绿化、湿地的管养成本剧增。

（9）生物入侵

城市湿地生态系统具有不稳定性、开放性、破碎性和脆弱性，因而面临着较大的生物入侵风险。例如，由于城市绿化的需要，引入旱莲子草群系等入侵植物种植，以及现代市民热衷于饲养宠物，导致大量外来动物涌入城区，这些都容易造成城市湿地生物入侵问题。

三、保护与利用对策

（1）加强宣传

湿地保护需要公众广泛参与，加强宣传是保护城市湿地的首要任务。要借助电视、广播、报纸、网络等媒体对湿地的价值与效益进行宣传。同时，将湿地保护宣传结合到一年一度的“世界湿地日”“世界环境日”“国际生物多样性日”“安徽湿地日”和“爱鸟周”活动中。通过宣传，提高广大市民对湿地重要性的认识，让保护湿地成为广大市民的自觉行动。

（2）建立城市湿地保护管理协调机制

颁布国家和省级、市级湿地保护相关法规，依法规范城市湿地保护与利用行为。同时，成立由林业部门牵头，自然资源、生态环境、住建、水利、农业等部门参与的城市湿地资源保护与利用部门联席会议制度，加强部门之间的沟通与协调。

（3）将湿地保护理念融入城市总体规划中

在城市建设总体规划中，要单列城市湿地保护与利用专项规划，将湿地保护理念融入城市发展规划之中，以湿地保护引领城市建设。规划中，要明确各湿地保护与利用部门的责、权、利；要明确可以开发的湿地资源的类型、最大开发限度等，使开发利用不超过湿地的最大承受力，做到开发适度和因地制宜；要尽可能地避免天然湿地丧失，坚持城市建设中的湿地总量“零损失”原则，逐步架起湿地保护的“高压线”，如规定在重要湿地周边不得开发房地产等。

（4）维护湿地的自然特性

要充分利用湿地地形、地貌的自然特征引领城市建设风格，湿地周边建筑要与环境相协调，尽可能地减少人类印迹，对已被破坏的湿地逐步进行回归自然的修复，构建人与湿地和谐共生的城市生态系统。

（5）利用湿地植被进行污染治理

城市湿地往往具有水体较深、流动性强、驳岸固化的特点，导致水生植物较少，水体自净能力减弱。因此，可建立人造植物浮岛，根据不同的净化对象，培植不同的植物种类，以发挥湿地植被的水体净化功能。

（6）建立城市雨水收集系统

可在建设用地形成的凹坑、自然地势的低洼处、大型小区内等地方，因地制宜建立雨水收集系统，这样，一方面可保持城市的地下水位，维护土壤的水源涵养功能；另一方面可缓解城市内涝问题。

（7）建立湿地公园

利用城市周边丰富的湿地资源建立湿地公园。通过湿地公园，向广大市民宣传湿地的价值和重要性，介绍丰富多彩的湿地动植物及其相互依赖关系，演示湿地生态系统的作用机理，如开展湿地植物认养活动，可进一步弘扬城市文化，培育城市精神，展示湿地保护成果，并可推动生态文化教育，带动旅游业的发展。

（8）保护本土生物

生物多样性、物种丰富性是城市湿地生态系统稳定和安全与否的重要标志。在城市湿地改造和建设过程中，应充分利用湿地现有植物，体现本土植被特色；要有节制地引种，谨防生物入侵。同时，要在一些城市湿地周边设立“禁止放生”警示牌。

四、结论

湿地是城市的一个品牌，是城市文化的象征，是城市精神的源泉，也是城市的活力所在。城市建设，湿地引领，因此，要谨防湿地丧失，努力维护湿地的自然属性，实现城市与湿地共生共荣，协调发展。

池塘变迁的思考

如果说湿地是地球之肾，池塘则可看作是肾细胞。池塘看似平静凝滞，其实洋溢着生命力。在哲学家的眼里，池塘是一个有生命的雕塑；诗人面对池塘，会产生许多创作灵感；新居依塘而建，家便充满灵气。20 世纪 80 年代以前，在安徽一望无际的原野上，池塘随处可见，似天上的星星点缀着苍穹，但如今池塘渐渐在视野中消失，很多池塘只能在记忆中追寻。

池塘在平原地区多称为水塘，多为人工挖掘而成，如因灌溉、农村建房屋、采集砖坯后留下的凹坑积水而成；在山区和丘陵地区称山塘，多为山谷截流而成。池塘不同于湖泊，池塘小而浅，常与沟渠相连，为人工湿地；湖泊大而深，与河流相连，由河道淤塞、改道或地壳构造运动形成，为天然湿地。

一、池塘的功能

（1）调蓄水

雨季，地表水从广袤的农田和村前屋后汇聚到池塘，这时的池塘像一个巨大的海绵体，贪婪地吞食着雨水，体现出巨大的滞洪能力。旱季，干枯的禾苗畅饮着来自池塘的甘泉，池塘发挥着巨大的灌溉功能。如巢湖流域曾有 15 万个小池塘，总面积为 27313 hm^2，总蓄积量达 5.65×10^9 m^3，相当于整个巢湖的三分之一。

（2）补充地下水

健康的池塘底部由透水层构成，地表水能渗透到地下，补充地下水源，而地下水是人类重要的淡水水源。尤其是在今天，许多地表面充满水泥不透水层，地下水的补充水源越来越少。因此，池塘补充地下水的功能日显重要。

（3）提供饮用水和生活用水

在没有自来水的年代，如果居住地没有河川或丰沛的地下水，居民常会在住家附近掘地成池，蓄积雨水，作为饮用水和生活用水的水源。万一住家不幸失火，池塘还能作为灭火水源。

（4）提供食物

池塘蕴含着丰富的生物多样性，其中许多是人类重要的食物来源，如鱼虾、河蚌、田螺、菱角、莲藕、茭白、芡实等。此外，丰富的湿地植物也是涵养水源、减少水分蒸发的重要生态因子。

（5）观光休憩

池塘优美的景色自古至今都深受人们的喜爱。“半亩方塘一鉴开，天光云影共徘徊”“荷叶罗裙一色裁，芙蓉向脸两边开”等诗篇都是对池塘美景的真实写照。在今天，城市池塘更是人们休闲和驻足停留的胜地。

（6）净化水质

池塘中的许多水生植物，如芦苇、浮萍（*Lemna minor*）、香蒲等可以净化生活污水和降低水体的富营养化程度。

二、池塘的变迁

（1）萎缩消失

由于淤积、填塘造陆作为垃圾堆放场所和建设用地需要等，导致池塘容积不断缩小，甚至消失。雨季时，雨水未经池塘储存，便一泻千里，直奔江湖，导致湖岸、河岸虽连年加高，仍旱涝灾害频繁，甚至较过去有过之而无不及，出现连续晴天就旱、连续下雨就涝的怪异现象，这其中一个重要原因就是池塘的大量萎缩和消失。

（2）物种减少

一个充满生机的池塘应该是拥有丰富的植物和多彩的水底世界。岸边多为垂柳（*Salix babylonica*）、水杉（*Metasequoia glyptostroboides*）、池杉（*Taxodium distichum*）、落羽杉（*Taxodium distichum*）、枫杨（*Pterocarya stenoptera*）等乔木以及狗牙根、结缕草等地被植物，水体中依次分布着层次分明的挺水植物、浮水植物和沉水植物，挺水植物包括芦苇、茭白、莲、菖蒲、香蒲等，浮水植物有浮萍、满江红、槐叶萍、四叶萍（*Marsilea quadrifolia*）、菱、睡莲、荇菜等，沉水植物有眼子菜（*Potamogeton distinctus*）、苦草（*Vallisneria natans*）、茨藻（*Najas marina*）、轮藻等；水下则是由鱼、虾及两栖爬行动物、底栖动物等构成的多姿动物世界。但如今许多池塘水体很浅，几乎无浮水植物和沉水植物，多被外来物种空心莲子草所吞噬。

（3）塘岸固化

为了防洪和防止水土流失，以及便于垂钓，许多塘岸被水泥固化。实际上，塘岸是陆地和池塘水体的过渡地带，也是湿地生态特征最显著、生物多样性最富集区域。塘岸固化后，农村面源污染和城市生活污水未经塘岸植物净化便直接流入池塘，导致池塘污染加速。

（4）功能退化

如今仅存的池塘，其调蓄、灌溉、维护生物多样性、净化水体的功能均已严重退化，许多已沦为荒塘，或杂草丛生，或死水一潭，或淤积退废。

三、变迁的原因

池塘变迁的主要原因是缺少维护和治理，以及城市化建设。

（1）饮用水水源的变化

近年来，大多数农村的饮用水和生活用水由依靠池塘水源，改为取用自来水和地下水，这客观上造成了人们忽视对池塘的治理。

（2）空心莲子草入侵

空心莲子草于 20 世纪 30 年代在安徽作为猪饲料被广泛种植，后因农民不再将其当作猪饲料而逸为野生。由于这种植物繁殖速度极快，这样就出现空心莲子草覆盖水面、迅速成为湿地植被优势种甚至为单优势种的现象。空心莲子草衰老死亡后，又加速了池塘沼泽化进程。

（3）缺少公共管理

池塘的公共管理是公共事务管理难度的典型事例，正是基于这点，美国著名行政学家、政治经济学家埃莉诺·奥斯特罗姆提出了“公共池塘资源理论”。安徽省在1984年人民公社解体前，池塘归村集体所有，那时每年冬季，村集体组织全村人去挖池塘里的淤泥，用脸盆一个接一个地往上运送淤泥，进行清淤，而这淤泥还是油菜和小麦的良好基肥。推行家庭联产承包责任制、分田到户后，池塘出现“有人用水、无人管理”现象，村集体无人组织统一的清淤工作。于是过去碗状的池塘变成了盘状，池塘越来越浅，蓄水能力大大降低，直至消失。

（4）城市化进程

由于农村城镇化和城市规模扩大化进程加速，许多池塘变成了垃圾堆放场所，直至被夷为平地，最终沦为建设用地，使得城市周边池塘更是以惊人的速度消失。令人欣慰的是，池塘的生态理念在城市新建小区建设中逐渐得以体现。如合肥市强调大型小区要建立雨水收集系统，实质就是建造人工池塘，一方面是汇集雨水，净化水体；另一方面用于绿地灌溉，节约水资源和人力资源。

因此，保护湿地，要从关爱池塘开始，重塑富有生命力的池塘，再现池塘昔日的风采。

湿地生态效益补偿实践与思考

党的十九大提出：建立市场化、多元化生态补偿机制；党的十九届四中全会提出：落实生态补偿制度；国务院办公厅印发的《湿地保护修复制度方案》提出：加大资金投入力度，形成多渠道投入机制，探索建立湿地生态效益补偿制度。随着人口增长和社会经济发展，我国的湿地保护面临着巨大压力，仍存在湿地生态功能持续被削弱甚至部分丧失、湿地保护利益受损和未得到很好维护等问题。加快建立健全湿地生态效益补偿制度成为纵深推进湿地保护与修复的一项重要任务。

湿地生态效益补偿制度是以保护与修复湿地为最终目的，旨在从经济层面协调湿地保护与资源利用关系冲突的一项制度。关于湿地生态效益补偿目前在国内外尚未有公认的定义，但因其与生态效益补偿的基本理论来源相一致，多数人一直将其视为生态效益补偿体系中的一个分支。鲍达明等在《构建中国湿地生态效益补偿制度的思考》中依据生态效益补偿基本理论和湿地自身特点属性，将其定义为：针对导致湿地生态系统破坏的湿地开发利用活动征收税费，消除湿地开发利用活动产生的经济活动的负外部性，限制湿地破坏行为的发生，为湿地生态系统恢复筹措资金；并对因湿地保护而丧失发展机会的利益相关方和湿地保护的贡献者给予资金、技术、实物上的补偿和政策上的优惠，促成公平的湿地保护格局，激励社会公众和群体参与湿地保护管理工作，促进湿地生态系统恢复的制度模式。从定义中可以将湿地生态效益补偿制度理解为对受偿对象和利益主体给予适当补偿，从而避免破坏湿地，达到保护与修复湿地的目的。

一、湿地生态效益补偿现状

随着全球湿地面积锐减，不断带来严重环境灾害，加强湿地保护早已成为全球共识，越来越多的国家结合自身湿地现状，积极探索建立可行性的湿地生态效益补偿机制，旨在从管理方面加强湿地保护。

（一）国外湿地生态效益补偿机制

美国的湿地保护工作起步较早，推行一系列湿地保护政策，并采用“零净损失”补偿政策来降低对湿地造成的损害，即采取湿地银行补偿、湿地替代费补偿和湿地被许可人自行补偿三种机制进行补偿。该制度灵活地将市场手段与政府监管相结合，取得了良好成效。英国比较重视湿地产权的重要性，积极建立公共购买制度，通过政府出资、社会捐助等方式购买重点湿地区域，变更湿地的权属，以实现对湿地的保护。加拿大湿地资源丰富，湿地面积居世界第一，通过设立专项补偿金，并引入企业化运作机制，依靠生态旅游收入解决了湿地补偿资金的来源问题。

（二）国内湿地生态效益补偿机制

我国湿地生态效益补偿工作起步相对较晚，为了支持湿地保护与恢复，20 世纪 90 年代初开始湿地生态效益补偿实践，先后开展了补偿标准人性化、补偿形式多样化、补偿方式风俗化等形式的生态补偿实践。

在国家层面，通过实施宏观调控政策推动全国湿地生态补偿机制的构建，其中，中央财政自 2014 年起支持启动湿地生态效益补偿试点工作，并首先在国际重要湿地和国家级湿地类型自然保护区开展。如安徽升金湖国家级自然保护区被纳入国家湿地生态效益补偿试点范围，对因候鸟迁飞觅食而造成农作物损失的农户给予经济补偿。项目实施以来，升金湖湿地得到了有效保护和修复，不仅扩大了湿地面积，丰富了水鸟食物，也促进了人与自然和谐共生，湿地生态服务功能也在日益提升。

在地方层面，部分省市也依据地区自身生态特点，探索建立湿地生态效益补偿新模式，以期推动湿地保护修复良性发展。如安徽在环巢湖十大湿地建设中，实施“退田还湿”“退耕还湿”“退居还湿”工程，政府或企业流转土地，对土地相关权益人给予一定补偿；江西鄱阳湖湿地建立生态旅游与湿地生态补偿相结合的市场模式，给当地社区和居民提供补偿资金；湖南洞庭湖湿地提高退耕还湿生态补偿标准，不再局限于实际损失，而是把当地退田还湖湿地的休闲娱乐价值、文化科研价值、净化降污价值等都计算在内，从真正意义上补偿了利益相关者。

多年的实践探索，提高了湿地保护率，增强了公众的湿地保护意识，也为构建湿地生态效益补偿制度积累了宝贵的经验。但从全国来看，我国湿地生态效益补偿工作总体进展仍然较为缓慢，需在“补给谁”“补什么”“补多少”“谁来补”等方面向纵深推进。

二、湿地生态效益补偿存在问题

（一）湿地产权不清晰，应该“补给谁”

湿地产权是指对湿地设定的一系列权利义务，包括所有权、使用权和其他权利。由于湿地是一种较特殊的生态系统，具有极强的外部性和公共产品特性，涉及多个部门和利益群体。不同部门和利益群体对湿地的功能价值认识又存在差异，不同的利用群体对湿地资源的需求也不相同，加之我国目前还未对湿地进行确权，往往无法明确生态补偿对象和受益主体。此外，多部门管理也使制度推行遇到一定阻碍，导致在湿地保护与个人经济利益相冲突的过程中极易发生“公地悲剧”现象，即每一个人对湿地都有使用权，但没有权利阻止其他人使用，而每一个人又都倾向于过度使用，从而造成湿地资源的过度利用。

（二）补偿范围不易定，究竟“怎么补”

湿地生态效益补偿是一项较为复杂的工作，目前湿地生态效益补偿范围主要局限于林业部门管理的部分湿地，且多集中在候鸟迁徙路线上的重要湿地，补偿对象单一。然而在湿地范围内，还涉及许多问题，如是对水鸟造成的农作物损失补偿，还是对水环境治理补偿？是补偿养殖业受损，还是补偿水资源提供，抑或是补偿其他利用方式（如旅游业、种植业等）受损？在湿地范围外，大部分湿地流域还涉及湿地上下游、左右岸的土地所有者和经营者的权责利益。如升金湖国家级自然保护区将候鸟觅食农作物造成的损失补偿地理范围限定为保护区及周边 1 千米范围内，但鸟类活动范围较大，且不同区域鸟类分布种类不同、数量不同、所觅食物不同，对农作物造成的损失不能仅按离自然保护区的距离远近而确定。补偿范围的难以确定，无法使受偿人因保护湿地造成的利益损失真正补偿到位。

（三）补偿标准难测算，到底“补多少”

不同区位、不同湿地的功能价值、利用方式、重要性、稀有性和湿地损害修复成本很难准确测算，再加上湿地生态效益补偿往往未顾及生态服务价值，疏忽彼此补偿意愿，只能粗略匡算补偿标准，最后导致湿地保护受益主体获得的补偿额度与湿地保护的实际损失存在差距，难以形成湿地保护激励机制和长效机制。

（四）补偿资金途径少，最终“谁来补”

市场化、多元化、可持续的湿地生态效益补偿机制目前还尚未形成，中央财政湿地保护项目补偿对象仅为国际重要湿地和国家级湿地类型自然保护区，而对国家重要湿地、省级自然保护区和湿地公园等目前暂无湿地生态补偿项目，中央财政湿地保护项目的补偿范围也是仅限于水鸟造成的农作物损失，且补偿的资金来源一直以政府财政支出为主的模式难以为继。此外，由于湿地生态系统保护和修复工程具有投入资金大、回报周期长等特点，致使社会资本参与意愿不强，多数地区的湿地生态效益补偿仍局限于政府主导的货币补偿层面，缺乏可持续的融资渠道，而仅仅依靠政府财政补偿不仅降低了湿地生态保护补偿资金的使用效率，还会影响湿地保护和修复项目的可持续性。

三、湿地生态效益补偿思考

（一）明确湿地补偿对象

明晰湿地的自然状况和权属状况有利于构建归属清晰、权责明确、监管有效的湿地产权制度。根据 2019 年中共中央办公厅、国务院办公厅印发的《关于建立以国家公园为主体的自然保护地体系的指导意见》，对各类自然保护地进行确权，并优先开展生态补偿，补偿对象为各类自然保护地管理机构，补偿费用于管护巡护和生态修复。自然保护地以外的湿地，因湿地保护导致其利益受损，给予其所有者或经营者相应补偿。只有产权清晰，才能确定湿地生态补偿对象和受益主体，才能更好地保护湿地资源，因此，健全湿地生态效益补偿制度亟须加快推进湿地资源资产产权确权工作，明确湿地产权责任人，完善湿地资源有偿使用和湿地生态保护补偿体系。

（二）扩大湿地补偿范围

湿地生态效益补偿涉及多个利益群体，不能单独局限于水鸟损害农作物，需适当扩大湿地补偿范围，让因保护湿地生态而作出贡献的受偿对象都能够得到相应的补偿。另外，采取“一刀切”的方式划定湿地生态效益补偿范围，看似公平，但其并未充分考虑到湿地上下游、左右岸的群体利益，容易造成部分损失利益的受偿对象最后却无法获得补偿或补偿不平等。所以，在划定湿地生态补偿范围时应该结合湿地类型、面积等因素，综合考虑湿地区域内居民搬迁、退耕、禁渔等多方面的利益损失，依据湿地实际现状，科学划定补偿范围，扩大补偿规模，尽可能地推广实施湿地全流域生态补偿，以实现湿地生态效益补偿的公正平等。

（三）科学制定补偿标准

科学的补偿标准才能激励湿地补偿对象和受益主体主动保护湿地资源，对于各类湿地类型自然保护地，可按其保护级别和面积制定标准予以补偿。保护地以外湿地，包括国际重要湿地、国家重要湿地、省级重要湿地和一般湿地，可根据其重要程度、利用方式等不同给予合理补偿。而对于湿地范围外的上下游、左右岸的土地所有者或经营者，包括企业、集体和个人等，要根据其对湿地保护的贡献大小，给予相应的补偿。严格按照相关标准和技术规程准确评估湿地生态系统服务价值，补偿标准要以湿地生态系统服务效益的增加值为补偿上限，以因保护湿地而耗费的基本开支为补偿下限，综合考量区域经济发展状况、补偿承受能力以及生态服务价值等多方面因素，兼顾因保护湿地而失去经济发展机会所导致的隐形损失。另外，补偿标准不能固化，还应随区域位置、经济变化、湿地保护费用等变量因素适时作出相应的调整，尽可能地达到补偿双方都满意的结果。

（四）拓宽补偿资金来源

湿地生态效益补偿坚持政府主导、市场参与原则，坚持“谁利用、谁补偿”“谁损害、谁补偿”原则，做到优势互补，彼此促进，责权明确。完善法律法规和地方政策，积极引导企业、个体户、非政府组织等因利用湿地而获得利益的受益方，主动承担起相应的责任；创新补偿方式，加强科技、产业、技能等方面的扶持与补偿，增强被补偿地区的内生发展动力；探索市场机制，鼓励有条件的生态保护地区政府通过保障合法权益、加大政策扶持等配套措施，运用政府和社会资本合作模式吸引符合资质条件的社会资本参与。如此才能逐步实现我国湿地生态效益补偿由“输血式”转变为“造血式”，保证湿地生态效益补偿的可持续性。

四、总结

建立健全湿地生态效益补偿制度，可以降低湿地破坏率，修复湿地生态功能，实现地区湿地保护生态效益与湿地利用经济效益的共同发展。然而建立健全湿地生态效益补偿制度是一项全局性、系统性和长期性的艰巨任务，涉及经济、社会和生态环境等多个方面，唯有坚持问题导向、探索创新、积极作为，在平衡利益的基础上，彻底解决“补给谁”“怎么补”“补多少”“谁来补”等问题，才能逐步建立起公平公正、行之有效的湿地生态效益补偿制度，才能让补偿制度真正落实到位，发挥出保护湿地生态系统的作用，才能真正实现人与自然和谐共生的美好愿景。

安徽省湿地生态系统服务价值评估

一、项目背景

生态系统服务价值（Ecosystem Services Value）是指生态系统与生态过程所形成及所维持的人类赖以生存的自然环境条件和效用，包括对人类生存及生活质量有贡献的生态系统产品和生态系统功能。湿地生态系统在提供物质产品、提供生物栖息场所、调节区域气候、教育科研和旅游休闲、污水净化等方面功能突出，给人类带来了巨大的经济效益和生态效益。在过去20年里，由于湿地转为农田、过度捕捞、水产养殖、农业和陆地上的其他面源污染等，安徽境内的湿地在栖息地面积和质量上均呈现下降趋势。因此，对湿地生态系统服务功能的经济价值进行合理评估，不仅有利于明确湿地生态系统服务与人类之间的关系，强化全社会对湿地保护的认识，而且在优化湿地开发利用政策和管理措施、维护整个湿地生态系统的稳定性、确保湿地资源的可持续利用等方面具有重要意义。

二、目标和内容

本项目旨在通过对现有湿地生态系统服务功能评估方法分析，结合安徽省湿地基本现状和特点，在对湿地生态系统功能进行分类的基础上，构建生态系统服务功能评价指标体系；利用现有数据，对代表性湿地进行生态系统服务功能价值评估。本项目主要包括以下内容。

1. 安徽省湿地生态系统服务价值评估指标体系构建

确立安徽省湿地生态系统服务价值评估方法和指标体系，建立湿地价值评估模型。

2. 安徽省湿地生态系统服务价值评估实例

对贵池十八索、安庆沿江、宣城扬子鳄保护区、铜陵淡水豚保护区、当涂石臼湖、宿松华阳河湖群等6个湿地保护区的生态系统服务价值进行评估。

三、研究方法

1. 数据收集

遥感影像数据均来源于地理空间数据云（http：//www.gscloud.cn），包括以下内容：安徽省湿地分布图（1∶400万），安徽省及各市县矢量边界，安徽省各湿地分布图和遥感影像。

湿地资料主要来源于：全省湿地资源调查数据，各个保护区统计数据，各个保护区的资料记录、环境年鉴、经济年鉴、统计年鉴，保护区公开出版或政府部门网站发布的资料、科技论文、专著、科学考察集、总体规划、研究报告等，中国林业科学研究院的全国林业自然保护区数据库，中国湿地保护区数据库，原国家林业局保护司的中国自然保护区等公共数据库资料，全省湿地自然保护区及其主管部门的相关资料（主要包括：全省各级湿地保护业务主管部门及自然保护区管理机构的有关保护区批建的相关申报材料，对自然保护区湿地走访、调查所收集的有关资料和调查数据，通过收集的各自然保护区相关网站的资料，对贵池十八索、安庆沿江、宣城扬子鳄保护区、铜陵淡水豚保护区、当涂石臼湖以及宿松华阳河湖群6个湿地保护区进行实地调研获得的相关资料），等等。

2. 生态服务价值评估研究方法

（1）湿地生态服务价值分类及评估指标体系

安徽省湿地提供的服务功能划分为供给功能、调节功能、支持功能、文化功能4大类。具体分为物质生产、水资源、调蓄洪水、调节气候、净化水质、生物多样性、生物栖息地、教育科研和旅游休闲等9项功能（见表1－1所示、表1－2所示）。

（2）湿地生态服务价值评估方法

物质量价值法：通过统计调查数据或分别建立各类生态系统功能与生态环境变量之间的数学模型，得到与各类生态系统服务相对应的物质量，然后根据市场价值法、价格法、费用支出法、条件价值法、生产成本法、机会成本法、碳税法、成果参照法、旅行费用法、影子工程法、生态价值法等经济学方法来计算生态系统服务的价值。

单位面积价值量法：各生态系统类型分布面积×生态系统服务单位面积价值。

表1－1 安徽省生态系统服务价值评估指标

<table>
<tr><th>服务功能分类</th><th>功能指标</th><th>价值评估指标</th><th>价值评估方法</th></tr>
<tr><td rowspan="5">供给功能</td><td rowspan="2">物质生产</td><td>湿地植物</td><td rowspan="5">市场价值法和
价格替代法</td></tr>
<tr><td>水产品</td></tr>
<tr><td rowspan="3">水资源</td><td>生活用水</td></tr>
<tr><td>农业用水</td></tr>
<tr><td>工业用水</td></tr>
<tr><td rowspan="3">调节功能</td><td>调蓄洪水</td><td>最高蓄水量</td><td>影子工程法</td></tr>
<tr><td>调节大气</td><td>固定二氧化碳，释放氧气</td><td>影子工程法和碳税法</td></tr>
<tr><td>净化水质</td><td>消减氮磷等营养盐负荷</td><td>影子工程法</td></tr>
<tr><td rowspan="5">支持功能</td><td rowspan="4">生物多样性</td><td>水鸟多样性</td><td rowspan="4">成果参照法和
价格替代法</td></tr>
<tr><td>水生植被多样性</td></tr>
<tr><td>鱼类多样性</td></tr>
<tr><td>底栖生物多样性</td></tr>
<tr><td>生物栖息地</td><td>保存遗传多样性、种质资源，
支持特定的生态过程</td><td>成果参照法</td></tr>
<tr><td rowspan="2">文化功能</td><td>教育科研</td><td>实习、实训和科学考察</td><td>成果参照法</td></tr>
<tr><td>旅游休闲</td><td>生态旅游</td><td>旅行费用法和成果参照法</td></tr>
</table>

表 1-2　安徽省不同湿地类型生态系统服务功能评估对应关系

服务功能分类	功能指标	河流湿地	湖泊湿地	沼泽湿地	人工湿地（采煤沉陷区湿地）
供给功能	物质生产	√	√	√	√
	水资源	√	√	—	—
调节功能	调蓄洪水	√	√	√	√
	调节大气	√	√	√	√
	净化水质	√	√	√	√
支持功能	生物多样性	√	√	√	√
	生物栖息地	√	√	√	√
文化功能	教育科研	√	√	√	√
	旅游休闲	—	√	√	√

注：“√”表示湿地具有该项服务功能；“—”表示因为湿地不具备该项功能，或功能的价值太小，或基础数据不全等原因，不予以计算。

四、项目成果

（一）基于物质量价值法的湿地生态系统服务价值

按照每年的总价值对生态系统服务功能进行评估，各自然保护区的生态系统服务功能总价值分别为：贵池十八索 35.85 亿元，安庆沿江 67.79 亿元，扬子鳄保护区 26.12 亿元，淡水豚保护区 60.73 亿元，石臼湖 98.66 亿元，华阳河湖群 46.73 亿元（见表 1-3 所示）。

贵池十八索自然保护区湿地生态系统服务价值中，供给服务价值贡献最大，占总服务价值比例的 57.35%；其次是调节服务和支持服务价值，分别占总服务价值的 34.76%、7.14%；最小的是文化服务价值，仅占总服务价值比例的 0.75%。

安徽安庆沿江湿地省级自然保护区湿地生态系统服务价值中，调节服务贡献最大，占总服务价值比例的 72.08%；其次是供给服务和支持服务价值，分别占总服务价值的 15.74%、6.58%；最小的是文化服务价值，仅占总服务价值比例的 5.6%。

宣城扬子鳄自然保护区湿地生态系统服务价值中，支持服务贡献最大，占总服务价值比例的 49.73%，支持服务中的生物多样性价值比例很大；其次是供给服务和调节服务价值，分别占总服务价值的 31.78%、12.79%；最小的是文化服务价值，仅占总服务价值比例的 5.70%。

铜陵淡水豚国家级自然保护区湿地生态系统服务价值中，供给服务贡献最大，占总服务价值比例的 53.27%；其次是支持服务和调节服务价值，分别占总服务价值的 36.31%、6.57%；最小的是文化服务价值，仅占总服务价值比例的 3.85%。

当涂石臼湖省级自然保护区湿地生态系统服务价值中，供给服务贡献最大，占总服务价值比例的 76.73%，供给服务中的物质生产价值显著；其次是调节服务和支持服务价值，分别占总服务价值的14.93%、7.53%；最小的是文化服务价值，占总服务价值比例的0.81%，不到1%。

安徽华阳河湖群省级自然保护区湿地生态系统服务价值中，调节服务贡献最大，占总服务价值比例的70.45%；其次是支持服务和文化服务价值，分别占总服务价值的17.65%、8.13%；最小的是供给服务价值，占总服务价值比例的3.77%。

（二）基于单位面积湿地生态系统服务价值

结合安徽省实际情况，参考谢高地等（2005年）制定的中国不同省份农田生态系统生物量因子表，表中对中国不同省份的生态系统服务价值进行了相关修正（安徽省修正系数为1.17），而对安徽省各类生态服务当量进行了修正。安徽省主要农作物有谷物、豆类、薯类等，其中谷物占有较大比例，通过查阅《安徽省统计年鉴2015》的农业数据，以2014年各类农作物种植面积占总种植面积的百分比和单产为基础，计算出安徽省2014年平均粮食单产为5881 kg/hm^2；同时，以2014年各类农作物种植面积占总种植面积的百分比和单价为基础，计算出2014年安徽省平均粮食价为2.12元/kg，根据1个生态服务价值当量经济价值量等于当年安徽省平均粮食单产市场价值的1/7，安徽农田自然粮食产量的经济价值大约为1781.10元/hm^2；根据此方法，分别查阅2015年保护区所在市统计年鉴农业数据，以2014年各类农作物种植面积占总种植面积的百分比和单产为基础，计算出各市2014年的平均粮食单产，池州市为5912 kg/hm^2，安庆市为5730 kg/hm^2，宣城市为5909 kg/hm^2，铜陵市为5698 kg/hm^2，当涂县为6550 kg/hm^2，同样的根据1个生态服务价值当量经济价值量等于当年安徽省平均粮食单产市场价值的1/7，参考2014年安徽省平均粮食价2.12元/kg，计算各市农田自然粮食产量的经济价值大约分别为池州市1790.49元/hm^2，安庆市1735.37元/hm^2，宣城市1789.58元/hm^2，铜陵市1725.68元/hm^2，当涂县1983.71元/hm^2。在此基础上，计算出安徽省及部分市湿地的气体调节、气候调节、水源涵养、土壤形成与保护、废物处理、生物多样性保护、食物生产、原材料和娱乐文化单位面积湿地生态服务价值，结果见表1-4所示。

（三）两种价值评估方法结果比较分析

通过第一种方法计算每年的总价值量分别为：贵池十八索生态系统各项服务功能之和价值为35.85亿元；安庆沿江总价值为67.79亿元；扬子鳄保护区总价值为26.12亿元；淡水豚保护区为60.73亿元；石臼湖为98.66亿元；华阳河湖群为46.73亿元。第二种方法计算结果为：贵池十八索总价值为3.50亿元（单位面积价值为9.59×10^{4}元/hm^2）；安庆沿江总价值为46.82亿元（单位面积价值为9.30×10^{4}元/hm^2）；扬子鳄保护区总价值为17.81亿元（单位面积价值为9.59×10^{4}元/hm^2）；淡水豚保护区为29.15亿元（单位面积价值为9.25×10^{4}元/hm^2）；石臼湖为46.97亿元（单位面积价值为9.30×10^{4}元/hm^2）；华阳河湖群为11.34亿元（单位面积价值为10.63×10^{4}元/hm^2）。通过两种结果对比可知，保护区分项服务价值的计算显然会使得总服务价值偏高，虽然分项服务价值的计算会增加难度，需要收集的数据很多，且有些数据难以获取，但更能反映实际的湿地生态系统服务价值。

表 1-3 六个自然保护区生态服务功能价值及其所占比重

评价指标	贵池十八索	服务功能	安庆沿江	服务功能	扬子鳄保护区	服务功能	淡水豚保护区	服务功能	石臼湖	服务功能	华阳河湖群	服务功能
	(亿元)	所占比重(%)	(亿元)	所占比重(%)	(亿元)	所占比重(%)	(亿元)	所占比重(%)	(亿元)	所占比重(%)	(亿元)	所占比重(%)
物质生产	8.26	23.04	2.89	4.26	1.59	6.09	0.35	0.58	57.60	58.38	0.12	0.26
水资源	12.30	34.31	7.78	11.48	6.71	25.69	32.00	52.69	18.10	18.35	1.64	3.51
调蓄洪水	11.80	32.91	17.60	25.96			0.66	1.09	14.40	14.60	1.55	3.32
调节大气	0.64	1.79	31.20	46.02	3.27	12.52	3.11	5.12	0.31	0.31	31.30	66.98
净化水质	0.02	0.06	0.07	0.10	0.07	0.27	0.22	0.36	0.02	0.02	0.07	0.15
生物多样性	2.48	6.92	3.42	5.04	12.60	48.24	21.40	35.24	7.21	7.31	7.21	15.43
生物栖息地	0.08	0.22	1.04	1.54	0.39	1.49	0.65	1.07	0.22	0.22	1.04	2.22
教育科研	0.11	0.31	1.57	2.32	0.58	2.22	0.98	1.61	0.33	0.33	1.57	3.36
旅游休闲	0.16	0.44	2.22	3.28	0.91	3.48	1.36	2.24	0.47	0.48	2.23	4.77
总和	35.85	100	67.79	100	26.12	100	60.73	100	98.66	100	46.73	100

注:价值单位为元/(hm^2·a),以 2014 年价格为基准。

表 1-4 生态系统单位面积分项生态服务价值表

生态系统服务功能	安徽省				贵池十八索		安庆沿江		宣城扬子鳄保护区		铜陵淡水豚保护区		宿松华阳河湖群		当涂石臼湖	
	农田		湿地		农田	湿地	农田	湿地	农田	湿地	农田	湿地	农田	湿地	农田	湿地
	当量	价值	当量	价值	价值	价值	价值	价值	价值	价值	价值	价值	价值	价值	价值	价值
气体调节	1.22		1.8	2740.15		2754.60		2669.80		2753.20		2654.89		2669.80		3051.86
气候调节	2.17		17.1	26031.46		26168.70		25363.10		26155.40		25221.48		25363.10		28992.68

（续表）

生态系统服务功能	安徽省				贵池十八索		安庆沿江		宣城扬子鳄保护区		铜陵淡水豚保护区		宿松华阳河湖群		当涂石臼湖	
	农田		湿地		农田	湿地	农田	湿地	农田	湿地	农田	湿地	农田	湿地	农田	湿地
	当量	价值	当量	价值	价值	价值	价值	价值	价值	价值	价值	价值	价值	价值	价值	价值
水源涵养	1.46		15.5	23595.77		23720.17		22989.94		23708.11		22861.57		22989.94		26279.92
土壤形成与保护	3.56		1.71	2603.15		2616.87		2536.31		2615.54		2522.15		2536.31		2899.27
废物处理	4		18.18	27675.55		27821.46		26964.98		27807.32		26814.41		26964.98		30823.80
生物多样性与保护	1.73		2.5	3805.77		3825.83		3708.06		3823.89		3687.35		3708.06		4238.70
食物生产	1.17	1781.10	0.3	456.69	1790.49	459.10	1735.37	444.97	1789.6	458.87	1725.7	442.48	1735.37	444.97	1983.71	508.64
原材料	0.24		0.07	106.56		107.12		103.83		107.07		103.25		103.83		118.68
娱乐文化	0.02		5.55	8448.81		8493.35		8231.88		8489.03		8185.92		8231.88		9409.91
合计	15.57		62.71	95463.92		95967.20		93012.87		95918.43		92493.50		93012.87		106323.47
保护区面积（hm^2）						3651.60		50332.00		18565.00		31518.00		50496.70		10666.70
保护区总价值（亿元）						3.50		46.82		17.81		29.15		46.97		11.34

注：价值单位为元/（$hm^2 \cdot a$），以2014年价格为基准。

安徽省湿地生态状况评估技术

为了科学开展湿地生态状况评估，安徽省林业局制定了《安徽省湿地生态状况评估技术规范》，并于2019年作为省级技术标准发布，为全省湿地状况评估提供指导。

一、评估范围

规定了湿地生态状况的评估流程、评估指标及其权重、评估指标赋分、评估分值确定和评估等级划分等内容。适用于特定的湿地斑块、特定区域或行政区域的湿地生态状况评估。

二、评估流程

（1）评估范围确定

根据评估需要，结合遥感影像图、地形图等，合理确定评估范围。

（2）相关数据获取

通过公开数据库查询或由湿地管理部门及相关部门提供等方式，获取待评估湿地相关资料及数据，根据评估指标进行整理汇总。

（3）现场调查

根据资料收集情况，必要时通过现场调查补充各评估指标所必需的数据资料。现场调查参照《安徽省第二次湿地资源调查实施细则》进行。

（4）评估

对各指标赋分，汇总得分情况，并划分评估等级。

三、指标及其权重

评估指标由4个一级指标、10个二级指标构成，各评估指标及其权重见表1-5所示。

表1-5 评估指标及其权重表

评估指标		指标权重
一级指标	二级指标	
水环境指标	地表水水质	0.1800
	水源保证率	0.1800
生物指标	生物多样性	0.1652
	受保护物种丰富度	0.1200
	生长季植被覆盖度	0.1080

（续表）

评估指标		指标权重
一级指标	二级指标	
景观指标	有效湿地斑块面积	0.0120
	自然湿地率	0.0300
	单位面积湿地斑块数	0.0180
干扰指标	入侵植物覆盖度	0.0540
	威胁因子影响程度	0.1328
合计		1

四、指标赋分

（1）地表水水质

根据GB3838—2002，将地表水水质划分为Ⅰ类、Ⅱ类、Ⅲ类、Ⅳ类、Ⅴ类五个类别，对每个类别的地表水水质分别进行赋分。地表水水质指标赋分（S_1）见表1-6所示。

表1-6 地表水水质类别及地表水水质指标赋分对应表

地表水水质类别	说明	地表水水质指标赋分（S_1）
Ⅰ类	主要适用于水的源头、国家级自然保护区	100
Ⅱ类	主要适用于集中式生活饮用水地表水源地一级保护区、珍稀水生生物栖息地、鱼虾类产卵场、仔稚幼鱼的索饵场等	80
Ⅲ类	主要适用于集中式生活饮用水地表水源地二级保护区、鱼虾类越冬场、洄游通道、水产养殖区等渔业水域及游泳区	60
Ⅳ类	主要适用于一般工业用水区及人体非直接接触的娱乐用水区	40
Ⅴ类	主要适用于农业用水区及一般景观要求水域	20

（2）水源保证率

对于一个特定的湿地系统，其生态需水量有一个阈值，超过该阈值的上限、下限值都会导致湿地生态系统的退化和破坏。生态需水量按式(1-1)计算：

$$Q=E+G-R \tag{1-1}$$

式中，Q为生态需水量；E为多年平均蒸发量；G为多年平均流出量；R为多年平均降水量。

水源保证率是反映湿地生态系统现有水量对其生态需水量满足程度的一个指标。

水源保证率按式(1-2)计算：

$$P=\frac{W}{Q} \tag{1-2}$$

式中，P 为水源保证率；W 为当年蓄水量；$\bar{Q}$ 为多年平均生态需水量。

水源保证率指标赋分(S_2)按式(1-3)计算：

$$S_2=\begin{cases}P\times 10 & (0\leqslant P<10)\\(20-P)\times 10 & (10\leqslant P<20)\\0 & (P\geqslant 20)\end{cases}\tag{1-3}$$

(3) 生物多样性

参考 HJ623—2011，结合湿地生态系统特征及本规范指标组成特点，本规范生物多样性指数计算按公式(1-4)计算：

$$\mathrm{BI}=\left(\frac{V_\mathrm{a}}{V_\mathrm{at}}+\frac{V_\mathrm{p}}{V_\mathrm{pt}}\right)\times 100\tag{1-4}$$

式中，BI 为生物多样性指数；V_a 为野生湿地脊椎动物种类数；V_p 为野生湿地维管束植物种类数；V_at 为安徽省野生湿地脊椎动物总数；V_pt 为安徽省野生湿地维管束植物总数。

生物多样性指标赋分(S_3)按式(1-5)计算：

$$S_3=\begin{cases}\mathrm{BI}\times 2 & (0\leqslant \mathrm{BI}<50)\\100 & (\mathrm{BI}\geqslant 50)\end{cases}\tag{1-5}$$

(4) 受保护物种丰富度

受保护物种的丰富度由受保护的野生湿地脊椎动物种类占安徽省受保护的野生湿地脊椎动物种类比例与受保护的野生湿地维管束植物种类占安徽省受保护的野生湿地维管束植物种类的比例确定，受保护物种丰富度按式(1-6)计算：

$$P_\mathrm{b}=\frac{\dfrac{P_\mathrm{a}}{P_\mathrm{at}}+\dfrac{P_\mathrm{p}}{P_\mathrm{pt}}}{2}\tag{1-6}$$

式中，P_b 为受保护物种丰富度；P_a 为受保护的野生湿地脊椎动物种类数；P_p 为受保护的野生湿地维管束植物种类数；P_at 为安徽省受保护的野生湿地脊椎动物种类数；P_pt 为安徽省受保护的野生湿地维管束植物种类数。

受保护物种丰富度植被赋分(S_4)按式(1-7)计算：

$$S_4=\begin{cases}P_\mathrm{b}\times 2 & (0\leqslant P_\mathrm{b}<50)\\100 & (P_\mathrm{b}\geqslant 50)\end{cases}\tag{1-7}$$

(5) 生长季植被覆盖度

植被覆盖度是反映湿地生境质量的一个重要指标，本规范采用生长季湿地植被覆盖区面积与湿地总面积的比值表示。

生长季植被覆盖度按式(1－8) 计算：

$$V_c = \frac{A_v}{A_a} \tag{1-8}$$

式中，V_c 为生长季植被覆盖度；A_v 为湿地植被覆盖区面积(hm^2)；A_a 为湿地总面积(hm^2)。

生长季植被覆盖度指标赋分(S_5) 按式(1－9) 计算：

$$S_5 = V_c \times 100 \tag{1-9}$$

(6) 有效湿地斑块面积

有效湿地斑块面积可用每类湿地斑块面积乘以斑块形状系数表示，而对各类湿地的有效斑块面积求和，即有效湿地斑块总面积(V_s) 按式(1－10) 计算：

$$V_s = \sum_{i=1}^{n} A_i C_i \tag{1-10}$$

式中，V_s 为有效湿地斑块总面积(hm^2)；n 为湿地斑块类型数量(个)；A_i 为第 i 个类型湿地斑块面积(hm^2)；C_i 为第 i 类型湿地斑块形状系数。

C_i 的确定与斑块形状指数相关联，根据人类的开发活动特征，以正方形为参照的计算形式，即每种湿地斑块的形状指数(H_i) 按式(1－11) 计算：

$$H_i = \frac{2.5 \times P_i}{\sqrt{A_i}} \tag{1-11}$$

式中，H_i 为第 i 个类型湿地斑块形状指数；P_i 为第 i 个类型湿地斑块的周长(km)。

H_i 越趋近于 1，表示湿地斑块的人为干扰因素越多；H_i 越大，表示湿地斑块形状越无序，该湿地则越接近于自然状态。

湿地斑块形状指数 H_i 与湿地斑块形状系数 C_i 之间的对应关系见表 1－7 所示。

表 1－7 湿地斑块形状指数与形状系数的对应关系表

湿地斑块形状指数（H_i）	湿地斑块形状系数（C_i）
$1 \leqslant H_i < 5$	0.1
$5 \leqslant H_i < 10$	0.3
$10 \leqslant H_i < 15$	0.5
$15 \leqslant H_i < 20$	0.7
$20 \leqslant H_i < 25$	0.9
$H_i \geqslant 25$	1.0

有效湿地斑块总面积（V_s）（hm^2）与有效湿地斑面积指标赋分（S_6）关系见表 1－8所示。

表 1－8　有效湿地斑块总面积与有效湿地斑面积指标赋分关系表

有效湿地斑块总面积（V_s）	有效湿地斑面积指标赋分（S_6）
$V_s < 0.8$	20
$0.8 \leqslant V_s \leqslant 1.6$	40
$1.6 < V_s \leqslant 2.4$	60
$2.4 < V_s \leqslant 3.2$	80
$V_s > 3.2$	100

（7）自然湿地率

自然湿地率是反映湿地自然性的一个指标，指自然湿地面积占湿地总面积的比例，其中自然湿地以 GB/T 24708—2009 为依据进行界定。

自然湿地率(V_n）按式(1－12）计算：

$$V_n = \frac{A_n}{A_a} \tag{1-12}$$

式中，V_n 为自然湿地率；A_n 为自然湿地面积(hm^2）；A_a 为湿地总面积(hm^2）。

自然湿地率指标赋分(S_7）按式(1－13）计算。

$$S_7 = V_n \times 100 \tag{1-13}$$

（8）单位面积湿地斑块数

单位面积湿地斑块数表达了湿地斑块的破碎化程度，湿地斑块总面积的减少或斑块数量的增加都会导致单位面积湿地斑块数量减少，其值越高对生物的生存越不利。

单位面积湿地斑块数(V_q）按式(1－14）计算：

$$V_q = \frac{n}{A_t} \tag{1-14}$$

式中，V_q 为单位面积湿地斑块数(个 /hm^2）；n 为湿地斑块数(个)；A_t 为湿地斑块总面积(hm^2）。

单位面积斑块数指标赋分(S_8）按公式(1－15）计算：

$$S_8 = \begin{cases} 100 - V_q \times 200 & (V_q \leqslant 0.5) \\ 0 & (V_q > 0.5) \end{cases} \tag{1-15}$$

（9）入侵植物覆盖度

入侵植物覆盖度是反映入侵植物危害程度的一个指标，指入侵植物覆盖面积占植被覆盖区总面积的比例。

入侵植物覆盖度(V_r）按式(1－16）计算：

$$V_r = \frac{A_r}{A_v} \tag{1-16}$$

式中，V_r 为入侵植物覆盖度；A_r 为入侵植物覆盖面积（hm^2）；A_v 为植被覆盖区总面积（hm^2）。

入侵植物覆盖度指标赋分（S_9）按式（1－17）计算：

$$S_9 = 100 - V_r \times 100 \quad (1-17)$$

（10）威胁因子影响程度

待评估湿地所面临威胁因子包括：富营养化，基础设施建设，光伏和风电，围垦，水系阻断，有害生物，过度养殖，过度捕捞和采集，采砂，淤积。威胁因子的影响程度分为重度、中度、轻度和安全四个级别。

各威胁因子影响程度分值（T_i）按表 1－9 所示分别进行确定。

表 1－9　各威胁因子影响程度分值表

威胁因子	威胁因子影响程度分值（T_i）			
	重度	中度	轻度	安全
富营养化	0	4	8	12
基础设施建设	0	4	8	12
光伏和风电	0	4	8	12
围垦	0	4	8	12
水系阻断	0	4	8	12
有害生物	0	4	7	10
过度养殖	0	3	6	9
过度捕捞和采集	0	3	6	9
采砂	0	2	4	6
淤积	0	2	4	6

威胁因子影响程度指标赋分（S_{10}）按式（1－18）计算：

$$S_{10} = \sum_{i=1}^{10} T_i \quad (1-18)$$

五、评估分值确定

（1）湿地斑块或特定区域湿地生态状况评估

湿地斑块或特定区域湿地生态状况评估分值（S_t）按式（1－19）计算：

$$S_t = \sum_{i=1}^{10} w_i S_i \quad (1-19)$$

式中，S_t 为湿地斑块或特定区域湿地生态状况评估分值；w_i 为第 i 项评估指标权重；S_i 为第 i 项评估指标赋分值。

(2) 行政区域湿地生态状况评估

行政区域湿地生态状况评估分值(S_d)按式(1－20)计算：

$$S_d = \frac{\sum_{i=1}^{n} A_i S_{ti}}{\sum_{i=1}^{n} A_i} \tag{1-20}$$

式中，S_d 为行政区域湿地生态状况评估分值；S_{ti} 为该行政区域内第 i 个湿地斑块或特定区域评估分值；A_i 为该行政区域内第 i 个湿地斑块或特定区域湿地面积(hm^2)；n 为该行政区域内划分的湿地斑块或特定区域数量。$\sum_{i=1}^{n} A_i$ 应等于该行政区域内所有湿地面积之和。

六、评估等级划分

湿地生态状况等级根据待评估湿地生态状况评估分值确定，可分为“优”“良”“一般”“较差”四个等级，各等级评估分值范围由安徽省湿地主管部门根据安徽省湿地总体生态状况综合确定。

安徽省湿地保护地空缺和扩建需求分析

一、研究背景

“保护空缺”(GAP)这一概念是1988年Burley在《生物多样性监测——确定保护优先序》一书中首次提出的，缺口分析(GAP Analysis)是识别保护空缺的重要途径。这一途径主要是采用地理信息空间技术，通过研究区域的自然保护区、保护地以及物种的分布情况，识别生物多样性的各个组成部分，结合现有保护体系进行图层叠加分析，进而确定保护体系之外具有保护价值的区域，即保护空缺，以便通过新建保护区或是改变原有土地利用方式和管理方法来保护这些空缺，在一定程度上为保护和规划大规模的区域生物多样性提供了科学依据。缺口分析在生物多样性保护领域进行了大量的实践探索，为保护区生物多样性的评价提供了一种方式，也为保护区的建设提供了科学指导。识别湿地保护地体系之外但具有重要生态保护价值的湿地，开展安徽省湿地保护地空缺与扩建需求分析，对于加强保护地有效管理具有积极意义。

二、研究内容

本项目旨在借助遥感和地理信息系统技术，通过识别安徽省8 hm^2及以上的湿地斑块来构建安徽省湿地重要性评估指标体系。通过对这些湿地斑块进行重要性评估，识别出具有重要保护价值的湿地，并将评估结果与现有湿地保护体系进行比较，以确定保护空白以及保护晋级，从而完善安徽省湿地保护体系。其研究内容如下。

(1) 安徽省湿地分类特点及保护现状分析

在ArcGIS软件中提取出安徽省8 hm^2及以上的湿地斑块，对安徽省湿地概况进行分析，研究安徽省湿地类型特点及其分布状况，了解安徽省湿地保护管理现状等。

(2) 构建安徽省湿地重要性评估指标体系

结合安徽湿地生态系统的特点，从生态服务和生态保护两个方面构建安徽省湿地重要性评估指标体系，确定能够体现安徽湿地生态特点的权重分布以及指标赋值标准，利用指标体系对安徽省8 hm^2及以上湿地斑块进行重要性评估。

(3) 安徽省湿地保护地空缺分析及完善建议

根据重要性评估结果及划分的优先保护等级，对比现有保护体系，识别保护空缺，找出保护体系外但具有重要生态保护价值的区域，将其纳入湿地保护体系。同时，对于部分保护力度不够的湿地保护地，建议保护级别晋升，准确建立有效保护区，从而完善安徽省湿地保护体系，对安徽省湿地进行系统全面的保护。

三、研究方法

(一) 数据来源及处理

(1) 遥感数据

本研究的遥感影像数据为课题组研究成果，来源于地理空间数据云(http://

www. gscloud. cn）和美国地质勘探局官网（USGS）的 Landsat8－OLI 数据。选取 2016 年安徽省最高水位时间段 6～9 月影像，选择遥感影像质量良好，云量平均低于 2%，数据分辨率为 30 m，融合后分辨率为 15 m。利用 ENVI 5.1 软件对遥感影像进行解译，提取 8 hm^2 及以上湿地斑块信息，并进行矢量化处理，并在 ArcGIS 10.4 中对分类结果进行融合，可得到安徽省 8 hm^2 及以上湿地资源类型及分布状况。

（2）湿地生态环境数据

水资源量、供水、水质数据来源于 2016 年、2017 年安徽省各市水资源公报，其中，供水指标数据依据资料定性判定；湖泊气候数据来源于《安徽省第二次湿地资源调查公报》《安徽湿地》《中国湿地资源·安徽卷》《安徽河湖概览》以及相关网站等，并根据安徽省气象灾害年鉴，统计计算各市 2015—2017 年三年的平均气温，将湖区气温与所在地区平均气温对比得出各湿地调节气候的值；产品供给、科研教育、湿地类型、湿地生境等指标数据通过相关书籍、文献记载以及统计年鉴定性判定；湿地旅游数据源自安徽省统计年鉴及相关网站和文献记载；湿地植物、湿地鸟类种属和数量以及受保护物种数等数据来源于安徽省自然保护管理站、安徽省林业局、湿地公园总体规划导则及近年来科考报告中的湿地调查监测数据；越冬水鸟数据来源于 2016 年、2019 年安徽省冬季水鸟同步调查期间的数据；通过 ArcGIS 10.4 软件计算得出湿地面积数据；空间连通性是基于安徽省水文遥测网的部分数据，并利用 Google Earth 软件分析对照，根据湖泊与主水系间的连接及距离、是否道路阻隔、闸坝的位置分布等现象定性判定。以8 hm^2 及以上湿地斑块为评估单元，在 ArcGIS 10.4 软件中通过属性融合后共有 480 块湿地斑块，将各湿地斑块数据导入属性表，对水体的矢量数据进行编辑和运算。

（二）湿地重要性评估指标体系构建

（1）指标体系的建立

结合安徽省多样的湿地生态系统及其脆弱性、高产性等特点，遵循科学性、代表性和可操作性原则，借鉴《国际重要湿地的指定标准》《国家重要湿地确认办法》以及《安徽省生态保护红线划定技术指南》等，从生态服务功能和物种保护功能两个方面来构建安徽省湿地重要性评估指标体系。安徽省湿地重要性评估指标体系分为三个层次：目标层、准则层和指标层，其中指标层共选取二十二个指标，见表 1－10 所示。

表 1－10　安徽省湿地重要性评估指标体系及权重

目标层	准则层	指标层	权重	排序
生态服务功能重要性	调节功能	蓄水调洪	0.0877	3
		调节气候	0.0419	9
	资源功能	供水	0.0100	22
		产品供给	0.0283	13
	社会文化功能	科研教育	0.0222	17
		生态旅游	0.0334	10
	维持生物多样性	湿地鸟类种数	0.0163	19
		湿地鸟类数量	0.1311	2
		湿地维管植物种数	0.0479	7

（续表）

目标层	准则层	指标层	权重	排序
生态保护功能重要性	必要性	濒危物种数	0.0757	5
		迁徙路线1%标准的鸟类种数	0.1361	1
		物种栖息地	0.0315	11
	稀有性	国家Ⅰ级重点保护动植物种数	0.0673	6
		国家Ⅱ级重点保护动植物种数	0.0309	12
		省重点保护动植物种数	0.0239	16
	自然性	自然状态	0.0102	21
		威胁程度	0.0211	18
	代表性	湿地类型	0.0259	14
		湿地生境	0.0430	8
	适宜性	湿地面积	0.0794	4
		水系连通性	0.0105	20
		水质条件	0.0257	15

（2）评估赋值标准

根据评估指标体系的各项指标建立湿地斑块属性数据库，根据搜集查阅的资料记录每个湿地的指标数据。为尽可能科学合理地评估不同湿地的保护价值，评估指标的赋值标准区间根据所收集的数据特点来科学划分。

四分位法，是利用多元统计分析软件对单个变量的数据频数进行统计分析。将可量化的每个评估指标的数据进行频数分析，以累积频数为75%、50%和25%时的指标数据作为极高档区间、高档区间、中档区间和低档区间的划分点，由此划分［75%，+∞）为赋值标准的极高档区间，［50%，75%）为赋值标准的高档区间，［25%，50%）为赋值标准的中档区间，［0，25%）为该指标的低档区间，并依此将湿地及其生态服务和生态保护功能重要性分为极重要、高度重要、较重要和一般重要四个等级。

利用1、3、5、7这四个数字对不同的档位区间进行赋值，对一般重要区间赋1分，对较重要区间赋3分，对高度重要区间赋5分，对极重要区间赋7分。对于定性指标，参考国际和国家重要湿地、国家和省级自然保护区等湿地生态系统标准予以赋分。具体赋值标准见表1－11所示。

表1－11　湿地重要性评估指标赋值标准

目标层	指标层	极重要（7分）	高度重要（5分）	较重要（3分）	一般重要（1分）
生态服务功能重要性	蓄水调洪/$\times 10^9 m^3$	［8.9，∞）	［1.7，8.9）	［0.3，1.7）	［0，0.3）
	调节气候/℃	［0.5，∞）	［0.3，0.5）	［0.15，0.3）	［0，0.15）
	供水	供工业、农业及生活大量用水	供农业及生活用水	供生活用水	工农及生活均不利用

（续表）

目标层	指标层	极重要（7分）	高度重要（5分）	较重要（3分）	一般重要（1分）
生态服务功能重要性	产品供给	种类极丰富、产量高	种类较丰富、产量较高	种类较丰富、产量较一般	种类不丰富、产量较少
	科研教育	科研教育价值极其重要	科研教育价值重要	与科研教育价值	科研教育价值较弱
	生态旅游/（万人·年$^{-1}$）	5A/[105，∞)	4A/[25，105)	3A/[10，25)	2A及以下/[0，10)
	湿地鸟类种数/种	[140，∞)	[100，140)	[65，100)	[0，65)
	湿地鸟类数量/只	[2450，∞)	[910，2450)	[280，910)	[0，280)
	湿地维管植物种数/种	[294，∞)	[138，294)	[77，138)	[0，77)
生态保护功能重要性	濒危物种数/种	[3，∞)	[2，3)	[1，2)	[0，1)
	迁徙路线1%标准的鸟类种数/种	[2，∞)	[1，2)	[0，1)	[0，0)
	物种栖息地	国际濒危物种重要的栖息地、越冬地和繁殖地	国家重要的栖息地和繁殖地	省重要的栖息地或迁移地	常见的生物栖息地或迁移地
	国家一级重点保护动植物物种数/种	[3，∞)	[2，3)	[1，2)	[0，1)
	国家二级重点保护动植物物种数/种	[15，∞)	[10，15)	[5，10)	[0，5)
	省级重点保护动植物物种数/种	[28，∞)	[20，28)	[12，20)	[0，12)
	自然状态	完全自然型	受扰自然型	退化自然型	人工型
	威胁程度	安全	轻度	中度	重度
	湿地类型	在国际上有突出代表意义	在国内有突出代表意义	具有相应地区典型特征	代表性一般
	湿地生境	生境类型多样，组成复杂，在国际上有突出代表意义	生境类型较多，组成较复杂，在国内有突出代表意义	省内有突出代表意义	代表性一般
	湿地面积/hm^2	[12480，∞)	[3065，12480)	[570，3065)	[0，570)
	水系连通性	江湖、主水系自然连通或通过人工渠道短距离连通	江湖、主水系自然连通或通过人工渠道长距离连通	与水系内部分水系河流相连	暂不与外部水系连通
	水质条件	[Ⅰ，Ⅱ]	(Ⅱ，Ⅲ]	(Ⅲ，Ⅳ]	(Ⅳ，Ⅴ]

（3）指标权重的确定

采用熵权法确定指标权重。根据所建评估指标数据库中各指标的统计数据来计算各指标的权重。对于不可量化的指标，对照赋值标准进行赋值，以赋值分为原始数据。

（4）重要性评估公式

采用加权求和的方法计算重要性得分，其公式为

$$R=\sum_{j=1}^{n}W_jS_j$$

式中，R 为重要性得分；n 为评估指标个数；W_j 为各评估指标的权重，S_j 为各评估指标的赋值分数。R 值越大表明湿地重要性程度越高，反之重要性程度就越低。

根据湿地重要性指数范围，利用自然断裂法，将评估结果进行重要性等级划分，将安徽省湿地划分为极重要湿地、高度重要湿地、较重要湿地和一般重要湿地。

（三）湿地保护空缺分析

采用GAP分析法和GIS技术，制作安徽省湿地资源分布图、安徽省湿地类型自然保护区分布图、湿地公园分布图。通过空间数据的叠加分析和属性数据的计算，将已建立的湿地保护地与之对照，识别其保护空缺，即GAP区域。对这些保护体系外但具有重要生态服务功能和重要生态保护功能的湿地，以及部分已建湿地保护地但保护等级有待晋级的湿地区域进行保护地空缺分析，提出保护地扩建建议。

（1）湿地保护地定义标准

为保证标准统一，出于严谨性，本研究将已有的湿地保护地范围定义为安徽省已建的国家级、省级、市级、县级湿地类型自然保护区和各级湿地公园。保护地名录为截至2018年12月的统计数据。

（2）湿地保护空缺分析图件制作

在ArcMap10.4中制作安徽省湿地和各级保护地联合图层。收集安徽省湿地类型自然保护区和各级湿地公园的中心坐标信息，对于部分面积较小、无准确经纬度信息的保护区，则精确到其所在的乡镇中心，并将其进行矢量化，导入ArcMap10.4中，建立点图层，根据面积大小进行显示。以安徽省湿地保护地图层为工作底图裁剪安徽省湿地分布图，得到的结果即为安徽省湿地空缺分布图。

四、项目成果

（一）安徽省湿地重要性评价

安徽省湿地重要性评估分值为0.9741～6.5588，得分靠前的为升金湖（6.5588）、菜子湖（6.2152）、武昌湖（6.0718）等。根据自然断裂法，将重要性划分为四个等级：0.9741～1.4350、1.4351～2.4048、2.4049～4.0270、4.0271～6.5588，分别为一般重要湿地、较重要湿地、高度重要湿地和极重要湿地。极重要湿地主要分布在长江、淮河流域，面积约为$50.30\times10^4hm^2$，占研究区域湿地面积的48.29%；高度重要湿地面积约为$13.25\times10^4hm^2$，占12.72%；较重要湿地面积约为$18.17\times10^4hm^2$，占17.45%；一般重要湿地约为$22.40\times10^4hm^2$，零星分布于全省。其中，生态服务功能

重要性值为 0.2472～2.6562，主要集中在长江、淮河流域，得分靠前的依次是升金湖（2.6562）、巢湖（2.4820）、菜子湖（2.4604）等；生态保护功能重要性值为 0.6855～3.9026，得分靠前的为升金湖（3.9026）、武昌湖（3.8408）、淡水豚保护区（3.8110）等。

（二）安徽省湿地保地空缺分析

安徽省存在约 34.11×10^4 hm^2 的湿地保护空缺，其中优先保护Ⅰ级区空缺湿地面积约 17.31×10^4 hm^2，占比 50.75%；优先保护Ⅱ级区空缺湿地面积约 5.01×10^4 hm^2，占比 14.69%；优先保护Ⅲ级区内空缺湿地面积约 11.78×10^4 hm^2，占比 34.54%。这些湿地斑块主要分布在沿江、沿淮区域，其中，具有重要生态保护价值的湿地有巢湖、黄陂湖、南漪湖、瓦埠湖、万佛湖以及长江、淮河、新安江干流等。

（三）安徽省湿地保护地扩建建议

建议将黄陂湖新建为国家级自然保护区；将南漪湖、瓦埠湖新建为省级自然保护区；将万佛湖、响洪甸水库建立成国家湿地公园；同时，建议在长江、淮河、新安江的干流安徽段建立多个较为分散的国家湿地公园；将佛子岭水库、梅山水库新建为省级湿地公园；将菜子湖、武昌湖、十八索等省级自然保护区申请为国际重要湿地，并升级为国家级自然保护区；将宿松华阳河湖群和安庆沿江湿地两个省级自然保护区晋升为国家级自然保护区。

湿地植被修复技术

《湿地植被修复技术规程》（下文简称《规程》）于 2017 年 3 月经安徽省质量技术监督局发布（DB 34/T 2831—2017），是目前全国唯一的关于湿地植物修复的行业技术标准。

该《规程》规定了湿地植物选择基本原则、调查设计、湿地植被配置方法、湿地植被恢复技术、修复植被的管护与再利用、湿地植被修复验收标准和安徽省常见湿地植物栽培技术指标等，其目的是在进行水质修复、食物链修复、驳岸修复、农业面源污染修复、生物多样性修复、景观修复中科学配置湿地植被。

一、湿地植物选择基本原则

（1）保护优先原则

对中华水韭（*Isoetes sinensis*）、水蕨、粗梗水蕨（*Ceratopteris pteridoides*）、野莲、野菱、莼菜等珍稀物种分布区、湿地植物特别丰富的区域、多种水鸟觅食区、栽植难度大的区域等，应尽可能保护原有湿地植被。

（2）生态适应性原则

优先选择乡土植物，或适应当地环境且不会造成生物入侵的物种，作为湿地植被修复的主要植物种类。

（3）抗逆性原则

选择具有抗污性、抗病性、抗寒性等抗逆性植物。

（4）慎用外来物种原则

慎用外来物种。确须引入的，要做好监测和监管工作。

（5）可利用性原则

优先选择具有净化水体、完善食物链、美化景观等生态功能的植物，兼顾其经济、社会与文化等功能。

二、调查设计

（一）资源与环境现状调查

（1）湿地动植物现状调查

该调查包括种类组成、分布地点、保护物种、珍稀动物食物来源等，避免因植被修复而对原有珍稀动植物资源造成破坏。

（2）湿地环境现状调查

该调查包括气候、地形、地貌、水质、水深、水位变化、流速、pH 值、透明度、主要污染物、沉积物性质等，以此判别导致湿地植被退化的因素，确定湿地修复所用的植物种类。

（二）实施方案编制

实施方案包括修复地点、面积、目标、途径、植物种类、配置方法、栽植密度、种植方式和管护措施，然后绘制施工图，并按有关要求执行。

（三）湿地植被配置原则

（1）针对性原则

要根据湿地水质修复、食物链修复、驳岸修复、面源污染修复、生物多样性保护修复以及科普宣教等不同修复目的和立地条件，配置植物种类和密度。

（2）多样性原则

坚持以乔木、灌木、草本、藤本、挺水、浮水以及沉水植物多层次、多种类的组合，形成景观多样、结构稳定的植物群落。

（3）相容性原则

根据所选物种的生物学习性、生态位特征和种间关系，兼顾群落的空间结构、营养结构和生态结构，合理配置群落物种。

（4）协调性原则

所选择的植物种类应在景观效应、护坡固土、水质净化、动物栖息地营造等功能方面与周边植物群落、自然环境相协调。

（四）不同类型湿地植被配置方法

（1）湖泊和池塘植被配置

依据湖泊和池塘水体沉积物状况以及植物对水深的适应性，按照挺水区、浮水区和沉水区进行湿地植物配置。挺水区可栽植旱柳（*Salix matsudana*）、腺柳（*Salix chaenomeloides*）、银叶柳（*Salix chienii*）、水杉、池杉等木本挺水植物，以及荻、芦苇、芦竹（*Arundo donax*）、菰、菖蒲、莲、荸荠、水葱、香蒲、藨草（*Scirpus triqueter*）、灯芯草（*Juncus effusus*）、千屈菜（*Lythrum salicaria*）、高秆莎草（*Cyperus exaltatus*）、野芋（*Colocasia antiquorum*）、花蔺（*Butomus umbellatus*）、石龙尾（*Limnophila sessiliflora*）等草本植物；浮水区可栽植睡莲、芡、萍蓬草（*Nuphar pumilum*）、荇菜（*Nymphoides peltatum*）、莼菜（*Brasenia schreberi*）、野菱（*Trapa incisa*）、乌菱（*Trapa natans*）、水鳖（*Hydrocharis dubia*）、茶菱（*Trapella sinensis*）等草本植物；沉水区可栽植苦草、刺苦草（*Vallisneria spinulosa*）、水车前（*Ottelia alismoides*）、竹叶眼子菜（*Potamogeton wrightii*）、菹草（*Potamogeton crispus*）、微齿眼子菜（*Potamogeton maackianus*）、篦齿眼子菜（*Potamogeton pectinatus*）、大茨藻（*Najas marina*）、小茨藻（*Najas minor*）、黑藻（*Hydrilla verticillata*）、狐尾藻（*Myriophyllum verticillatum*）、金鱼藻（*Ceratophyllum demersum*）等草本植物。

（2）河流植被配置

河流一般水位落差大，水流快，沙质、砾质河床基质贫瘠，植物不容易成活。河流植被修复不得影响河道泄洪和河堤安全，河漫滩、驳岸和河床的水池区可实施植被修复，主河道、河床的急流区及航道一般不适宜种植植物。河漫滩、驳岸以种植低矮草本植物为主，可选植物包括菖蒲、狗牙根、陌上菅（*Carex thunbergii*）、结缕草

(*Zoysia japonica*)、中华结缕草(*Zoysia sinica*)、藨草(*Scirpus triqueter*)、虉草(*Phalaris arumdinacea*)、双穗雀稗(*Paspalum paspaloides*)、假稻(*Leersia japonica*)、花蔺、灯芯草、高秆莎草、木贼(*Equisetum hyemale*)、水蕨、菰、水葱、慈姑(*Sagittaria trifolia*)等，辅以少量枫杨(*Pterocarya stenoptera*)、水杉、旱柳、河柳(*Salix chaenomeloides*)、银叶柳、杞柳(*Salix integra*)等木本植物；河床的水池区植被配置以栽种沉水植物和低矮草本挺水植物为主，慎用浮叶植物和木本植物。

(3) 水库植被配置

水库通常水位落差大，水体较深，植被稀少，泄洪时植物易随水流失，应选用能适应水深、水位变化大这一状况的植物种类。水位变化是制约水库植被栽植的重要因素，由此决定了许多挺水植物难以在水库中栽植。确须栽植的，可在水位变化较小、水深合适区域种植根生浮叶植物，如萍蓬草、菱、芡、莲、荇菜等，或在水深、透明度合适区域种植沉水植物，如竹叶眼子菜、苦草、金鱼藻、黑藻、大茨藻、水车前、狐尾藻、篦齿眼子菜、微齿眼子菜等。水库中慎种自由漂浮植物，以免影响水库泄洪。确须栽植的，可采用围栏技术，栽植凤眼莲、大薸(*Pistia stratiotes*)、水鳖等。

在水库消落带，季节性水位变化可达数米，往往难见植被。因为若栽一般挺水植物，水位高时可能会被淹死；若栽沉水植物，水位低时可能因旱致死。在季节性水位变化1～2 m区域，可栽植芦苇、荻、香蒲、芦竹等茎秆高的草本植物；或栽植耐旱、耐水淹的狗牙根、虉草、双穗雀稗等禾本科植物；或栽植耐水淹的湿地木本植物，如旱柳、垂柳、水杉、池杉、落羽杉、乌桕(*Sapium sebiferum*)等，以避免水位低时地表裸露，影响湿地景观。

(4) 驳岸植被配置

湿地驳岸植被应尽可能维持其自然状态，让植被自然恢复。

对于确须修复的驳岸，由于枯水位以下驳岸长期处于淹水状态且多为固化，不适宜进行植被修复。

枯水位至丰水位之间的驳岸可栽种耐旱、耐水湿的植物，如狗牙根、双穗雀稗、芦苇、芦竹、荻、旱柳、枫杨、水杉、杞柳、白蜡树(*Fraxinus chinensis*)等。

丰水位以上驳岸可全部绿化，可栽种狗牙根、中华结缕草、结缕草、白茅(*Imperata cylindrica*)、双穗雀稗、假稻、藨草、陌上菅、美人蕉(*Canna indica*)、黄素馨(*Jasminum mesnyi*)、薜荔(*Ficus pumila*)、爬山虎(*Parthenocissus tricuspidata*)、常春藤(*Hedera nepalensis*)、紫藤(*Wisteria sinensis*)、凌霄(*Campsis grandiflora*)、络石(*Trachelospermum jasminoides*)、金银花(*Lonicera japonica*)、垂柳、旱柳、江南桤木(*Alnus trabeculosa*)、枫杨、水杉、池杉、榆树(*Ulmus pumila*)、朴树(*Celtis sinensis*)等。

(5) 面源污染区修复植被配置

营造修复植被时，应适当保留原地表植被。

为拦截进入湿地的污染物，可根据面源污染现状特点，配置对氮、磷或某种金属污染物吸收富集能力强、水土保持能力强、具有一定经济价值的物种。

三、湿地植被修复技术

（一）自然修复

在原有天然植被保存较好的湿地，优先采取自然修复手段，通过对其植被自然封育、人工育苗补植和管护，适时清除非目的物种和受病虫危害的植株，便可实现植被的自然修复。

在原有天然植被周围，如果人为活动频繁，应采用带刺铁丝网，石、土垒墙，开沟挖壕，竹、木围篱等方式设置机械围栏，或栽植有刺乔、灌木等作为生物围栏，进行围封。

在天然植被封禁区周边的主要入口、沟口、河流交叉点和主要交通路口等竖立永久性标牌，立牌公示。在湿地入口、沟口及交通路口应设卡，加大管护力度。

（二）人工修复

人工修复是针对无湿地植被分布或湿地植被很少的情况下，通过人工辅助措施扩大湿地植被分布面积，提高植被的覆盖率。

1. 驳岸植被修复技术

（1）固化驳岸修复技术

尽可能维持湿地自然驳岸，减少驳岸固化。若因防洪需要，湿地驳岸确须固化的，应减少固化比例。驳岸固化既可采用浆砌石固化技术、混凝土固化技术，也可采用干砌石固化技术、宾格石笼固化技术。采用浆砌石和混凝土固化的驳岸，难以进行植被修复；采用干砌石和宾格石笼固化的驳岸，可在石缝中种植耐旱、耐水湿的植物，如藨草、陌上菅、狗牙根、双穗雀稗、假稻、石血（*Trachelospermum jasminoides*）等，忌用木本植物和大型草本植物。

（2）生态砖驳岸修复技术

在生态砖的孔洞中填入混有植物种子的土壤或直接在孔洞中填土后栽种植物幼苗。适合于生态砖驳岸修复的植物有藨草、陌上菅、狗牙根、双穗雀稗、假稻等具有耐旱、耐水湿特点的植物。

（3）生态袋或植生袋驳岸修复技术

生态袋或植生袋驳岸是在湿地驳岸岩土体坡面上直接码放生态袋或植生袋而形成的一种人工驳岸。生态袋或植生袋内填充土壤、基材和植物种子，植物种子萌发生长形成植物群落。适合于生态袋或植生袋驳岸修复的植物有藨草、陌上菅、狗牙根、双穗雀稗、假稻等具有耐旱、耐水湿特点的草本植物。

（4）三维植被网驳岸修复技术

先将三维植被网利用锚杆、竹签等固定于湿地驳岸岩土体坡面上，然后在三维植被网的网包中填入土壤，再播撒植物种子，种子萌发生长形成植物群落。适合于三维植被网驳岸修复的植物有藨草、陌上菅、狗牙根、双穗雀稗、假稻、芦苇、香蒲等。

（5）垂直驳岸绿化技术

垂直绿化适用于湿地驳岸为垂直的驳岸。垂直驳岸的绿化是先修建花台，然后将花台填入土壤，再栽植攀缘植物和垂枝植物。常用植物有黄素馨、薜荔、爬山虎、常春藤、紫藤、凌霄、络石、金银花等。

2. 沼生植被修复技术

湖泊、河流的沼泽型湿地常年积水或土壤过于湿润，此类湿地上生长的植物根多浸没在水中或湿透的泥土中，茎、叶则挺出水面，具有很好的通气组织。沼生植被的修复可通过直接播撒种子或其他繁殖体，或直接栽种植物幼苗完成。

3. 挺水植被修复技术

挺水植被是生长于水深小于 2.0 米的浅水处的一类植被，构成挺水植物群落的植物的根和根状茎生长在水下的底泥之中，茎、叶挺出水面，挺水植物种类繁多。挺水植被修复时须根据不同水深选择不同植物，高大的植物能够在较深的水中生长，而中小型挺水植物只适合在浅水中生长。挺水植被的修复可通过直接播撒种子或其他繁殖体，或直接栽种植物幼苗完成。

4. 漂浮植被修复技术

（1）自由漂浮植被修复技术

这类植物仅需足够的水深使其叶或叶状茎自由漂浮于水面即可，在静水区域易形成植物群落，可选用凤眼莲、大薸、水鳖等常见自由漂浮植物。自由漂浮植被的修复可通过向水体投放幼苗或成体方式，对撒入水面的漂浮植物应用网围隔，防止随水流走或被风吹走。大量的漂浮植物往往对行洪产生一定影响，河流、水库植被修复时慎用。

（2）根生浮叶植被修复技术

根生浮叶植物是指植物的根部生于湿地泥土之中，叶部漂浮于水面，多生长于水深 0.5～2.0 m 的湿地中。安徽省常见的根生浮叶植物包括各种菱科植物、荇菜、萍蓬草、芡、睡莲、金银莲花、莼菜、蘋（*Marsilea quadrifolia*）等。根生浮叶植被修复可通过向水体播撒种子、栽种幼苗或地下根茎等方式完成。

5. 沉水植被修复技术

沉水植物根部生于湿地泥土之中，叶部沉于水面之下，其栽植水深依水体透明度确定，即水底光强达到水面光强 5%时较适合沉水植物生长，通常生长于水深 1～3 m，且须超过植株高度、茎叶能自然伸展的湿地中。安徽省常见的沉水植物包括菹草、竹叶眼子菜、篦齿眼子菜、微齿眼子菜、大茨藻、小茨藻、金鱼藻、苦草、黑藻、水车前等。沉水植被修复可采用向水体播撒种子、幼苗移栽、营养繁殖体种植等方式。

6. 人造浮岛修复技术

对于水体较深、水流较缓或静水区域，因美化、净化、营造动物栖息地等需要，且使用常规修复技术方式植被难以成活的，可采用人造浮岛技术进行植被修复，所选植物多为挺水植物。

（三）栽植方式

表 1－12 为安徽省常见湿地植物栽培技术一览表。该表列举了湿地常用的植被修复植物 108 种，栽植前要结合物种的生物学物性，可选用播种、扦插和分株（分蘖）等方式进行栽植。

（四）栽植时间

拟选用的植物除要采用合理栽培方式外，也要考虑合理的栽植季节，以保证植株的成活率。具体栽植时间见表 1－12 所示。

（五）栽植密度

拟选用的植物种植密度见表 1－12 所示，建议按照该表推荐密度进行栽植。

表 1－12　安徽省常见湿地植物栽植技术指标一览表

序号	生活型	种名	播种时间	扦插时间	分株/分蘖时间	根茎栽植时间	湿地类型	密度
1	沉水植物	苦草	3～4 月	—	5～8 月	全年	湖泊、池塘、河流	(80～100) 株/m^2
2		刺苦草	3～4 月	—	5～8 月	11 月～次年 5 月	湖泊、池塘、河流	(80～100) 株/m^2
3		黑藻/轮叶黑藻	—	4～8 月	4 月	芽殖体 12 月～次年 3 月	湖泊、池塘、河流	(25～36) 株/m^2。芽孢用种 (500～1000) g/亩；扦插培养 (30～50) kg/亩
4		狐尾藻	3～4 月	4～8 月	全年	—	湖泊、池塘、河流	(10～20) 株/m^2
5		穗花狐尾藻	3～4 月	4～8 月	全年	断枝或根状茎的方式进行	湖泊、池塘、河流	(10～20) 株/m^2
6		金鱼藻	3～4 月	4～8 月	断体繁殖 3～8 月	—	湖泊、池塘、河流	1 丛/m^2，200 蓬/亩。
7		黄花狸藻	3～4 月	4～8 月	4～8 月	—	湖泊、池塘、沼泽	(20～30) 株/m^2
8		菹草	3～4 月	11 月～次年 4 月	11 月～次年 4 月	芽殖体 10 月～次年 3 月	湖泊、池塘、河流	(20～30) 株/m^2，芽孢用种 0.7～1.5 kg/亩；代根扦插培养按 (20～40) kg/亩
9		大茨藻	3～7 月	—	3～6 月	—	湖泊、池塘、河流	(20～30) 株/m^2
10		小茨藻	3～7 月	—	3～6 月	—	湖泊、池塘、河流	(20～30) 株/m^2
11		竹叶眼子菜	3～4 月	4～8 月	3～10 月	断体繁殖	湖泊、池塘、河流	(4～6) 株/m^2
12		微齿眼子菜	3～4 月	—	3～6 月	断体繁殖	湖泊、池塘	(4～6) 株/m^2
13		篦齿眼子菜	3～4 月	4～8 月	4～10 月	断体繁殖	湖泊、池塘、河流	(4～6) 株/m^2

（续表）

序号	生活型	种名	播种时间	扦插时间	分株/分蘖时间	根茎栽植时间	湿地类型	密度
14	根生浮叶植物	蘋（苹、萍）	—	5～8月	4～8月	4～8月	静水小水体、湿地认知园	(40～50) 株/m^2
15		睡莲	—		4～8月	4～8月	池塘	(1～2) 株/m^2
16		亚马逊王莲	4～5月		3～6月	球茎 4～6月	温室	1株/(3～5) m^2。
17		金银莲花	3～4月	4～6月	5～6月	4～9月	湖泊、池塘	(20～30) 株/m^2
18		萍蓬草	3～4月	—	5～6月	4～9月	湖泊、池塘、河流	(1～2) 株/m^2
19		荇菜	3～5月	—	3～7月	4～9月	湖泊、池塘、河流、沼泽	(30～40) 株/m^2
20		芡	10月～次年4月	—	—	—	湖泊、池塘	1株/(4～6) m^2
21		莼菜	3～5月	4～5月	4～5月	—	湖泊、池塘、河流	(10～12) 株/m^2
22		菱（野菱）	10月～次年4月	—	5～6月	—	湖泊、池塘、河流	(3～5) 株/m^2
23		乌菱	10月～次年4月	—	5～6月	—	湖泊、池塘、河流	(3～5) 株/m^2
24		茶菱	—	4～6月	4～6月	—	湖泊、池塘、河流	(3～5) 株/m^2
25		雨久花	3～4月	—	3～6月	—	池塘	(15～30) 株/m^2
26		鸭舌草	3～4月	—	3～6月	—	湖泊、池塘、河流	(25～35) 株/m^2
27	漂浮植物	凤眼莲	—	—	4～9月	—	池塘	(20～30) 株/m^2
28		水鳖	3～4月	—	3～8月	—	湖泊、池塘流	(10～15) 株/m^2
29		槐叶苹	—	—	3～6月	—	静水小水体、湿地认知园	(100～150) 株/m^2
30		满江红	—	—	4～6月	—	静水小水体、湿地认知园	(90～100) 株/m^2
31		大薸	—	—	4～8月	—	池塘、水库	(15～20) 株/m^2

（续表）

序号	生活型	种名	播种时间	扦插时间	分株/分蘖时间	根茎栽植时间	湿地类型	密度
32	挺水植物、湿生和沼生型植物	水蕨	—	—	5～7月	—	湖泊、池塘	(5～10) 株/m^2
33		菖蒲	3～4月	—	3～11月	3～10月	岸边	(10～15) 株/m^2
34		石菖蒲	3～4月	—	全年	全年	岸边	(10～15) 株/m^2
35		黄菖蒲	4～5月	—	3～7月	全年	岸边	(10～12) 株/m^2
36		玉蝉花	4～5月	—	3～8月	全年	岸边	(10～20) 株/m^2
37		溪荪	4～9月	—	3～8月	全年	岸边	(10～20) 株/m^2
38		路易斯安那鸢尾	9～10月	—	3～8月	全年	岸边	(10～20) 株/m^2
39		灯芯草	3～4月	—	全年	全年	岸边	(8～12) 株/m^2
40		菰	3～5月	—	4～5月	全年	湖泊、河流、池塘、水库岸边	(4～10) 株/m^2
41		香蒲	3～5月	—	4～5月	全年	均可	(7～10) 株/m^2
42		水烛	3～5月	—	4～5月	全年	均可	(10～25) 株/m^2
43		芦竹	3～5月	—	4～5月	全年	水库、河流、湖泊的岸边	(6～9) 株/m^2
44		花叶芦竹	3～5月	—	4～5月	全年	水库、河流、湖泊的岸边	(6～10) 株/m^2
45		慈姑	3～5月	—	—	4～5月	池塘、沼泽，以及水库、河流、湖泊的近岸区	(8～10) 株/m^2
46		水葱	3～4月	—	3～6月	—	均可	(8～12) 株/m^2
47		花叶水葱	3～4月	—	3～6月	—	均可	(10～12) 株/m^2
48		千屈菜	3～4月	3～4月	4～5月	—	池塘、沼泽，以及水库、河流、湖泊的近岸区	(7～10) 株/m^2
49		泽泻	3～5月	—	—	4～5月	池塘、沼泽，以及水库、河流、湖泊的近岸区	(16～25) 株/m^2
50		芦苇	3～5月	8～10月	3～5月	全年	湖泊、沼泽、水库	(16～20) 株/m^2

（续表）

序号	生活型	种名	播种时间	扦插时间	分株/分蘖时间	根茎栽植时间	湿地类型	密度
51	挺水植物、湿生和沼生型植物	花蔺	4～5月	—	4～8月	4～5月	池塘、河边、湖泊浅水中	(20～25) 株/m^2
52		马蔺	3～4月	—	4～5月	4～5月	坡岸	(20～25) 株/m^2
53		野芋	4～5月	—	3～6月	4～6月	浅水区、林下湿地	16株/m^2
54		紫杆水芋	4～5月	—	3～6月	—	浅水区、林下湿地	(4～9) 株/m^2
55		美洲蜘蛛兰	—	—	4～6月	—	水库林下湿地	(6～8) 株/m^2
56		再力花	4～5月	—	5～10月	全年	湖泊、河流、池塘的岸边、沼泽	(6～8) 株/m^2
57		旱伞草	3～4月	—	4～8月	—	沼泽	(10～12) 株/m^2
58		美人蕉	4～5月	—	4～8月	全年	浅水区、岸边	(4～6) 株/m^2
59		莲	3～4月	—	4～8月	全年	湖泊、河流、池塘	1株/(1～2) m^2
60		泽苔草	3～4月	—	4～10月	全年	湖泊、池塘	(20～30) 株/m^2
61		梭鱼草	3～4月	—	3～8月	全年	河道两侧、池塘四周、人工湿地	(8～10) 株/m^2
62		荸荠	—	—	5～6月	球茎4～5月	浅水区	(10～12) 株/m^2
63		藨草	3～4月	—	3～8月	全年	池塘、沼泽	(8～10) 株/m^2
64		天胡荽	8～10月	—	4～8月	全年	滩涂、水库坡岸	(10～20) 株/m^2
65		双穗雀稗	3～4月	4～5月	4～10月	全年	池塘、沼泽、河流	(10～15) 株/m^2
66		水韭	—	—	4～8月	孢子5～10月	沼泽	(10～20) 株/m^2
67		红蓼	3～4月	—	—	—	湖泊、池塘、沼泽	(15～30) 株/m^2
68		矮蒲苇	—	—	3～5月	—	水库坡岸	(1～2) 株/m^2
69		蕺菜	3～4月	4～6月	3～8月	全年	湿地岸边、林下湿地	(5～10) 株/m^2

（续表）

序号	生活型	科名	播种时间	扦插时间	分株/分蘖时间	根茎栽植时间	湿地类型	密度
70	挺水植物、湿生和沼生型植物	花叶冷水花	4～5月	—	4～10月	—	湿地公园	(10～20)株/m^2
71		山梗菜	3～5月	—	4～5月	全年	湿地公园、水库坡岸	(15～30)株/m^2
72		落新妇	3～4月	—	—	—	林下湿地、湿地公园、河边	(20～30)株/m^2
73		泽珍珠菜	3～4月	—	—	—	水库林下湿地、湿地公园、河边	(6～10)株/m^2
74		姜花	3～4月	—	3～6月	全年	湿地公园、林下湿地、河边	(8～10)株/m^2
75		蒌蒿	3～4月	—	全年	全年	滩涂	(6～10)株/m^2
76		问荆	—	—	5～8月	孢子随采随播	滩涂、河边	(20～30)株/m^2
77		节节草	—	—	5～8月	孢子随采随播	滩涂、河边	(20～30)株/m^2
78		紫萁	—	—	5～8月	孢子随采随播	林下湿地、岸边	(10～20)株/m^2
79		荻	3～4月	5～8月	3～4月	全年	沼泽、滩涂、坡岸	(3～5)株/m^2
80		毛茛	9～10月	—	生长季	—	湖泊、河流浅水区滩涂	(25～35)株/m^2
81		肉根毛茛	10～4月	—	—	—	湖泊滩涂	(25～35)株/m^2
82		萱草	11～12月	—	5～9月	全年	湿地公园、林下湿地、水库坡岸	(10～30)株/m^2
83		鸭跖草	2～3月	4～8月	4～8月	—	湿地公园、滩涂、河流岸边	(50～100)株/m^2
84		水竹叶	2～3月	—	4～8月	—	湿地公园、滩涂、河流岸边	(20～30)株/m^2
85		细叶莎草	3～4月	—	4～8月	全年	沼泽、浅水湖泊	(10～12)株/m^2

（续表）

序号	生活型	种名	播种时间	扦插时间	分株/分蘖时间	根茎栽植时间	湿地类型	密度
86	挺水植物、湿生和沼生型植物	斑茅	3～4月	—	3～5月	全年	水库坡岸	(15～20) 株/m²
87		砖子苗	3～4月	—	—	—	沼泽	(10～20) 株/m²
88		蹄叶橐吾/橐吾	3～4月	—	3～10月	全年	湿地公园、河边、沼泽	(15～20) 株/m²
89		金荞麦	3～4月	—	4～7月	全年	沼泽、湿地公园	(20～30) 株/m²
90		驴蹄草	3～4月	—	4～8月	全年	湿地公园	(6～10) 株/m²
91		水田碎米荠	10月～次年3月	—	—	—	沼泽、河流、湖泊	(3～5) 株/m²
92		白耳菜	3～4月	—	4～8月	—	湿地公园、林下湿地	(10～30) 株/m²
93		显脉香茶菜	3～4月	5～8月	5～8月	全年	湿地公园、林下湿地	(10～20) 株/m²
94		水苏	3～4月	5～8月	4～8月	全年	湿地公园、沼泽	(6～10) 株/m²
95		假稻	3～4月	—	4～8月	全年	池塘、沼泽、湖泊、河流岸边	(10～20) 株/m²
96		朝天委陵菜	11～4月	—	—	—	湖泊滩涂	(10～20) 株/m²
97		薄荷	3～4月	—	4～5月	全年	湿地公园、滩涂	(5～10) 株/m²
98		三白草	3～4月	—	4～5月	全年	湿地公园	(20～30) 株/m²
99		水车前	3～4月	—	—	—	湖泊、池塘	1株/(1～2) m²
100		陌上菅	10月～次年3月	—	12月～次年2月	全年	湖泊滩涂、河流岸边	(40～50) 株/m²
101		石蒜	11月～次年3月	—	10月～次年3月	全年	湿地公园、水库林下湿地	(5～10) 株/m²
102		忽地笑	11月～次年3月	—	10月～次年3月	全年	湿地公园、水库林下湿地	(5～10) 株/m²
103		卷丹	10～11月	—	—	9～11月	湿地公园、水库林下湿地	(3～5) 株/m²
104		慈姑	4～5月	—	—	全年	沼泽	(3～4) 株/m²

（续表）

序号	生活型	种名	播种时间	扦插时间	分株/分蘖时间	根茎栽植时间	湿地类型	密度
105	挺水植物、湿生和沼生型植物	水芹	11月～次年3月	4～10月	4～10月	全年	沼泽	(20～30) 株/m^2
106		藨草	9～10月	—	10月～次年5月	全年	沼泽	(10～20) 株/m^2
107		狗牙根	全年	—	全年	全年	沼泽、滩涂、岸边	(10～20) 株/m^2
108		石龙尾	11～4月	—	全年	—	沼泽、池塘、湖泊	(40～50) 株/m^2

备注：①本表所有植物幼苗均可直接移栽；②湿地木本植物栽培按照《造林技术规程》执行(GB/T/S 776—2016)，本表中不再逐一列出。

（六）湿地苗圃

（1）可在湿地内设置植物苗圃，以提供湿地植被修复所用苗木（草）。

（2）苗圃地应位于所培育的植物生境条件相类似地段。

（3）苗圃的面积应使其育苗数量能够按计划逐年满足湿地范围内植被修复的需要。

（4）选育的植物应为湿地内的乡土植物和珍稀濒危植物。

四、湿地植被的管护和再利用

（一）湿地植被的管护

1. 监测

对湿地植物生长状况要进行跟踪监测，特别是外来物种，要采取人工清理等措施，以防其过度生长，对土著种造成危害；同时，要监测植被修复前后水质和其他生物物种变化情况。

2. 管护

随着时间的推移，湿地修复植被大量繁殖和死亡，若不及时处理，会加速湿地沼泽化进程，也会造成湿地内源性污染。因此，湿地植被利用和管护工作要及时跟进。

如果修复植物生长过密，需人工及时进行清理；若某些植物生长过度，可通过水位调节控制其生长；因洪水冲刷或其他原因等致使植物生长不良，或因放牧、水禽利用过度导致植被退化等，需进行人工补植，以维持种群的正常密度。

3. 水位调控

水位对湿地植物的存活、生长、繁殖产生重要影响，可通过涵闸、泵站等及时调控湿地水位，防止人工修复的植物被淹死或旱死。

（二）湿地植物移植与收割时间的确定

湿地植物一般生长较快，根据不同的植物类型，在其生长茂盛、成熟后应对植物进行及时收割，并处理和利用。

一般湿地植物收割时间为上半年的3～5月和下半年的9～11月。

（三）湿地植物的再利用

1. 发展循环经济

旱柳、芦苇可作为造纸原料；荆三棱地下球茎含有丰富的多缩醣、纤维素和木质素，是水解糠醛和人造树脂工业的优良原料；酸模富含单宁，是重要的鞣料植物。苦草、荇菜等可作为绿肥。湿地植物还可作为食用菌原料和沼气的发酵原料，其菌渣和沼渣再作为农作物的肥料。

2. 食用和药用

菰、莲、芡实、菱、蒌蒿（*Artemisia selengensis*）、荸荠、水芹（*Oenantne javanica*）是重要的食用植物。以菱、莲子、芡实为原料生产的酒，具有补肾益脾、安神、抗衰老、降血压的作用。黑三棱（*Sparganium stoloniferum*）、香蒲、芦苇、莲等均具药用价值。

3. 作为湿地植物种源

人工繁育的湿地植物可作为其他湿地植被修复的植物来源，如湿地类型自然保护区、湿地公园和高档小区水景可种植湿地植物净化水体和美化景观。

五、湿地植被修复验收

（1）湿地植被修复方法选择恰当，植被类型选择原则符合《中华人民共和国野生植物保护条例》《安徽省湿地保护条例》《湿地保护修复制度方案》规定和本规程要求。

（2）执行《造林技术规程》（GB/T/5776—2016）、《生态公益林建设技术规程》（GB/T/8337.3—2001）标准。

（3）湿地植被修复验收按木本群落类型、草地类型和湿地类型进行。

木本群落类型和草地类型主要是针对湿地周边修复植被，湿地类型主要是针对水域修复植被。

木本群落类型合格标准：按常规核查验收标准执行，乔木林郁闭度≥0.2或株数保存率≥80%；灌木林覆盖度≥30%或株数保存率≥80%；乔灌混交林郁闭度、覆盖度采用综合参数值法判断，即乔木郁闭度/0.2+灌木覆盖度/30%≥1或株数保存率≥80%。

草地类型合格标准：覆盖度≥50%或株数保存率≥80%。

湿地植物成活率一般达90%，重点保护物种的成活率达95%以上，应修复区植被修复率达90%以上。

（4）湿地植被修复验收时间依湿地植物的生物学特性和栽植目的而定。

（5）植被修复工程规定值及允许偏差应符合的表1-13、表1-14、表1-15关于本技术规程规定。

表1-13 植被修复工程允许偏差项目表

序号	检查项目	规定值	允许偏差	检验方法
1	株数	符合设计要求	±5%	现场计量
2	行间距	符合设计要求	±50 mm	钢尺测量，抽查2%
3	面积	符合设计要求	±5%	现场计量

表 1－14 三维网植被修复允许偏差项目表

序号	检查项目	允许偏差	检验方法
1	锚杆孔位	±100 mm	经纬仪或全站仪测量，抽查 2%
2	锚孔深度	±20 mm	检查施工记录，全部
3	网间距	±5 mm	钢尺测量，每 100 m^2 抽查 1 点
4	土壤、基材和种子	设计要求	现场抽查，每 100 m^2 抽查 1 点

表 1－15 生态袋或植生袋植被修复允许偏差项目表

序号	检查项目	允许偏差	检验方法
1	平面位置（范围）	±100 mm	经纬仪或全站仪测量，每 20 m^2 抽查 1 点
2	坡度	±0.5%	铅垂线或坡度尺检查，每 100～400 m^2 抽查 1 点
3	植生袋	设计要求	现场检查，抽查 10%
4	土壤、基材和种子	设计要求	现场抽查，抽查 10%

六、档案管理

收集、整理和保存好实施方案、栽植记录、施工图以及其他相关图片资料等。

退化水体水生植被恢复

一、概述

水生植被是湖泊生态系统的初级生产者，不仅能为湖泊鱼类提供繁殖场所还能为水鸟提供栖息地，因此具有显著的环境生态功能。采用人工调控等生态工程措施，使在水生植被消失的水体中恢复水生植被，并顺利发生次生演替，从而充分发挥水生植物群落净化稳定水生态系统的功能，成为水生态修复和水环境污染治理的关键技术。安徽省分布有大面积的沿江湖泊群，它们在历史上都是通江湖泊，这些湖泊与长江一起构成了独特的江湖复合型湿地。但近年来，围网养殖使部分湖泊的水生植被受到严重破坏，尤其是沉水植被几乎消失。安徽省两淮地区煤炭资源丰富，是国家重要的矿产和能源基地。由于所处区域为淮河中游，具有煤层群开采、高潜水位的地质条件，导致在煤炭开采后，必然引起地面沉陷，最终成为特大型沉陷湖泊湿地。两淮采煤沉陷湖泊原是由农田沉陷而成，因此须采取生态工程构建水生植被，以实现该水体生态系统结构和功能的完整性。近年来，我国政府高度重视城市河道和河流黑臭水体，在城市黑臭水体河流中快速构建水生植被，充分发挥水生植物的净化水体功能，有助于尽快恢复健康的河流生态系统。

水生植被恢复技术主要涉及工具物种的选择，实生苗采集、保存和运输，生境改造和草食性鱼类的清除，栽培规范，工程管理，工程效果监测等七个方面。

二、工具物种的选择

（1）密刺苦草（*Vallisneria denseserrulata*）

密刺苦草是水鳖科多年生沉水植物，其优势是植株冬季仍然存活，不枯萎。该种尤其适合在水位长期稳定的采煤沉陷湖泊和城市河道中引种，一次引种后可以一直生长，不需要再次引种，并且保证冬季水质稳定在较好的状态。

（2）苦草（*Vallisneria natans*）和刺苦草（*Vallisneria spinulosa*）

这两种均为水鳖科多年生沉水草本植物，是安徽通江湖泊的优势种。在通江湖泊枯水期的 3 月底和 4 月初，种子和地下块茎萌发，随着水位的上升，植株逐渐长高，最终在丰水期达到其最大生物量，布满整个湖泊。这两种沉水植物在通江湖泊中具有重要的生态功能，是水体初级生产者的重要组成部分，其植株生长能吸附水体悬浮物，保持水体的高透明度，清澈见底；吸收氮、磷等营养盐，净化水质；其幼嫩的地下块茎和地上部分的叶、芽是鱼类的饵料，地下块茎也是冬候鸟的食物；它们的良好发育直接为鱼类提供了理想的繁殖场所。因此，这两种沉水植物是恢复通江湖泊中水生植被的优选工具物种。

(3) 水车前（*Ottelia alismoides*）

水车前是水鳖科一年生沉水草本植物，是恢复通江湖泊的水生植被必备的工具物种。该种植物叶大，长达 8～25 cm，宽为 1.5～4 cm，常生于安徽通江湖泊近岸边水体，在通江湖泊枯水期的 3 月底和 4 月初，种子开始萌发，7 月份达到最大生物量。

(4) 黑藻（*Hydrilla verticillata*）

黑藻是水鳖科多年生沉水草本植物，在浅水湖泊常形成单一优势群丛，盖度可达 95%以上。该种植物以休眠芽繁殖为主，在湖泊通江枯水期的 3 月底和 4 月初，种子和休眠芽开始萌发成实生苗；7 月份达到最大生物量。该种是恢复通江湖泊和采煤沉陷湖泊中水生植被的重要工具物种。

(5) 金鱼藻（*Ceratophyllum demersum*）

金鱼藻是金鱼藻科多年生沉水草本植物，茎较长，可达 150 cm，在河流和浅水湖泊常形成单一优势群丛，盖度可达 95%以上。该种植物常以休眠芽繁殖，7 月份达到最大生物量。该种适合引种于自然浅水湖泊和采煤沉陷湖泊近岸处水体，以构建沉水植被。

(6) 穗状狐尾藻（*Myriophyllum spicatum*）

穗状狐尾藻是小二仙草科多年生沉水草本植物，茎长达 2.5 m，在通江湖泊和河流常形成优势植物群落，盖度可达 80%以上。该种植物为冬季不枯萎的常绿沉水植物，夏季生长旺盛，因此是恢复通江湖泊和城市河道中沉水植被的重要工具物种。

(7) 马来眼子菜（*Potamogeton wrightii*）

马来眼子菜是眼子菜科多年生沉水草本植物，根茎发达，茎长达 3.0 m，在通江湖泊和河流常形成优势植物群落，盖度可达 90%以上。其优势是植株冬季仍然存活，不枯萎。在河道水位长期稳定的条件下，冬季仍然生长，一次引种后可以一直生长，不需要再次引种，并且能保证冬季水质稳定在较好的状态，因此是恢复通江湖泊和城市河道中沉水植被的重要工具物种。

(8) 荇菜（*Nymphoides peltatum*）

荇菜是龙胆科多年生浮水草本植物，其优势是春季、夏季开花，开花时间较长。在河道中引种该植物，不仅能净化水质，还能美化城市环境。

(9) 四角菱（*Trapa quadrispinosa*）

四角菱是菱科一年生浮水草本植物，适应性强，定植易成活，生长迅速，生物量大，果实和植株是良好的蔬菜。由于四角菱是安徽通江湖泊分布的优势种，每年枯水期的 3 月底至 4 月初，种子萌发，并随着水位的上升植株逐渐长高，最终在丰水期达到其最大生物量，长满整个湖泊。因此，四角菱在通江湖泊中具有重要的维持生态的作用，是水体初级生产者的重要组成部分，其植株生长时能吸附水体悬浮物，保持水体高度透明，清澈见底；吸收氮、磷等营养盐，净化水质。

(10) 菰（*Zizania latifolia*）

菰是禾本科多年生挺水草本植物，秆高大直立，高达 1～2 m。其野生种是通江湖泊挺水植被的优势种，全草为优良的饲料，为鱼类的越冬场所；其人工培育的品种经济价值大，菰因秆基嫩，其茎是一种美味的蔬菜。该物种的优势是耐污性强、生长迅速、生物量大，净化水体能力强且兼有经济效益，因此是城市和周边城镇湖泊近岸区域构建挺水植被的重要工具物种。

三、种苗采集、保存和运输

实生苗采集时宜选择低水位处生长较高的实生苗，手工起苗。快速计量后放入塑料筐内，用土工布包扎好，放入浅水中保存。四角菱种子采集后放入草袋内，并且埋在浅水中储存。密刺苦草、苦草、刺苦草、水车前、穗状狐尾藻、马来眼子菜的果实采集后晒干，阴凉处保存。实生苗的运输时间应选择在夜间或早晨，原则上保证随起、随装、随运。运输过程中要覆盖、防风、防光，不能重压，保证湿度，防止脱水。长距离装运宜用冷藏车或车厢中放入冰块，中途须洒水，以降低温度，增加湿度，确保植物体新鲜；到现场后应立即组织卸车，并解开布袋，置于遮光水体中，以防止发热腐烂和脱水，且须尽早组织栽植施工作业。

四、生境改造和草食性鱼类的清除

通江湖泊属于浅水型湖泊，在枯水期，大多数水域水深保持在 50 cm 以下，适宜实生苗的栽培；此时也有大面积的湖滩暴露，形成草滩。在枯水期对草滩进行翻耕进行生境改造，有利于后期工具物种的种子发芽和种苗生长扩散。一般翻耕深度为 20 cm，并要严格按照植物生长期的水位要求控制水位，这样有利于实生苗定植。由于草食性鱼类不仅会直接啃食实生苗，而且会因其在水中活动导致水体混浊，透明度下降，从而抑制沉水植物实生苗的生长。所以，在沉水植物实生苗栽培前，应清除水体中的草食性鱼类。

五、栽培规范

依据水生植被恢复工具物种的生物学特性和工程恢复目的，采用相应的栽培规范。栽培规范主要涉及工具物种的配备、工具物种繁殖体的选择、栽培时间的确定以及实生苗苗种的高度、株距和行距大小等方面。不同特种的繁殖体不同，密刺苦草和刺苦草的是实生苗和块茎，苦草的是实生苗、块茎和果实，水车前的是实生苗和果实，黑藻和金鱼藻的是实生苗和休眠芽，穗状狐尾藻和马来眼子菜的是实生苗和果实，荇菜和菰的是实生苗，四角菱的是实生苗和果实。

六、工程管理

（1）水位管理

在水生植物的生长过程中，水位管理直接影响到水生植物的恢复是否成功，在水生植被恢复初期，水位管理直接影响栽培的工具物种的成活率；在水生植被恢复中期，水生植物基本存活，开始迅速生长且通过匍匐茎等大量繁殖，这时选择适合工具物种的生长水位有利于工具物种迅速成为优势种，首先占领生态位空间的大部分；在水生植被恢复后期，水生植物进入结果或形成越冬块茎的季节，叶片基本枯萎，这时选择合适后期的水位管理，有助于获得大量工具物种的繁殖体，避免水生植物再次定植。

（2）杂草清除

在水生植被恢复工程过程中，应及时清除生长旺盛的非工具物种。由于湿生植物酸模叶蓼、挺水植物莲、浮水植物芡和菱等具有很强的扩散能力，且植株高大，容易遮蔽射入水中的阳光，相比沉水植物更易占据生态位。因此，在水生植被恢复早期的3月份，就要清除非工具物种植物幼苗，防止之后难以遏制非工具物种的扩散。

七、工程效果监测

在水生植被恢复工程实施过程中，需对恢复工程效果进行定期监测，监测项目的重点是水生植被本身，及其相关的水鸟多样性和水质。如2017—2018年安徽大学和升金湖自然保护区在升金湖燕窝圩、金保圩和楂刺墩圩三个圩口实施了水生植被恢复工程，通过监测数据分析，综合评价了水生植被恢复工程的效果。

植被恢复示范工程是成功的，其中，7月份金保圩沉水植物密刺苦草平均盖度达80%，马来眼子菜平均盖度达65%，黑藻盖度达90%；燕窝圩7月份沉水植物密刺苦草平均盖度达45%，马来眼子菜盖度为55%，黑藻盖度为45%，挺水植物莲盖度达98%；菰盖度为90%。金保圩和燕窝圩两个圩口成功恢复各种水生植物，可作为升金湖植被恢复的种苗基地，为升金湖水生植物自然扩散（鸟传播）提供丰富的菰、莲、刺苦草、黑藻、马来眼子菜、狐尾藻种源。不同于金保圩和燕窝圩的是，楂刺墩圩为农田湿地，主要用于研究经济作物植被恢复效果评价。其中，2017年10月9日检测到楂刺墩圩茭白产量约为5175 kg/hm^2；水芹盖度可达到70%以上，不仅达到了植被恢复效果，而且取得了一定的经济效益。

2018年，金保圩、燕窝圩恢复区溶解氧的饱和度都达90%以上，符合国家Ⅰ类水标准；金保圩氨氮符合国家Ⅰ类水标准，燕窝圩氨氮符合国家Ⅱ类水标准；两个恢复区的总氮、总磷量符合国家Ⅱ类水标准。上述三个圩口所恢复的水生植物为候鸟提供了丰富的食物来源，尤其是显著地改善了冬候鸟的越冬栖息地。

安徽省级重要湿地和一般湿地生态监测技术

一、监测目的

对安徽省湿地生态进行监测，可掌握全省湿地生物多样性现状，积累湿地生物多样性基础资料，了解湿地资源的变动规律，进一步完善安徽省湿地生态大数据，为全省湿地资源的保护、管理和合理开发利用提供科学依据。

二、监测区域

监测范围包括符合湿地定义的安徽省内各类湿地资源，包括面积为 8 hm^2（含 8 hm^2）以上的湖泊湿地、沼泽湿地、人工湿地（水库、拦河坝形成的储水区）以及季节性和永久性河流（宽度 10 m 以上，长度 5 km 以上）形成的河流湿地。以自然水体为监测单元。

三、监测内容与方法

（一）湿地高等植物及其群落

（1）监测内容

监测内容包括，高等植物的种类、数量、高度、生活力、物候期；沉水、浮水、挺水高等植物和湿生植物群落的物种组成；高等植物的多度、密度、高度、盖度、频度和生物量以及生境特征和群落干扰等。

（2）监测方法

① 样带法：适用于呈随机和均匀式分布的植物监测。在监测物种分布的样地内样带按不同植被类型均匀布设，样带宽 10 m，样带长度视监测物种的分布范围来确定。

② 样方法：适用于呈集群式分布的植物，用 1 m^2采样框采集挺水植物。用水草定量夹采集沉水植物、浮叶植物和漂浮植物。如果沉水植物和浮叶植物密度过大，可用 0.25 m^2采样框采集。在沿岸浅水区（水深＜1 m）可用小铲或徒手直接采集采样框内的植株。每个采样点应采集 3 个平行样本，清理污泥等杂质后装入样本袋内。

③ 实测法：适用于植物分布区狭窄、分布点少、分布面积小、种群数量稀少，且便于直接计数的湿地高等植物的监测。将监测植物分布点标记在地形图、卫星影像图或相关湿地植被分布图上。

（二）湿地野生动物

1. 兽类

（1）监测内容

监测兽类物种和数量分布。即收集国家和安徽省重点保护、国际受胁物种的种群数量或各种痕迹数量、成幼比及其栖息地状况。

（2）监测方法

① 样线法：适合大型兽类监测。按 1～2 km/h 的速度沿着监测样线匀速行走，观察两侧 100 m 范围内兽类实体或兽类活动遗留踪迹——足迹、粪便、擦痕、抓痕、洞穴、脱毛、食痕、尿迹等。清除监测对象踪迹。

② 笼捕法：适合食虫类、啮齿类等小型兽类监测。傍晚放置捕鼠笼，以花生米作为诱饵，隔天日出前回收，察看捕捉物种情况，收集物种信息。

③ 铗夜法：适合啮齿类等小型兽类监测。傍晚放置鼠铗，以花生米作为诱饵，隔天日出前回收，察看鼠铗捕捉物种情况，收集物种信息。铗夜法和笼捕法可任选其一。

2. 鸟类

（1）监测内容

监测鸟类的种类和数量分布。即收集国家和安徽省重点保护鸟类的种群数量和分布情况，大型水鸟的成幼比、种群数量及其栖息地状况。

（2）监测方法

① 分区计数法：日出后和日落前 3～4 h 内实施监测（冬季水鸟可从日出后至日落前全天监测），大雾、大雨、大风天气除外。直接按分区同步统计监测分区内鸟类的种类和主要物种的种群数量，可通过设置若干个观测点覆盖监测分区，也可借助于单筒或双筒望远镜进行计数。如果群体数量极大，或群体处于飞行、取食、行走等运动状态时，可以采用团块计数法，即 5、10、20、50、100 等为计数单元来估计群体的数量。

② 样点计数法：日出后和日落前 3～4 h 内实施监测（冬季水鸟可从日出后至日落前全天监测），大雾、大雨、大风天气除外。到达监测样点后，静候 10 min 再开始计数。每个样点监测时间为 10 min。

③ 样线计数法：日出后和日落前 3～4 h 内实施监测（冬季水鸟可在日出后日落前全天监测），大雾、大雨、大风天气除外。沿固定样线行进（步行或航行），速度为 1～2 km/h，观察、记录样线两侧和前方看到或听到的鸟类种类及种群数量，忽略身后向前飞的鸟类。

3. 两栖和爬行动物

（1）监测内容

监测两栖和爬行动物的物种及其数量分布。即收集国家和安徽省重点保护物种的种群数量及其栖息地状况。

（2）监测方法

① 样带法：沿监测样带以 1～2 km/h 速度行进，记录遇见的动物种类、数量和活动状况，并拍摄照片。每条样带隔 3～5 d 后进行 1 次重复监测。对野外不能确定的物种，须采集少量标本做鉴定。

② 样方法：至少 4 人同时从样方四边向中心行进，仔细搜索并记录发现的动物种类、数量和活动情况。每个样方间隔 3～5 d 后进行 1 次重复监测。对不能确定的物种须采集少量标本做鉴定。

③ 围栏陷阱法：监测期间隔天在上午 7：00～10：00 时察看围栏陷阱，收集物种

信息，对捕捉到的每一个个体进行拍摄，记录完后将其释放。隔 3～5 d 重复监测 1 次。

4. 鱼类

(1) 监测内容

监测鱼类种类和数量状况。即收集国家和安徽省重点保护物种的数量、珍稀濒危鱼类的种群数量以及经济鱼类的捕获量。

(2) 监测方法

① 网箔法：适用于各类水体，特别是湖泊和水库鱼类监测。适于捕获上中层和底层鱼类，较适合大中型山谷水库鱼类监测。布设聚乙烯网片配以浮子和沉子的深水网箔捕鱼网，将鱼类引诱到取鱼部，24 h 后统计捕获的鱼类。隔 3～5 d 重复监测 1 次。

② 网簖法：适用于湖泊、池塘、河流等较浅水体区域的鱼类监测。通过聚乙烯网片或竹篾、芦苇等编成箔帘，布设成各种迂回曲折的形状，将鱼类诱入取鱼部，24 h 后统计捕获的鱼类。隔 3～5 d 重复监测 1 次。

③ 刺网法：适用于水流较缓的河流、湖泊、水库和采煤沉陷区鱼类监测。将单层或多层上端具浮子、下缘具沉子的不同规格网目长方形网体垂直布设于水体中 24 h，统计捕获的鱼类。隔 3～5 d 重复监测 1 次。

⑤ 地笼网法：适用于湖泊、河流等浅水湿地的鱼类及洞穴鱼类监测。渔具为竹条和铁丝框架、外包尼龙网、网两端或中间具网兜，鱼进入网兜后无法返回。将渔具垂直布设于水体中 24 h，统计捕获的鱼类。隔 3～5 d 重复监测 1 次。

⑥ 拖网法：适用于湖泊鱼类监测。渔具为拖网，由拖拽缆绳和网具构成。沿一定方向拖动网具，统计单位时间内的渔获物。隔 3～5 d 重复监测 1 次。

5. 底栖动物

(1) 监测内容

湿地环节动物、软体动物、节肢动物等大型底栖动物的种类组成、种群密度和生物量。

(2) 监测方法

① 彼得生采泥器采样法：适用于湖泊敞水区以及河流中下游集水区等涉水不可过生境的底栖生物采样。操作程序参照《中华人民共和国国家环境保护标准》（HJ 710.8—2014）。

② 盒式采泥器采样法：适用于滩涂、沼泽地和潮间带的生物定量采样。采样时，将定量框插入底泥中，用钢铲等工具将围定区域内的样品挖出，收集底泥样。样品的洗涤、分捡和保存参照《中华人民共和国国家环境保护标准》（HJ 710.8—2014）。

③ 带网夹采泥器采样法：适用于软体动物等大型底栖动物采样。操作程序参照《中华人民共和国国家环境保护标准》（HJ 710.8—2014）。

④ D 型网采样法：适用于溪流、浅河等涉水可过的流水生境的底栖动物采样。采样时，将抄网置于采样基底，将抄网直边紧贴河流底部，逆水流方向从河流下游向上游移动抄网 1 m，使样品随着搅动和流水的冲刷进入网内，收集网衣中的有机碎屑和底栖动物。样品的洗涤、分捡和保存参照《中华人民共和国国家环境保护标准》（HJ 710.8—2014）。

（三）浮游生物

（1）监测内容

浮游生物的种类组成、密度和生物量。

（2）监测方法

① 水样采集法：适用于浮游植物、原生动物、轮虫等小型浮游动物的调查。采用有机玻璃采样器，并配合浮游生物网采集。

样品采集：定量样品应在定性采样之前用采水器采集。当水深等于和小于 3 m 时，采集表层（距离水面 0.5 m）和底层（距离底面 0.5 m）的水样；当水深大于 3 m 时，每隔 0.5 m 或 1 m 采集水样，每个采样点应采水样 1 L。分层采样时，可将各层水样分别定量取平均值，或将各层所采水样等量混匀后取 1 L 再定量。枝角类和桡足类定量样品应在定性采样之前用采水器采集，每个采样点应采水样 10～50 L，再用 25 号浮游生物网过滤浓缩至 100 mL。原生动物、轮虫和无节幼体定量样品，可用浮游植物定量样品，或者采集 10～50 L 水样混合后，取出 1 L 混合水样供浮游植物和小型浮游动物定量用，其余用网过滤后供大型浮游动物定量。

样品保存：浮游植物、原生动物和轮虫定性样品除留一瓶供活体观察不固定外，其余立即用鲁哥氏液固定，用量为水样体积的 1%～1.5%。如样品需较长时间保存，则加入质量分数为 37%～40%的甲醛溶液，用量为水样体积的 4%。枝角类和桡足类定量、定性样品应立即用质量分数为 37%～40%的甲醛溶液固定，用量为水样体积的 5%。

② 拖网采集法：适用于枝角类、桡足类等浮游动物定性调查，使用 13 号浮游生物网。定性采集方法是在水中以 20～30 cm/s 的速度做“∞”形循回缓慢地拖动，一般时间为 5～10 min；定量采集方法是通过采水器采集指定深度的水，然后将水通过浮游生物网过滤，收集浓缩液。

（四）入侵物种

（1）监测内容

监测湿地入侵物种的种类数量和入侵特征，包括兽类、鸟类、爬行类、两栖类、鱼类、无脊椎动物、植物等入侵物种；入侵物种出现的具体地点、生境基本状况、分布面积；入侵物种的种群数量、种群结构；入侵物种的生活力、入侵途径、繁殖方式、扩散方式、危害状况、防治措施等。

（2）监测方法

① 样带法：沿监测样带行进，定点记录入侵物种信息。

② 样方法：记录样方内入侵物种信息。

（五）湿地环境

1. 气象

（1）监测内容

气象监测内容包括环境温度、相对湿度、风向、风速、雨量、大气压力、CO_2 浓度、总日照辐射、光合有效辐射、蒸发量、地表温度、日照时数等。

（2）监测方法

利用自动气象站观测，按照《中华人民共和国气象行业标准》（QX/T 61—2007）

规定执行，每天汇总记录1次。

2. 水文

（1）监测内容

湿地水文监测内容包括水源补给状况、流出状况、积水状况、水位、水深、蓄水量、积水深度、积水时间、最大积水面积、最小积水面积、丰水面积、枯水面积、流速、最小流量、最大流量等。

（2）监测方法

通过野外观测获取湿地水文数据，对野外难以获取或无法进行野外观测的，可以从附近的水文站和生态监测站等地调取数据，但应注明该站的地理位置（经纬度）。

3. 水质

（1）监测内容

监测单元内的地表水，监测指标包括pH值、溶解氧（DO）、氨氮量、总氮量、总磷量、化学需氧量（COD）、砷含量、高锰酸盐指数、五日生化需氧量、挥发酚含量、总硬度和叶绿素a等。

（2）监测方法

样品采集、保存及预处理方法按照《生活饮用水标准检验法》（GB/T 5750—2006）的规定执行。

4. 土壤和沉积物

① 监测内容：土壤和沉积物监测项目包括土壤温度、泥炭厚度、pH值、有机质含量、土壤含水量、重金属含量（铜、锌、铅、铬、镉）等。

② 监测方法：泥炭厚度通过钻芯法观测，其他土壤环境监测指标与方法见表1-16所示。

表1-16　土壤环境监测指标与方法

监测指标	单位	监测方法	引用标准	适用范围
土壤温度	℃	轻便插入式地温计测量	《森林土壤温度的测定》（GB 7839—1987）	枯水季节滩涂土壤
泥炭厚度	cm	钻芯法	—	土壤和沉积物
土壤含水量	%	质量法/中子减速法	《森林土壤含水量的测定》（GB 7833—1987）	枯水季节滩涂土壤
pH	—	电位法	《森林土壤pH值的测定》（LY/T 1239—1999）	土壤和沉积物
有机质	mg/L	超声波萃取法/加压流体萃取法	《中华人民共和国国家环境保护标准》（HJ 911—2017）/《中华人民共和国国家环境保护标准》（HJ 783—2016）	土壤和沉积物

（续表）

监测指标		单位	监测方法	引用标准	适用范围
重金属含量	铜	mg/L	王水提取—电感耦合等离子体质谱法	《中华人民共和国国家环境保护标准》（HJ 803—2016）	土壤和沉积物
	锌				土壤和沉积物
	铅				土壤和沉积物
	铬				土壤和沉积物
	镉				土壤和沉积物

（六）湿地景观

1. 湿地类型及分布

（1）监测内容

监测范围包括湿地类型、面积及分布。

（2）监测技术

采用遥感技术（RS）、地理信息系统（GIS）和全球定位系统（GPS）技术与实地观测相结合。

（七）植被类型

（1）监测内容

植被类型、分布和面积。

（2）监测方法

利用遥感影像数据和 1∶50000 以上比例尺地形图，在 C.01°经纬度网格单元辅助下，并结合实地核实，勾绘出湿地植被类型、范围，测算各植被类型面积。

（八）湿地生态保护状况

（1）监测内容

湿地保护管理状况、湿地功能与利用方式、湿地范围内社会经济状况、湿地受威胁状况等，包括湿地内常住人口、游客量、渔业捕捞、养殖产业、基础设施建设等。

（2）监测方法

① 资料收集法：从自然资源等相关部门和经营单位收集相关资料与数据。

② 实地调查：基础设施建设、禁止性行为采用现地勾绘计算影响面积、记录危害情况、评估影响程度。

四、监测程序

监测程序如下：

（1）确定监测对象和监测内容；

（2）制定监测计划，包括监测目的、范围、对象、内容、方法、地点、时间、人员等；

（3）准备监测所需要的各种资料、仪器和设备，包括必要的空间信息技术手段；

（4）开展技术培训，统一技术方法与要求，掌握监测所需的工作地图及设备使用、样方测设、物种识别、采样等基本技能；

（5）实施监测工作，按照监测计划开展样方测设、调查、样品和标本采集、样品和标本保存、检测、拍摄照片、记录；

（6）监测数据汇总、整理、录入与分析；

（7）编写监测报告。

五、数据和样品、标本的保存和整理

要规范地整理、保存数据和样本。

六、监测报告

监测报告编写内容包括：

（1）湿地概况。地理位置及区位条件、自然地理和生态环境特征、社会经济状况、湿地保护管理状况等。

（2）监测工作组织实施。监测目的、任务来源、资料来源、组织实施情况、监测内容与方法、监测时间、任务完成情况等。

（3）监测结果与分析。湿地类型与分布、植被、植物、动物、环境、保护和利用状况。

（4）湿地生态评价和保护建议。

（5）报告附图。监测线路及样方（样点、样线、样带）布局图、植被类型分布图、植物分布图、动物分布图、湿地水质分级图、湿地景观现状图、湿地保护状况图、综合评价图等。

七、质量管理

（一）质量检查

主要包括监测项目的任务设计及其实施进展；监测方法、内容等方面的正确性；监测结果、图、表、文字资料的准确性；监测表格填写及监测报告撰写的规范性。

（二）项目验收

所有监测工作结束并形成成果报告后，监测任务下达单位或委托第三方依据任务书或合同书、监测计划、监测规范要求，组织验收。

（三）监测资料和成果归档

（1）任务书或合同书、监测计划以及有关文件；

（2）野外观测原始资料；

（3）监测资料报表；

（4）监测成果报告和验收报告及其附件的电子资料。

METT和EHI指数在湿地生态系统评估中的运用

一、METT及其应用

（一）METT评估体系

管理有效性跟踪工具（Management Effectiveness Tracking Tool，METT），是世界银行与世界自然基金会（World Wide Fund for Nature or World Wildlife Fund，WWF）联盟开发的保护区管理有效性跟踪评估工具。METT评估体系涉及待评估保护区六个基本要素：

（1）基本情况。评估保护区的重要性、面临的威胁以及是否制定了相关保护政策。

（2）规划。评估保护区的设计和规划是否适宜。

（3）投入。评估是否具备有效管理保护区所需的资源。

（4）管理。评估针对保护区的管理过程是否适宜。

（5）产出。评估相关管理措施的效果。

（6）成果。评估相关管理措施实施后的结果与保护目标之间的符合程度。

（二）METT的应用

作为评估工具METT的应用实际上包含两个部分：数据页和评估表。

（1）数据页

数据页分为两个独立的部分。

数据页1：详细记录保护区的基本信息，如名称、面积和地理位置等。

数据页2：提供保护区面临的威胁清单。在这张数据页上，评估员需要指出威胁，并且标出他们对于保护区威胁的等级排序。

（2）评估表格

评估表格包含30个问题，其中3栏用于记录评估的细节，所有细节都要填写。

问题和分数：每个问题分4级赋值，从0分（差）到3分（极好）。每个问题有4个选项可供评估人员根据评估对象的实际情况进行选择。此外，针对关键主题还设置了补充问题，并设置了附加信息和分数。若评估人员在评估过程中发现与保护区不相关的问题，可以忽略，该题不计入总分。

30个问题和补充问题的最高总分是99分。对某一特定的保护区，最高总分不一定是99分。如果一个保护区的得分是65分，最高总分是87分，这个保护区的得分为：$65 \div 87 \times 100 \approx 75$。

意见/解释：评估人员需要针对每个问题的赋值进行定性解释，这可以让赋值过程更透明，使评估结果更可信。更重要的是，可以为将来提供信息和参考。这一栏也可以填写意见，如为什么没有问到某个问题，或者为什么某个问题包括在调查问卷中。

未来举措：对于每个问题，评估人员还需要提出改善管理效果应该采取的措施。

（三）METT 应用过程中的主要问题

METT 评估工具包括一系列问题，熟悉保护区的评估人员无须附加调查就可以完成。因此，安徽 GEF 项目点 METT 最初都由保护区管理者或相关工作人员独立完成。从结果来看，所有评估人员对 METT 数据页的填报都没有问题，但填报评估表时出现了以下几个主要问题。

（1）对评估表设置的总分理解不全面

METT 评估表设置的问题具有一般性，针对特定的保护区可能会出现四个选项均不相关的情况。针对那些与特定保护区无关的问题可以省略不予回答，只要在意见/解释栏中给出原因（例如，有关利用和游客的问题就与保护区管理无关），这样的问题所对应的分值就不应计入总分。在实际应用过程中，不少评估人员仍然以最高总分 99 为分母对待评保护区进行评估，从而出现偏差。

（2）对“意见/解释”和“未来举措”的答题要求理解不准确

评估人员对某些问题的理解不是很准确，因而，在填报“意见/解释”以及“未来举措”时会出现跑题现象。

二、EHI 及其应用

（一）EHI 的内涵

EHI（Ecosystem Health Index）是生态系统健康指数。EHI 不是具体的评估方法或评估工具，它是一个反映生物多样性健康状况的动态指标体系。针对特定保护区的监测项目，应首先获得该保护区 EHI 的基准值，再以该基准值为基础，根据管理目标，再设定一个可以预期的健康水平指标。在项目执行过程中，管理部门根据 EHI 值的变化趋势，可以适时调整管理措施以达到或接近预期的 EHI 值。因此，从监测和评估的角度来说，EHI 是对 METT 的一个有效补充手段，能够让保护地管理部门根据实际情况动态调整管理策略，从而实现有效管理。

（二）EHI 的评估内容

EHI 的评估内容主要包括三个层次，即物种栖息地质量、目标物种及相关物种多样性、保护地生物多样性面临的干扰因素及保护措施。

栖息地健康评估：栖息地连通性和异质性、水文和水质、自然或人为干扰、栖息地自我恢复能力。

物种健康评估：目标物种、指示物种、关键种、新增物种的健康，外来种的概况，自然或人为干扰等。

环境背景健康评估：保护区边界、法律框架、旅游影响、资源使用压力、来自外部开发的其他威胁或压力、当地社区关系。

（三）EHI 应用过程中的问题

EHI 评估表与 METT 大致相似，也是通过问题设置，评估人员根据保护地的实际情况，从评估表提供的选项中对相关问题赋值并给出必要的解释。同时，根据基线值和目标值之间的差距，提出通过何种改进措施以达到或接近目标值。

GEF项目实施期间，采用EHI指数对沿江GEF项目点各年度值进行打分，其中升金湖、安庆沿江、十八索三个保护区的三个项目实施点的健康指数如表1-17所示。从表中可以看出，各保护区的生物多样性和生态系统健康状况得到明显改善，且达到项目预期的目标。特别是安徽升金湖国家级自然保护区EHI分值超出拟定的目标，这可能是由于对升金湖自然保护区进行了围网拆除、栖息地恢复和生态补偿项目等措施，使保护区的生物多样性和生态系统健康指数（EHI）分值得到提高。

表1-17 安徽GEF项目实施点历年EHI分值表

保护区名称	基准（2015年）	2016年	2017年	2018年	目标（2018年）
安徽升金湖国家级自然保护区	0.45	0.61	0.66	0.76	0.7
安徽贵池十八索省级自然保护区	0.43	0.613	0.62	0.63	0.63
安庆沿江湿地省级自然保护区	0.41	0.51	0.526	0.61	0.61

当然在试用过程中，其填报值与实际值存在一些偏差。根据试点的三个保护地（升金湖、安庆沿江和十八索）填报情况，主要问题表现在对基线值的评估以及目标值的预期不够准确，其主要原因还是因为对EHI的内涵理解不够深入。

湿地公园综合监测地理信息数据库建设

一、项目背景

为了加强信息共享，提高湿地的管理效率和便捷性，安徽省湿地保护中心委托安徽美图信息科技有限公司开发了湿地公园综合监测地理信息平台。现将本平台的结构和使用方法进行简要介绍，供相关单位在使用本数据库系统时做参考。

二、项目架构

湿地公园综合监测地理信息平台（简称 WGIS）主要由“一个平台、十大子系统、四个数据库”构成，如图 1－1 所示。

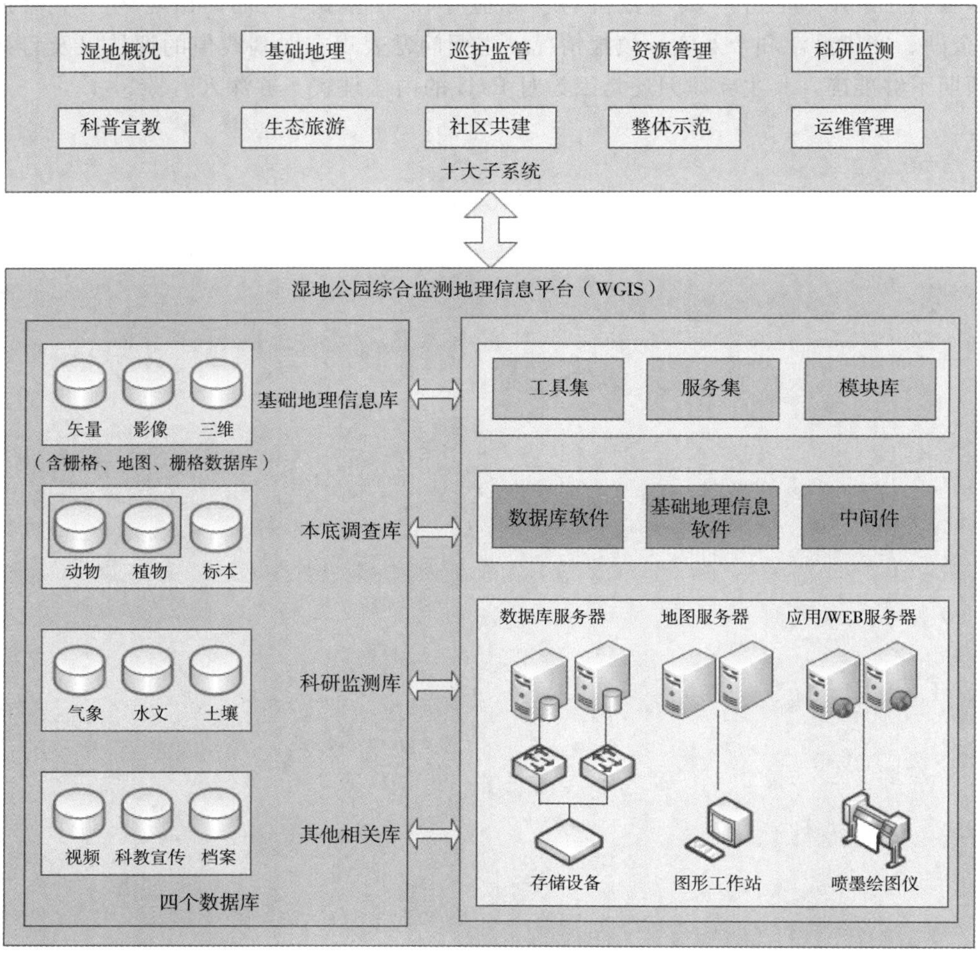

图 1－1　湿地公园综合监测地理信息平台架构示意图

(1) 一个平台

一个平台指的是WGIS平台软件，基于WGIS平台软件，可以快速开发具有GIS特色的应用系统，或为现有的应用系统扩充GIS功能、简化GIS应用的开发过程，同时实现WGIS系统的互通性。

(2) 十大子系统

十大子系统包括湿地概况子系统、基础地理子系统、巡护监管子系统、资源管理子系统、科研监测子系统、科普宣教子系统、生态旅游子系统、社区共建子系统、整体示范子系统和运维管理子系统。

(3) 四个数据库

四个数据库主要有基础地理信息库、本底调查库、科研监测库以及其他相关库。

基础地理信息库：指以空间数据模型进行存储和管理，而形成的矢量数据库、遥感影像库、栅格地图图片库、栅格数据库、三维数据库等空间数据库。

本底调查库：分为动物资源数据库和植物资源数据库，以及后期形成的标本管理数据库。

科研监测库：指统一存储管理气象监测、水文监测和土壤监测，采集并上传服务器的数据库。

其他相关库：包括专题地图、视频存储、宣传资料、档案管理等其他相关数据库。

三、平台意义

对于湿地公园GIS管理平台来说，主要是以计算机技术为基础，以湿地的各项数据为对象，建立相关的湿地管理数据库，实现对国家湿地公园数据信息的采集、管理、查询以及统计分析，为国家湿地公园提供相应的决策依据，其管理平台示意图见图1-2。

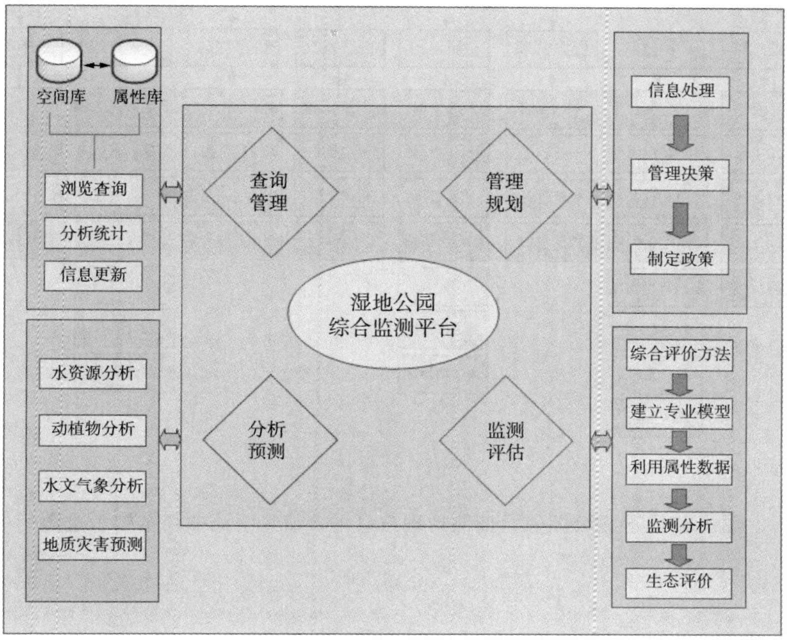

图1-2 湿地公园GIS管理平台示意图

（1）查询管理

对于 GIS 管理来说，主要是建立数据库以及属性数据的关联来对国家湿地进行管理，在对湿地方面的信息进行浏览与查询后，对其进行相应的分析和统计。GIS 管理可以对湿地公园的综合环境进行分类，并且经常更新信息，将所得的数据进行储存管理，从而实现数据之间的信息互动等功能。

（2）管理规划

GIS 管理同时也会增强对湿地公园的规划管理能力，GIS 管理系统在对湿地公园进行信息处理时，可以协助管理人员进行湿地管理决策。该系统可以将湿地的规划以及实际情况呈现在管理者眼前，管理者根据相应的情况对湿地进行管理，针对问题制定相应的政策开发利用湿地，同时也可提出可行性的建议。

（3）分析预测

GIS 管理系统可以对湿地的水资源进行分析，对一些动植物分布情况进行分析，也可以分析湿地的熔岩以及对地质灾害进行预测，降低湿地发生险情的概率。另外，GIS 管理系统可以对湿地公园的风力以及气温进行分析，从而对湿地进行更准确的管理。

（4）监测评估

GIS 管理系统主要可以利用综合评价方法，根据不同的目的建立相应的专业模型，利用相关的属性数据，对湿地环境进行监测分析，对湿地公园的生态系统进行评价，从而发现其中存在的问题，使管理者迅速制定出对策，进行湿地管理。

湿地公园综合监测地理信息平台信息交流框架结构示意图，见图 1－3 所示。

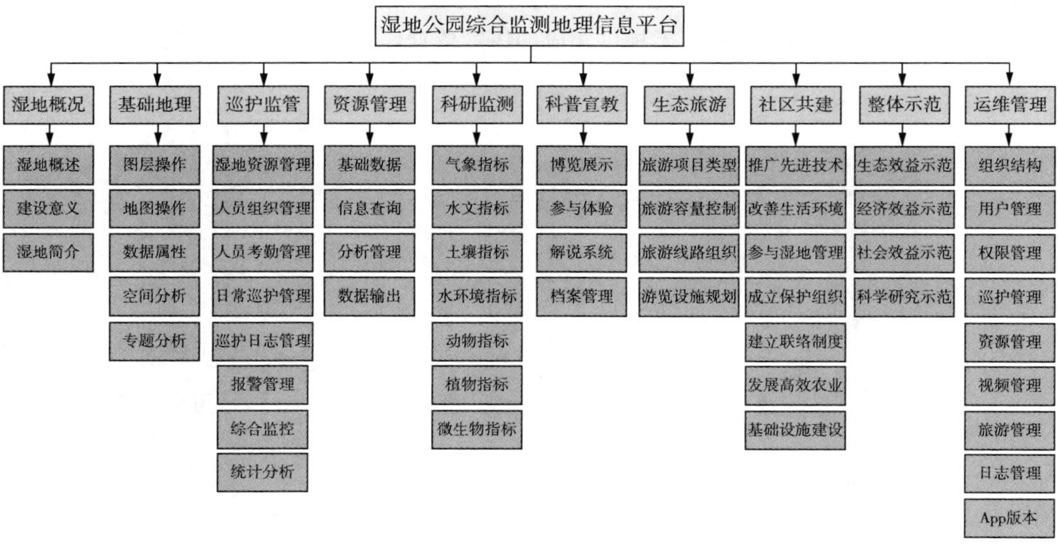

图 1－3 湿地公园综合监测地理信息平台信息交流框架结构示意图

升金湖湿地碳汇功能研究

湿地是一个水陆交互形成的特殊生态系统。由于具有较高的生产力较低的分解能力，所以湿地生态系统每年都能固定和存储大量的碳。正因为如此，湿地生态系统的土壤或沉积物中往往积累了大量的有机碳。湿地生态系统虽然只占有陆地表面的4%～6%，却保有全球土壤20%～30%的有机碳储量。我国幅员辽阔，湖泊众多，第二次全国湖泊调查的结果显示，全国目前共有1.0 km^2以上的自然湖泊2693个，分布在28个省（直辖市、自治区），总面积81414.6 km^2，约占全国国土面积的0.7%。明确这些湖泊的碳汇能力将对认识我国陆地生态系统碳汇能力具有重要作用。

南昌大学流域生态学研究所开展了“升金湖湿地碳汇研究”项目。课题组查阅了升金湖湿地各类基础资料，并对升金湖湿地进行了详细的野外考察，制定出升金湖湿地碳汇研究项目的实施方案。通过布点采样、实验分析，探讨升金湖不同时空的碳汇变化，估算出升金湖湿地的碳储量及碳汇量，展示了升金湖湿地除候鸟保护以外的又一项重要生态价值。通过以升金湖湿地为研究对象，结合野外调查与实验室分析方法，系统测定其底泥、部分湿地植被和水体的有机碳储量，从而明确升金湖湿地的固碳速率，探索出影响该湿地碳汇过程的主要因素，对升金湖湿地固碳的生态服务价值予以评估，划定出升金湖湿地碳汇发展的优先保护区域，并提出碳汇适应性管理的政策建议。

本项目紧扣国家重大需求与全球变化研究前沿，以长江中下游的典型湖泊——安徽升金湖作为研究对象，运用国际上通用的研究方法，系统研究了升金湖的碳循环过程，分析测定升金湖土壤有机碳储量、升金湖近代以来的碳汇能力，监测升金湖水面温室气体排放速率。项目结果可以为制定本区域的温室气体排放政策提供数据支撑，也可为评估长江中下游其他湖泊的碳汇研究提供理论依据和实践经验。

一、研究方法

采用资料搜集、野外调查采样与实验室分析相结合的方式，分别估算了升金湖湿地草滩土壤、草滩植被、水体和水域沉积物等主要碳库的碳储量，以及草滩植被固碳、水域气体碳排放和沉积物固碳等过程的碳通量，最终获得了升金湖碳储存和碳汇的价值量。

在搜集整理升金湖湿地气温和水位等基础数据以及LOI遥感数据的基础上，结合升金湖湿地水文和气候特点，先后4次共20天对升金湖湿地水体、沉积物和草滩进行调查、采样。实验室内共处理草滩土壤样品174份，草滩地上植物样品30份，草滩地下植物样品30份，水面温室气体样品508份，水体样品52份，水域沉积物样品178份。

测定的指标包括土壤/沉积物有机碳和总碳含量、地上地下植物有机碳含量、土壤/沉积物/植物含水量、水体溶解态碳含量、水体颗粒态物质含量及含碳量、气体样品温室气体含量、沉积物铅-210丰度等。

二、研究结果

研究结果表明，升金湖是一个巨大的碳库，且每年还从大气中固定数量可观的碳，表现出明显的碳汇价值。

（1）碳储量

升金湖草滩表层30 cm、70 cm、100 cm土壤的碳储量分别为41779.45吨、78269.47吨和104020.66吨，而草滩植物根系碳储量为7769.73吨。升金湖水域表层30 cm、70 cm、80 cm沉积物的总碳储量分别为32.29万吨、97.29万吨和113.58万吨。冬季枯水期（2017年12月19日至21日）和春季枯水期（2018年3月21日至22日），升金湖水体的碳储量分别为604.5吨和1257.4吨。当丰水期水位为15 m时，升金湖水体碳储量为15943.6吨，其中溶解态碳储量为15045.4吨；颗粒态碳储量为898.2吨。

（2）年碳汇量

2017—2018年枯水期内，草滩植物共生长了32699.43吨生物量，固定碳13587.31吨，其平均生物量密度为2816.76 g/m^2，平均生物碳密度为1170.42 g/m^2。升金湖水域每年将释放3421.50吨CO_2形态的碳，4.90吨CH_4形态的碳。升金湖全湖沉积物每年总碳、有机碳和无机碳的固定量分别为8168.02吨、7767.48吨和400.54吨。升金湖上层、中层、下层湖年总碳固定量分别为3905.76吨、2869.83吨和1392.43吨。

（3）碳储量和碳汇量价值

考虑表层1 m的草滩土壤和表层80 cm的沉积物，升金湖湿地在2018年丰水期最高水位时碳储量的价值达60.31亿元，其中水域沉积物碳储量价值占90.39%；草滩土壤碳储量价值占8.28%；草滩地下根系碳储量价值占0.62%；水体碳储量占0.71%。升金湖湿地每年的固碳价值为2256.79万元。水域沉积物年固碳价值为3920.38万元。但水域CO_2和CH_4排放将分别损失1642.21万元和21.38万元。与此同时，在枯水期，草滩上的植被还可以表现出高达6521.46万元的固碳价值。

升金湖渔业生态承载力评估

生态环境是人类赖以生存和发展的基础，社会经济的持续发展只有建立在生态系统的持续承载能力之上，以保护自然资源和生态环境为基础，与资源、环境承载力相协调，才能实现真正意义上的可持续发展。生态承载力方面的研究是可持续发展科学领域关注的热点问题，是判定可持续发展的重要分析手段，通过对生态承载力的概念和渔业生态承载力评估的研究，有利于可持续发展的科学发展与完善。目前学者们对水资源、区域生态承载力的研究较多，但针对渔业生态承载能力的实时动态跟踪能力不足，对渔业资源承载能力进行系统准确评估的水平还有待提高。

安徽农业大学承担了《升金湖渔业生态承载力评估》专题研究。研究升金湖渔业生态承载力分析这一项目，可以系统地了解升金湖生物多样性的组成及其受胁现状，湿地周边的区域经济和环境生态压力，掌握渔业生态系统的本底数据，可以为升金湖保护区制定符合自身特点的保护政策和措施，为下一步实施鸟类造成农作物损失补偿和渔业生态系统管理提供科学依据。

一、研究方法和指标体系

通过水文资料查询和实地走访，及时掌握该保护区的水温检测情况、升金湖鱼类资源状况和养殖捕捞现状；通过回归分析法、饵料基础估算法、综合类比法和系统评价法，计算出升金湖地区渔业生态承载力。

通过水生植物、浮游植物、浮游动物、底栖动物数据，以及近五年的鱼产量数据，建立起渔业生态承载力指标体系，得出升金湖渔业生态承载力计算结果。按升金湖面积 100 km^2、补偿深度 2 m 估算出现阶段升金湖各种饵料资源的年鱼产力及承载力。

二、结果与分析

（一）影响升金湖渔业生态承载力因子分析

影响水体渔业生态承载力的因素很多，一是气候因素，包括光照强度、日照时数、水温和降雨量。升金湖地处江南，光照条件好，年平均温度高，这方面条件优越，浮游生物 P/B 系数较高，浮游植物 P/B 系数可以取 300，利用率取 30%；浮游动物 P/B 系数取 60，利用率取 50%；高等水生植物 P/B 系数取 1.5～2.5，利用率取 20%（考虑到植被的保护，一般不宜超过 25%）。气候因素也须通过 P/B 系数和利用率来考虑。二是水体和流域面积的状况，包括水深、水流、湖盆、面积和沿岸线曲折程度等，处于一般水平，这里不再单独另行考虑。三是水体理化指标，包括透明度、溶解氧、pH 值、电导率、总磷量和总氮量等。升金湖具有该方面的明显优势，透明度为 60～70 cm，溶解氧平均为 11.6 mg/L，达到饱和水平，表明湖区浮游植物光合作用强度很高、溶解氧丰富。电导率平均为 205.6μs，表明湖区水体矿物质等无机盐类丰度较高。该结果表明，湖区水体适宜鱼类生长，是发展渔业的良好水体。只有总氮量和总磷量超过地表Ⅲ类水时，才可有针对性地提高湖区滤食性鱼类的放养比例。运用“经典”的生物操纵方法，有助于降低水体悬浮物浓度，提升水体清洁度，改善湖区水质。四是水生生物量，特别是浮游生物、底栖生物和高等维管束植物（俗称水草）的生物量是影响水体鱼类承载量的主要因素。

（二）升金湖渔业资源现状分析

升金湖湿地的渔业生产历史悠久，规模较大，水产品品种丰富，养鱼业和养虾业都很发达。区内有专业渔民 1500 余人，船只 1000 余只。湖里有鱼类 66 种，软体动物 18 种，水生、湿生植物 62 种，大量越冬候鸟排出的粪便补充了湖区的肥力，使植物生长更为繁茂，又促进了鱼类及软体动物的生长，湿地生态系统呈现良性循环。20 世纪 50 年代，水产品最高年产量为 300 多万千克，1965 年黄湓闸的建成，长江鱼类洄游受阻，年鱼产量下降到 100 多万千克，导致渔民由捕鱼转向人工围湖养鱼，面积达 450 hm^2。六七十年代，修建人工圩 15 处，多处围湖造田面积达 4000 hm^2，其中 1000 hm^2 用于人工养鱼，鱼类资源得到恢复，但严重影响了湿地生态环境，有碍于珍稀鸟类的保护。

（三）升金湖渔业鱼产力和生态承载力

鱼产力和生态承载力主要通过水生植物、浮游植物、浮游动物、底栖动物数据以及近五年的鱼产量等数据指标，建立渔业鱼产力和生态承载力指标分析体系。按升金湖渔业生产面积 100 km^2、水体深度 2 m 估算，可得出升金湖渔业生态承载力。

1. 基于浮游生物的鱼产力

基于浮游生物的鱼产力计算公式如下：

鱼产力＝浮游生物生物量×P/B 系数×利用率÷饵料系数×养殖面积×补偿深度

其中，浮游生物 P/B 系数、利用率和饵料系数等参照华中地区武昌东湖等取值，浮游生物饵料系数等其他参数按照《水库鱼产力评价标准》（SL 563—2011）规定取值。

（1）基于浮游植物的鱼产力

对于大水体而言，摄食浮游植物的主要是滤食性鱼类——鲢鱼（白鲢），所以这里基于浮游植物的鱼产力即是升金湖鲢鱼的承载力。

通过上式计算，摄食浮游植物的鲢鱼鱼产力为 1.500×10^6 kg/年。

（2）基于浮游动物的鱼产力

对于大水体而言，摄食浮游动物的主要是滤食性鱼类——鳙鱼（俗称大头鲢子或胖头鱼），所以这里基于浮游动物的鱼产力即是升金湖鳙鱼的承载力。

通过上式计算，摄食浮游动物的鳙鱼鱼产力为 1.295×10^6 kg/年。

2. 基于底栖动物的鱼产力

采用能量估算法，求出底栖动物对鱼类的供饵能力，进而计算出它的鱼产力。由于水生昆虫、水栖寡毛类和软体动物的生物特性（如 P/B 系数、干湿重比、能值等）

不尽相同，其计算公式略有差别。按梁彦龄等（1995）给出的公式进行如下估算。

水生昆虫的鱼产力估算：FI＝0.183 BI

水栖寡毛类的鱼产力估算：FO＝0.235 BO

软体动物的鱼产力估算：FM＝0.032 BM

底栖动物的鱼产力为 3.1×10^5 kg。摄食底栖动物的鱼类很多，主要是浅水区的青鱼（*Mylopharyngodon piceus*）、鲤鱼（*Cyprinus carpio*）、鲫鱼（*Cyprinus carpio*）、黄颡鱼（*Pelteobagrus fulvidracos*）、鳑鲏（*Rhodeinae*）等底层鱼类。这些鱼类虽然生长没有鲢鱼、鳙鱼快，个体也大多比较小，但都是优质鱼类，价格较好，同时大多数是定居性鱼类，能体现出生物的多样性。

3. 基于水体有机碎屑的鱼产力

由于未能获取升金湖有机碎屑的准确资料，这里可以将摄食有机碎屑的鲴亚科鱼类[主要是黄尾密鲴（*Xenocypris davidi Bleeker*）和细鳞斜颌鲴（*Xenocypris microlepis*）]等，利用经验公式进行估算。一般大水体渔业中，摄食有机碎屑的底层鱼类鱼产力占滤食性鱼类的10%～15%，考虑到升金湖水位变化较大，这里取10%。则摄食有机碎屑的鲴亚科鱼产力为 2.8×10^5 kg/年。

综合上述各指标体系，升金湖目前除水草外的总体鱼产潜力，即水体鱼类最大承载量为：$150.0+129.5+31.0+28.0=3.385\times10^6$ kg/年。年鱼产力及承载力结果如表1-18所示。

表1-18 升金湖各种饵料资源的年鱼产力估算

	生物量	利用率（%）	P/B 系数	饵料系数	鱼产力（$\times10^4$ kg）	承载力（$\times10^4$ kg）	利用饵料资源的鱼类	投放所占比例	区域
浮游植物	8.33（mg/L）	30	300	100	150.0	150.0	以鲢鱼（白鲢）为主	55%～60%	敞水区
浮游动物	2.59（mg/L）	50	50	10	129.5	129.5	以鳙鱼（花鲢）为主	25%～30%	敞水区
底栖生物	2.44（g/m^2）	25	5	20	31.0	31.0	以青鱼、鲤、鲫、黄颡鱼为主	10%～20%禁放青鱼，放鲴、鲤、鲫、黄颡鱼	沿岸浅水区
有机碎屑		约为滤食性鱼类鱼产力的10%～15%			28.0	28.0	以鲴、鲤、鲫鱼类为主		
高等水生植物	332（g/m^2）	20	1.5	100	18.1	—	以河蟹、草鱼（*Ctenopharyngodon idellus*）、团头鲂（*Megalobrama amblycephala*）为主	早期禁放，当水草覆盖率超过30%时可以考虑	—
	—	—	—	—	356.6*	338.5*	677.3*	—	—

三、建议

需要说明的是，鱼产潜力即鱼类最大承载量是一个动态概念，其主要是由水体的饵料生物量决定的。未来几年内，若对现有渔业生产模式进行适度调整，通过人工措施使水生植被特别是沉水植被的覆盖率恢复到20世纪七八十年代的水平，同时采取增进黄颡鱼、鲌和鳜等土著名贵鱼类的自然增殖和适度人工放流等措施，这方面的鱼产潜力还会有所增加，但鲢鱼、鳙鱼等滤食性鱼类的鱼产潜力势必会明显降低。总体来说，如果排除人为干扰，随着水体质量的改善，鱼产潜力不会明显增加，但是鱼类多样性会有所加强，渔业产值也会有一定的提升。

升金湖流域生态补偿研究

一、项目背景

升金湖自然保护区设立之前，周边居住的当地居民主要以湖、田为生。自然保护区成立之初，保护区内的社区居民和渔民已获得土地和湖泊的承包权和使用权，这为日后自然保护区的保护与社区居民、渔民生计之间的矛盾埋下了隐患。1965 年，升金湖建立了黄湓闸，长江鱼类洄游受阻，湖泊鱼年产量显著下降，渔民开始由捕鱼转向人工围湖养殖，大量的饲料投入导致湖泊水体污染；自然保护区周边的耕地化肥及农药的使用量逐年增加，导致农业面源污染日趋严重；同时，大量的农田占用了自然保护区的湿地，导致湿地生态系统“碎片化”和湖泊、湿地面积的萎缩，从而严重影响了自然保护区生态功能的发挥，使得鸟类食用的根茎、鱼类减少而无法满足候鸟的生存需求，进而引起鸟类取食周边农作物，给农民造成了一定的财产损失。

为了保护升金湖自然保护区的生态环境和鸟类生存环境，池州市人民政府开展了渔民上岸工程，禁止在保护区进行人工围网养殖和渔业捕捞活动，着手拆除水体养殖围网。渔民上岸工程可以有效保护自然生态环境，但又产生了渔民转产、转业、安置等一系列期待解决的生态补偿问题。与此同时，为了有效进行自然保护区鸟类的保护，社区居民放弃了对鸟类的驱赶，大量的越冬候鸟食用农作物，给当地社区居民的农业收益造成了一定的损失。因此，政府必须设计出合理的渔业设施拆除、渔民上岸安置和鸟类保护产生的农业损失等相关生态补偿政策。

本文主要从生态保护和升金湖鸟类对农作物造成的损失进行分析，阐述升金湖流域生态保护现状，对鸟类给居民和渔民造成的损失进行分析并提出相应的生态保护措施，主要包括退耕还湿、退田还湖、鼓励居民使用环保肥料和激励渔民上岸等，升金湖鸟类对农作物造成的损失主要从升金湖水鸟数量、分布范围及其取食情况等方面进行阐述。

二、结果与分析

（一）鸟类对周边农作物影响评估

结合实地调研，分析核定当前社区居民、渔民因鸟类保护、生态环境保护所造成的损失类别、受损范围面积以及损失的数量。

区域内农田种植农作物种类主要为小麦、油菜和水稻，田间调查结果显示，雁鸭类是农作物产生损失的主要鸟类。雁鸭类鸟集中在水稻田里取食，不断飞起、降落，造成稻谷脱粒和整株倒伏严重，甚至绝收。冬季候鸟在小麦和油菜农田取食和栖息，虽然会对农作物的生长产生一定的影响，但当鸟类迁徙后可以通过补种的方式很快得以部分恢复。通过实地观察、遥感解译和文献资料查询，鸟类每年在农田取食的区域具有一定的规律，把鸟类觅食区域划分为集中觅食区和一般觅食区。集中觅食区的农田面积为1.06 km^2，该区域水稻不进行收割，预留为鸟类取食。一般觅食区的总农田面积为83.31 km^2，其中保护区内为65.21 km^2；保护区外1 km内为17.43 km^2。

（二）升金湖生态补偿模式研究

分析和借鉴其他自然保护区生态补偿模式，根据国家生态补偿的相关政策和分类方法，对升金湖自然保护区社区居民农作物损失、渔民生计转型和上岸工程，按照支付补偿费、实物补偿、政策支持和生态移民安置这四个方面进行升金湖自然保护区生态补偿与生计模式设计。

（1）补偿费的种类划分

针对不同人群，将补偿费划分为候鸟损失补偿费、围网拆除补偿费和渔民转产上岸补偿费三种。

① 候鸟损失补偿费。“自下而上”的申报补偿模式，即在生态补偿区域范围内，农户以1年为周期根据鸟类造成的农业损失向村委会递交申请书，村委会进行统计并进行初步核实，再以村委会为单位递交给生态补偿办公室。生态补偿办公室委托第三方进行评估核查，最终确定补偿金额。

② 围网拆除补偿费。东至县及贵池区人民政府为了保证渔民的收益，要求在2018年捕鱼完全结束后，渔民必须自行拆除围网和湖内设施。围网拆除补偿标准：按围网设施50元/m的标准给予生态补偿，对主动、及时拆除围栏、围网的渔民，县（区）人民政府另给予10元/m的资金奖励。

③渔民转产上岸补偿费。升金湖内涉及的渔业设施主要有住家渔船、生产捕捞渔船和看护养殖用的临时建筑。渔业设施补偿标准根据政策，渔民的渔船由政府按照评估价格回收。对于渔船，按照渔船的使用性质和吨数由渔民向渔政监督管理局提出退船申请，委托第三方对渔船价格进行评估，8～9成新船按照15000元/t进行补偿，其中三无船只的补偿费用为7500元/t；4～7成新船按照10000元/t进行补偿，其中三无船只的补偿费用为5000元/t；1～3成新船按照8000元/t进行补偿，其中三无船只的补偿费用为4000元/t；已经报废的船只不计到补偿的范围内。对于岸上临时建筑，按照100元/m^2进行补偿。

给予一次性“买断”补偿费。对渔业队中专业渔民的补偿，按照市场价格测算，本地专业渔民养殖户网围面积3333 m^2（不含3333 m^2）以下的，每户一次性补偿3000元；3333～6666 m^2（不含6666 m^2）的，每户一次性补偿4000元。补偿标准具体按养殖面积分段累计结算。对渔业经济合作社的补偿，按照比原来每年承包金额多出10%的比例进行补偿，直到合作社的承包期满为止。渔业经济合作社雇佣的渔民，按照工作年限由合作社进行一次性支付的“买断”工龄补偿。允许保留渔业经济合作社，但从事相关渔业生产时须经上级政府批准。

（2）生态移民安置的生态补偿模式

生态移民安置的生态补偿模式包括搬迁费用、住房建设、就业安排三种。

① 搬迁费用：渔民生活过渡期按照三年期和五年期来制定生活标准，这与国家提

出的“到2020年实现现行标准下农村贫困人口全部脱贫”的时间段相一致。拆除围网搬迁上岸的渔民均给予一定的生活补助，按照市级统一核定的时间及标准，发放过渡期生活补助150元/（人·年），后期逐步降低，4～5年为前三年的一半，即75元/（人·年）。具体的转产转业事项，参照升金湖流域替代生计研究成果。

② 住房建设：对贫困渔民租房及异地安置进行补助。截至2017年，安徽省内的所有渔民均已上岸，并且都获得了相应的安置补助；选择自建房、统建房和自购商品房上岸的尚未安置的渔民，其补助标准为3.05万元/户。无论是集中安置还是分散安置，以人均住房面积不超过25 m^2 为前提，其他可根据经济条件及实际需求自行确定，购买价格为政府拟定的安置区成本价，每人额外购置的面积不得超过20 m^2。退耕还湿（湖）中部分住房被拆除的农民，需要先进行住房评估，再按照评估标准进行补偿或统一异地安置。

一部分渔民以及退耕还湿（湖）的农民已经是建卡贫困户，其安置补助资金不足买房的，需根据家庭的人口数量对其分配租住的安置房，并给予5年免除房租。5年以后通过分期付款、前少后多的方式逐步把剩余的房款补齐。

③ 就业安排：开展生计替代的相关培训，以增加渔民和农民的生活技能。联系周边企业，由企业统一进行培训，培训合格后进入企业工作，发放相应的工资，并办理相应的社保。为了激励企业吸纳周边居民，每录用一名升金湖内的农民和渔民工作超过3个月的，政府给予企业相应资金鼓励。对进入企业工作的农民和渔民工作超过3个月的，政府也提供一定的小额奖励。

（3）政策支持生态补偿模式

结合GEF项目的渔民替代生计项目，对升金湖流域社区居民及渔民现有生产生活情况和替代生计选择的意愿进行调查，并通过抽样问卷调查的方式，对升金湖自然保护区农区、半农半渔区、纯渔区农户目前的家庭基本情况、生计活动方式进行调查。调查发现，保护区内的农户和渔民存在受教育程度普遍偏低、生计方式相对单一情况，鉴于此，提出政策支持的生态补偿模式。

政策支持的生态补偿模式是结合现有的国家、省、市、县和保护区相关政策，根据居民的年龄结构、家庭经济情况、子女情况等争取上级政府的资金支持，针对不同的情况给予相应的补贴、救助和技术培训，以解决未来生活实际和生计方式单一的问题。制定的相关政策有“帮扶带”计划、升金湖信用基金建立计划和升金湖环保之星奖学金计划等。

“帮扶带”计划5年为一周期，1～2年以“帮”为主，3～5年以“扶”为重点，5年以后更多的是起“带”动作用。该计划主要涉及因网箱养鱼被禁止而没有其他生计出路的渔民，仅有一项生计本领的农户、有一项以上生计来源但收入过少的农户。“帮扶带”计划可以有效增强农户学习更多的新知识、新本领的意愿，提高家庭收入，让农户从对资源依赖中逐步脱离出来。该计划形成相应的帮扶组和兴趣组，提供相应的学习新知识的机会，有助于农民和渔民寻找适合的生计。在此基础上，每年政府为居民转换生计提供相应比例的资金支持，辅助农民和渔民替代生计的转换，生计中遇到相应的问题由帮扶组辅助解决，并辅以相应的资金支持。“帮扶带”计划以升金湖流域替代生计实践组为基础，将参与居民划分为水资源管理替代生计、生态渔业养殖替代生计、菌菇蔬菜种植替代生计、休闲旅游替代生计、有机作物种植组替代生计以及产业加工替代生计等六种模式，并提出六组项目中最优三种，鼓励在升金湖流域发展。

以整个村为自然村基础成立升金湖信用基金，解决生活相对困难的农民和渔民的燃眉之急，其他需要借用基金的居民，可按照他的信用额度评估决定最后的发放金额。

升金湖环保之星奖学金计划，为了更好地保护升金湖自然保护区的生态环境，让周边居民和孩子在潜移默化的过程中认识到生态环境保护的重要性。在选择奖学对象时，要全面普及，覆盖幼儿园和中小学教育过程中，鼓励 3～18 岁学生在课余时间积极参与环保活动，并成为升金湖环保小小志愿者，根据学生的参与情况申请升金湖环保之星奖学金。

三、生态补偿的问题与建议

保护区生态补偿的顺利实施，需要树立正确的湿地生态价值观。目前，我国普通民众的湿地生态保护意识比较薄弱，对湿地生态价值观比较模糊，对生态补偿重要性的认识还不够清晰。因此，要加大宣传教育力度，充分利用广播、电视等新闻媒体，加强湿地保护的宣传活动，调动保护区广大居民的积极性，提高环境保护意识。加强社会公众尤其是农户对湿地生态补偿的认知程度，纠正他们只为眼前利益而牺牲资源的错误认识和行为，提高保护湿地得失辩证关系。在加强升金湖流域保护宣传力度的基础上，号召社会公众广泛参与到升金湖流域生态补偿监督工作之中。建立公共信息发布平台，为公众监督提供渠道，营造社会舆论监督环境，共同监督开发利用湿地资源的企业和个人只为追求自身利益而破坏升金湖湿地生态环境的错误行为。湿地生态保护是公益事业，不仅需要政府的大力投入，更需要社会公众的主动参与和广泛支持，只有动员起广大民众的积极性，凝聚全社会的力量，升金湖流域生态补偿机制才能有效实施。

升金湖鸟类造成农作物损失评估

通过升金湖鸟类造成农作物损失评估项目的实施，了解造成农作物损失的鸟类的种类、数量和损害季节，掌握升金湖国家级自然保护区越冬水鸟损坏栖息地周边农作物的类型、农作物的受损范围和面积以及受损主体及其损害程度，评估升金湖鸟类给当地保护区及周边地区造成的农作物经济损失以及给当地农民造成的损失，为科学制定这一损失的补偿标准、补偿范围、补偿方式等生态补偿方案提供理论依据。

一、研究方法

2016—2017年，于每年水稻、小麦等农作物出苗成熟至收割之后，对所选地区危害农作物的鸟类的种类、数量特点进行调查。调查方式有两种：一是对养殖户进行访问，访问的具体内容包括农田面积、农作物品种、鸟食开始时间、估计由鸟食造成的损失等；二是采用样线与样点结合的方法利用双筒望远镜观察。危害状况调查则在上述观察的基础上，选择鸟类取食株的标准枝进行观察统计，并计算农作物的受损程度。

二、主要研究结果

（一）受损农作物类型、受损范围和面积

升金湖主要鸟类对生境的要求和觅食习性存在一定的差异，如表1-19所示。游禽以水草、植物根茎及鱼、虾、蟹等水生生物为食，涉禽以鱼、虾、蟹及底栖生物为食。在春、秋迁徙期，大批候鸟聚集，觅食大量鱼、虾、蟹及植物根茎，造成从事渔业养殖及农业种植的户主减产，导致经济收益受损。本区的农田多为稻田和旱地，在春天育秧、插秧时，稻田中可见到多数的鸻鹬类和鹭科鸟类活动。夏季水稻生长时期有较多的鹭类、鸦类和秧鸡类鸟类活动。秋季水稻成熟时，有大量麻雀、鸫类鸟类来此觅食。冬季在蓄水、休耕的稻田中可见到苍鹭（*Ardea cinerea*）、大白鹭（*Ardea alba*）和雁鸭类等水鸟；在越冬期，鹤类及雁鸭类常集中在冬小麦种植区，并作为夜宿区、觅食区使用，其中雁鸭类常取食冬小麦的地上茎叶，鹤类则常将根茎一起取食。这些鸟类对生境的不同利用状况，导致农作物产量减少或降低，致使经济收益受损。

表1-19 升金湖主要鸟类与当地经济发展的影响

鸟类类型	食物类型	生境类型及影响区域
雁鸭类	植物（农作物）根茎、水草及鱼虾	农田、草地、沼泽，影响农田及水产养殖（数量多，觅食量大）

（续表）

鸟类类型	食物类型	生境类型及影响区域
鹤类、鹳类	植物（农作物）根茎、水草及鱼虾	农田、浅水区、沼泽，影响水产养殖（数量多，觅食量大）
鹭类	鱼、虾、蟹、贝及其他底栖生物	稻田、浅水区、沼泽，影响稻田和水产养殖
雀形目鸟类	植物（农作物）根茎、叶芽及种子	农田、草地，影响农作物

（二）受损农作物损失的主体

通过实地调查发现，升金湖鸟类造成农作物损失的主体，主要是鸟类集中觅食区、一般觅食区的农户。鸟类集中觅食区主要分布在：沙山、洪村、木子李、西长冲、杨北寨、坝岗庙、小岭、龙家咀、张家居、横州村。鸟类一般觅食区主要分布在：杨峨头、烂稻陈、桃源桥村、檀村、走马岭、南闸、新丰、双合、毕村。鸟类集中或一般觅食区、农田面积、主要水鸟名称如表 1-20、表 1-21 所示。

表 1-20 鸟类集中觅食区地点、农田面积、主要水鸟名称

鸟类集中觅食区	面积（hm^2）	主要水鸟名称
白密圩	2.319	白头鹤
白联圩	30.151	豆雁（*Anser fabalis*）、白额雁（*Anser albifrons*）、小白额雁（*Anser erythropus*）、白头鹤
同心圩	20.055	小天鹅（*Cygnus columbianus*）
新生圩	8.049	黑鹳
吴田社区	6.958	白琵鹭（*Platalea leucorodia*）、小天鹅
七星墩养殖场	6.958	白鹤、东方白鹳、白额雁
新丰圩	9.414	白鹤
方兴圩	6.549	白琵鹭、小天鹅
复兴圩	9.277	黑鹳
沙湾联圩	6.137	白头鹤

表 1-21 鸟类一般觅食区、农田面积、主要水鸟名称

鸟类一般觅食区	面积（hm^2）	主要水鸟名称
保护区	6521.457	鹤类、白琵鹭、黑鹳、小天鹅、东方白鹳等
保护区外 1 km	1742.88	

目前通过观察和遥感解译，集中觅食区农田面积为105.67 hm^2，该区域水稻不进行收割，预留为鸟类取食。一般觅食区总农田面积8331 hm^2，其中保护区内的为6521.46 hm^2，保护区外1 km为1742.88 hm^2。鸟类主要在冬季对小麦和油菜苗进行取食和栖息，但当鸟类迁徙后，可以很快进行恢复。根据初步统计，鸟类在一般觅食区对农作物造成的损失为33.5～67元/hm^2。

（三）农作物损失程度

根据调查结果，按照候鸟觅食和栖息规律，耕地农作物受损分为以下四种情况：

（1）冬小麦鸟类集中区。春秋及冬季雁鸭、鹤类在此长期固定集中觅食，鹤类会将小麦连根拔起，造成小麦绝产。平均受损率为42%。

（2）冬小麦鸟类觅食区。在集中区外围的保护区内，雁鸭、鹤类会经常在此觅食，平均受损率为25%，但在保护区外的1 km^2内平均受损率仅有10%。

（3）稻田鸟类觅食活动区。水稻生长期，涉禽觅食底栖生物影响水稻的长势；鸣禽经常取食种子，同时此区域要求粗放经营。平均受损率为10%。

（4）油菜鸟类觅食活动区。油菜生长期，涉禽觅食底栖生物影响油菜的长势。平均受损率为10%。

根据耕地农作物受损比重，将冬小麦平均受损率在40%以上的区域划分为候鸟集中觅食区，其余划为候鸟一般觅食区，如表1-22所示。

表1-22 升金湖鸟类造成农作物损失程度估算表

类别	农作物类型	耕地所处位置	损失面积（hm^2）	受损率	理想产量（kg/hm^2）	受损程度（kg/hm^2）
1	冬小麦	集中觅食区	720	42%	4500	1890.0
		一般觅食区	4214	19%	4500	3602.5
2	水稻	觅食活动区	7845	10%	7500	750.0
3	油菜	觅食活动区	2814	10%	2625	262.5

注：表中数据为估算值。

根据升金湖保护区流域对候鸟觅食区的划分可知，在候鸟集中觅食区农作物损失最为严重，候鸟一般觅食区次之。

（四）鸟类造成农作物损失补偿范围

根据升金湖流域农作物损失程度的不同，在做好农作物损失补偿面积核查后，实行分区补偿的方式。补偿范围主要包括集中觅食区和一般觅食区。集中觅食区的面积为720 hm^2，一般觅食区为9606 hm^2。除了上述两个区域外，保护区外围1 km范围内也是需要补偿的区域，面积约7896 hm^2。

结合升金湖保护区的实际现状，鸟类造成农作物损失补偿可采用“村民自主申报，张榜公示审核”的方式实施。农户的农作物损失面积、损失的农作物种类由农户自主申报，居（村）委会进行日常监督，保护区派人核查，对核查结果进行张榜公示，按照市场价给予补偿，以确保保护区及周边地区农户合理利益得到有效保护。

（五）鸟类造成农作物损失补偿方式

农作物经济损失评估方法为：理想收益×平均受损率。其中理想收益＝耕地面积（hm^2）×产量（千克）/hm^2×单价（元/千克）。由于农作物类型不同，野生动物的利用情况也不同，各耕地受损情况各不相同。根据升金湖流域农作物损失程度的不同，在做好农作物损失补偿面积核查后，实行分区补偿的方式。

根据实地调查及农作物市场平均价，测算出不同区域的农作物损失情况，确定鸟类造成农作物生态补偿标准如下。

（1）候鸟集中觅食区补偿标准：按照5714.25元/（hm^2·年）标准予以补偿。

（2）一般觅食区补偿标准：按照3404.25元/（hm^2·年）标准予以补偿。

（3）保护区外1 km内觅食区补偿标准：按照2546.25元/（hm^2·年）标准予以补偿。

三、建议

由于湿地的退化，越来越多的越冬水鸟前往农田觅食，调查发现觅食的鸟类有白头鹤、白鹤、小天鹅、豆雁、鸿雁（*Anser cygnoides*）、白额雁等，其中优势种为豆雁、白额雁。2016—2017年，由于开展渔业养殖活动，升金湖的上湖区域在冬季蓄水养殖，导致越冬候鸟的重要栖息地面积大量减少，候鸟被迫迁往附近农田觅食，因此须加强对保护区内养殖活动的监管。前期调查发现区域内以水稻等农作物为食，严重影响其产量的水鸟主要为雁鸭类鸟。雁鸭类鸟集中在水稻田里取食、踩踏，不断飞起、降落，造成稻谷脱粒和整株倒伏严重，基本绝收。因此，有必要在鸟类觅食集中区预留一定量的稻田供越冬鸟类觅食，同时也有利于滩涂草地的恢复。建议保护区成立一个越冬水鸟生态补偿办公室，开展对升金湖地区鸟类造成农作物损失的核定和补偿工作，使升金湖流域能够健康、安全和可持续地发展，湿地生物多样性及生态系统可以得到有效保持。

升金湖植被类型构建对鸟类生存影响分析

湿地植物是湿地生态系统的第一生产者，对于维持湿地生态系统的功能和稳定性有重要作用。湿地植物除具有净化污水和改善水质功能外，同时还能给鸟类提供栖息地和食物资源。湖泊湿生植物的数量和质量决定鸟类的数量和分布，觅食生境的食物资源变化对鸟类行为生态的影响是国内外研究的热点，对研究水鸟的环境容纳量以及了解鸟类觅食策略的内在机制具有重要意义。

本项目以安徽升金湖鸟类为研究对象，通过野外实地调查，在查阅升金湖保护区的历史调查资料及开展人工植被恢复工程的基础上，结合自然湿地植被和人工恢复的湿地植被植物种类、植被组成，探讨其对鸟类种类、数量及觅取食行为的影响，为维持保护区水鸟种群和数量、制定水鸟栖息地的保护和修复措施提供理论依据。

一、研究技术方案和方法

在查阅升金湖保护区的历史调查资料及开展保护区人工植被恢复工作的基础上，获得升金湖保护区不同时期的第一手植物及植被资料。通过研究不同时期自然湿地植被和人工恢复的湿地植被的植物种类、数量、多样性指数、分布、植被组成以及鸟类种类、多样性指数、鸟类食性、取食的植物种类、鸟类栖息地等差异，讨论人工湿地构建的植物种类、植被配置对鸟类等野生动物的生存、栖居、取食、繁殖等方面的影响关系，研究野生动物的生存与其栖息地人工湿地构建植物种类、配置、群落的演替等因子之间的相互作用规律，提出有利于鸟类等野生动物生存、栖居的最有效植被构建技术方案和合理性建议对策，为湿地修复、生物多样性、生态系统服务功能的保护与管理以及其他生境的植被配置提供理论依据。

升金湖保护的陆地和滩涂采用踏查法，对湖内植物采取乘船或下湖直接调查方式，采集各种植物标本，记录各种植物出现的地点。植物群落采用样方调查的方法，调查内容主要包括植物的种类、数量、盖度、多度和平均高度等，同时测定记录各样地的生境因子地势、土壤类型、水分状况等。鸟类调查采用样线调查和样点调查相结合的方法，记录生境类型对物种数量的影响以及生境变化对水鸟数量的影响。

二、结果与分析

（一）升金湖保护区的维管束植物及植物群落

通过野外实地调查结果发现，升金湖保护区有自然定居的维管束植物 55 科 127 属 222 种。其中，蕨类植物 4 科 4 属 4 种，双子叶植物 35 科 89 属 148 种，单子叶 16 科 34 属 70 种。植物群落中，挺水植物 8 科 10 属 17 种，有芦苇（*Phragmites communis*）、水烛（*Typha angustifolia*）、菰、莲（*Nelunmbo nucifera*）、水蓼

(*Polygonum hydropiper*) 等5种优势种；沉水植物7科8属19种，有金鱼藻、聚草(*Myriophyllum spicatum*)、苦草、竹叶眼子菜、黄花狸藻 (*Utricularia aurea*)、菹草、黑藻 (*Hydrilla verticillata*) 等7种优势种；浮水植物12科13属17种，有满江红、荇菜、槐叶萍、水鳖、芡实、菱、水蕨等7种优势种。滩涂湿生植物30科79属169种，优势种为灰化薹草 (*Carex cinerascens*)、乳突薹草 (*Carex maximowiczii*)、陌上菅、红穗薹草 (*Carexargyi*)、日本薹草 (*Carex japonica*) 和白花水八角(*Cratiola japonica*) 等8种。

滩涂植物优势群落为灰化薹草群落，挺水植物优势群落以菰和长芒稗为主，浮叶植物群落为四角刻叶菱群落，沉水植物优势群落为金鱼藻群落。这些植物中，沉水植物苦草、苔草及植物根茎种子是升金湖鸟类的食物来源。挺水植物芦苇、菰、水烛、长芒稗等及湿生植物灰化薹草、狗牙根、看麦娘 (*Alopecurus aequalis*) 和虉草是升金湖鸟类栖息及繁殖的植物源。

通过对升金湖保护区滩涂区域的苔草群落的结构及组成进行样方调查，以及通过生物量和Simpson多样性指数分析，灰化苔草为滩涂区域的主要优势种，群落物种丰富度向湖泊中心呈波动递减，生物量变化呈钟形曲线分布，在近湖滩地的苔草群落生物量达到最高值。滩涂区域以莎草科 (Cyperaceae)、菊科 (Compositae)、禾本科(Gramineae)、十字花科 (Brassicaceae)、蓼科 (Polygonaceae) 等为优势科。滩涂植物的优势种主要为莎草科的灰化薹草、乳突薹草、羊角薹草和江南荸荠 (*Heleocharis migoana*)，禾本科的虉草、狗牙根、看麦娘、日本看麦娘 (*Alopecurus japonicus*)、大画眉草 (*Eragristis cilianensis*)，豆科 (Leguminosae) 的紫云英 (*Astragalus sinicus*)、天蓝苜蓿 (*Medicago lupulina*)、小苜蓿 (*Medicago minima*)，菊科的稻搓菜 (*Lapsana apogonoides*)、野艾蒿 (*Artemisia lavandulaefolia*)，十字花科的广州蔊菜 (*Rorippa cantoniensis*)、水田碎米荠 (*Cardamine lyrata*)，伞形科 (Apiaceae) 的蛇床 (*Cnidium monnieri*)，蓼科的齿果酸模 (*Rumex dentatus*)，眼子菜科的菹草，金鱼藻科 (Ceratophyllaceae) 的金鱼藻；水鳖科 (Hydrocharitaceae) 的荇菜，玄参科(Scrophulariaceae) 的蚊母草 (*Purslane Speedwell*)、水茫草 (*Limosella aquatica*)等，它们均为保护区的优势植物。特别是莎草科的灰化苔草、乳突苔草、羊角苔草，为升金湖的主要优势种，湖区植被的80%区域均为该科植物。

(二) 升金湖保护区的鸟类及主要物种种群数量差异分析

综合相关资料，升金湖现有湿地鸟类190种，其中水鸟87种，占鸟类种数的45.8%。国家重点保护鸟类有19种，其中属国家Ⅰ级保护物种的4种，国家Ⅱ级保护物种的15种。通过升金湖保护性鸟类及常见鸟类的栖居和食物的生活习性分析，这些鸟类的栖居和觅食行为均与湿地植物存在密切的关系，其中与沉水植物苦草和马来眼子菜关系最为密切。常见的鸟类除鸥科和鹭科等少量鸟类以水生动物为食源，其栖居和觅食行为也与植物存在一定的关系。野外实地调查发现，2016年10月到2017年1月，升金湖常见鸟类为29种，鸟类总数量为50512只；2017年11月到2018年1月，升金湖常见鸟类为29种，鸟类总数量为33107只，其中豆雁种群数量最高；2018年10月到2019年1月，升金湖常见鸟类为40种，群落鸟类的总数量达到68628只。2017

年冬季其数量低于往年的数据，可能与2017年冬季升金湖人工拆除围网，人为活动干扰频繁有关。

（三）食物资源变化对升金湖水鸟群落结构的影响

由于历史原因，升金湖自20世纪90代年开展人工围网养殖。长期过度的渔业养殖导致沉水植被严重退化。由于升金湖大型沉水植被的消亡，导致所有以苦草块茎为食的鸟类数量急剧下降，表现在越冬水鸟分布格局和聚集地点的改变。水生生物是水鸟群落结构维持的基础。沉水植被、底栖生物是升金湖越冬水鸟的主要食物资源，白头鹤的食物资源以沉水植物苦草等块茎为主。但由于沉水植物的枯竭，迫使白头鹤调整觅食策略，觅食地由泥滩生境向草滩和稻田生境转移，集群分布地点由保护区核心区湖泊滩涂的沉水植物苦草区转变为缓冲区的水稻田。同时，食物资源的变化也导致了以鱼类为食的鹈形目、鹳形目和鸥形目水鸟数量明显增多，以底栖生物为食的鸻鹬类水鸟数量略有下降，以沉水植被块茎和种子为食的雁鸭类鸟类数量急剧下降，而以红穗薹草等湿生植物嫩叶为食的豆雁、白额雁等水鸟数量快速上升，成了升金湖越冬水鸟群落的优势种。植物的种类和植被类型直接影响了升金湖水鸟栖息地的选择、种群结构的变化以及物种差异的变化。

（四）不同植被类型构建对升金湖鸟类的生存影响

GEF项目实施期间，在升金湖国家级自然保护区内的东至县东流镇从王坝圩、金保圩、跃进圩、沉团湾至余庆圩以及老母猪墩等湖区，实施升金湖生态修复水生植物恢复工程项目和鸟类栖息地改造工作。2016—2018年安徽大学与杭州绿生现代农业与环境生态研究所，连续三年在升金湖上湖等区域开展生态修复水生植物恢复工作，通过人工措施恢复已退化的水生植被，在增加水生植物多样性的同时，也为鸟类提供栖息地和食物。

人工种植的挺水植物主要有荻、虉草、菰、芦苇、水烛、菖蒲和稗等7种植物，浮叶植物有莲、荇菜和芡等3种，沉水植物主要有马来眼子菜和苦草2种。金宝圩等湖区的人工植被恢复以后，使得沉水植物苦草、马来眼子菜、水车前、金鱼藻长势良好，沉水植物的盖度率达75%。在人工恢复的挺水植物芦苇区，鸟类的种类与数量远高于无人工植被的恢复区。升金湖的水鸟数量，2018—2019年度冬季，比2016—2017年度冬季增加了35.86%，比2017—2018年度冬季增加了107.29%。这表明，人工植被的恢复有利于鸟类的栖息与定居，能显著提高保护区水鸟的种类和群落中的水鸟数量。

不同的植被类型和食物，影响不同类群鸟类对生境的选择。笔者比较多年的资料发现，GEF项目实施前，升金湖眼子菜和苦草的分布面积很少，菹草、金鱼藻、聚草等是升金湖不同湖段沉水植物的优势种。沉水植物眼子菜与苦草在湖区水体盖度、密度和生物量的下降，直接影响以此为食物主体的鸟类种类和数量。水生植物和湿生植物的种类、组成及群落结构会对水鸟觅食和栖居等行为造成较大影响，进而影响升金湖鸟类的种类与数量。人工植被在恢复中，应选择可供鸟类取食的苦草、马来眼子菜及其他可供鸟类栖息的湿生植物，为鸟类营造安全、有食物资源的生境。人工开展植被恢复、植物种类变化及群落演替也影响越冬水鸟的物种组成和群落结构。

三、结论与建议

湿地野生鸟类种群及群落数量与湖泊湿地的植物种类、植物生活型、植物群落结构组成和植被密度等存在着密切关系。因此，在建造湿地人工植被时，应在了解湿地水位变化、水质及生境特点的基础上，明确拟恢复鸟类的主要种类和种群数量。不同的鸟类其取食及栖居的植物群落存在差异，需根据其取食特征，确定建造人工植被的植物种类或植物群落的主要优势物种，在适宜的季节开展人工种植。根据恢复鸟类的种群数量，确定拟恢复的植被面积和群落物种的组成结构。在植物生长季节要加强水位调控，定期或不定期的对植物的生长和鸟类的种类、数量进行观察与监测，保证人工植被恢复到预期目标。为了有效地保护升金湖越冬水鸟的种群和数量，继续加大实施水生植被恢复工程，恢复升金湖的水生植被和生物资源，特别是增大苦草和马来眼子菜等沉水植物的量，以增加越冬水鸟的食物资源；实施水体生态修复工程，减轻湖泊的生态压力，尽快恢复核心区和缓冲区沉水植被与底栖生物资源，以维护水鸟的种类和种群数量稳定或提升。

升金湖流域替代生计实践模式分析

生计方式是影响居民响应人口压力和环境退化的决定因素，选择合理的居民替代生计方式可以有效解决生态脆弱区的人口压力和环境退化问题，实现区域生态恢复和重建，消除原有生计对生态建设所产生的负面影响，解决经济社会问题。根据替代生计意愿调查升金湖流域替代生计实践模式主要分为四类：生态渔业替代生计模式、大棚蔬菜替代生计模式、生态水生蔬菜替代生计模式以及生态农庄模式。

一、生态渔业替代生计模式

结合升金湖湖盆地理特点和水生动物资源情况，可将升金湖分为河道深水区、湖泊浅水区和环湖沿岸带三个功能区；根据水体水生动物资源的分布特点，三个功能区分别定义为生态渔业——鲢鳙鱼滤水区、水生植被恢复——定居性鱼类增殖区和挺水植物恢复——阻隔污染水体屏障区。在升金湖河道深水功能区，首选投放鲢、鳙等鱼，投放比例占整个鱼种投放重量的70%～90%。在湖泊浅水功能区，可以适当投放鳜、鲌等鱼类，年补充投放每公顷0.02～0.04kg，约占总投放量的7%～13%，规格控制鳜鱼为40～60尾/kg、鲌鱼为60～80尾/kg。升金湖还现存丰富的小型底栖动物和有机碎屑等，它们是杂食性鱼类的天然饵料，现每年鲴亚科鱼类每公顷产量在0.23kg左右，可向湖中补放鲴属鱼类和鲫鱼等鱼种，约占总投放量的3%～7%。同时，加大对麦鱼和蛇鉤升金湖特色土著水生动物的繁殖保护，扩大其自然种群。

二、大棚蔬菜替代生计模式

采取合作社＋企业＋农户经营模式，该模式可以有效整合农户、合作社、企业三大经营主体在产业发展中的特点，充分发挥经营机制的优势，规范联结运作的相关利益、产业链一体化、农业规模化集约化经营机制。由政府以每公顷一年6750元价格从农民流转土地，建设蔬菜种植大棚，再以每公顷6300元价格反租给需要从事种植的农户，同时和租赁户签订保底价（该价格是最好的年份当地农民每亩纯收入的两倍多），每公顷年纯收入不低于60000元，不足的由政府进行补贴。由企业负责向农户提供蔬菜种苗、技术服务并负责收购、销售农产品。企业在示范园开展了以色列番茄、瑞士辣椒、荷兰长茄、七彩甜椒、韩国西兰花、日本草莓等种植，进行示范推广。

三、生态水生蔬菜替代生计模式

升金湖流域具有生产水生蔬菜的独特生态环境，许多耕地地势低洼，适宜进行水生蔬菜种植。水生蔬菜具有较强的水环境调控能力，水生蔬菜的化学污染与其他蔬菜及农作物相比，其被化学污染程度低甚至没有，属于绿色食品或有机食品，因此种植水生蔬菜可以产生较好的经济效益。据初步统计，种植水芹，每公顷可以年产25～30t，如果收购价按2.4元/kg计算，则每公顷年产值在6万～7.5万元。种植经济水生蔬菜，可原位分解、吸收和转移水体中的营养物质，能明显转移水体中的氮磷营养物质，并降低有机物和浮游藻类的含量。

四、生态农庄模式

生态和绿色是升金湖最大的特色，发展生态农庄是擦亮升金湖“金”字招牌的重要途径。生态农庄主要以绿色、生态、环保、休闲、观光为目标，注重环境和农业的共同发展。生态农庄的发展提升了当地居民的经济效益。建立一个生态农庄需要解说人员、餐饮人员、服务人员、后勤人员、管理人员等，为升金湖周边因生态保护征用土地、不再捕鱼的居民提供了工作岗位；发展生态农庄需要的花卉、蔬菜、瓜果、肉类基本上由当地居民自己提供，可以有效地帮助地方脱贫致富。升金湖保护区周边有大大小小的农家乐、休闲农庄33家，农庄风光优美，春可赏花，夏可野营，秋可采摘，冬可养生，是摄影、写生、聚会、农家乐、户外活动的绝佳之地。农庄常年聘请劳务农民工多人，还依托安徽省农科院、安徽农业大学等科研院所，广泛采用种植、养殖新技术，按照区域特色农业和高新技术农业的要求，大力开发绿色有机农产品，建成集科技示范、农业循环经济集成、旅游观光、生态种植养殖、垂钓休闲为一体的综合新园区。此外，还大力开发循环经济，利用小型沼气工程将畜禽粪便发酵处理后，用于基地种植和水产养殖。联合池州市绿色农产品生产企业、畜牧水产养殖企业，同时带动池州蔬菜、畜牧、水产等种养殖大户，将池州名优农产品、绿色食品销售到以上海为主的长三角地区，带动湖区农民增收。

武昌湖水位调控机制研究

武昌湖拥有良好的自然景观和完整的内陆淡水湿地生态系统，在调节气候、涵养水源、净化水质、蓄洪防旱、维持生物多样性等方面具有重要作用。武昌湖是重要的水禽栖息地、候鸟越冬地和候鸟迁徙停歇地，每年为数万只水鸟提供越冬场所，不乏白头鹤、东方白鹳、青头潜鸭（*Aythya baeri*）等珍稀濒危鸟类。武昌湖也是目前安庆沿江湖泊群中水生植被分布状况最为良好的湖泊，在富营养化污染导致湖泊水生植被退化的总体趋势下，依然保持着旺盛的植被生长。

武昌湖同时担负着防洪调蓄、水源供给、农田灌溉、水产养殖、旅游观光、生态保护等功能。然而，目前的武昌湖面临着水生植被过量生长的困扰，下湖区菰过量生长导致湿地退化，长此以往会导致湿地功能丧失，生态服务价值下降。同时，武昌湖的冬季水位与越冬水鸟的数量表现出明显的相关性；合理的水位调控措施的缺乏，导致近些年来武昌湖越冬水鸟数量波动较大，从数千只到数万只不等。

武昌湖的水位调控机制研究项目以武昌湖为研究对象，通过对不同时期武昌湖水位的高低及湖内不同区域水生植物、鱼类、鸟类等生物的种类、种群数量和群落结构的实地调查，探讨武昌湖水位人工调控对湿地生态系统中主要动植物的种类、数量、分布及鸟类栖息的影响与制约关系；查明武昌湖丰水期、平水期和枯水期的水位高低对湿地生态系统中生物多样性的相关作用机制；评估人工水位调控对湿地生态系统及生物多样性影响的生态价值及可能存在的生态风险；提出最有利于水生植物生长或恢复、鸟类栖居、湿地生态系统服务功能增强的不同季节或不同时期水位调控幅度，提出一套切实可行的武昌湖水位调控方案，为武昌湖生物多样性及生态系统功能的保护与管理提供合理的水位调控建议与对策，也为其他同类型保护区在不同季节维护湿地主体功能的水位调控模式提供指导。

一、研究方法与技术路线

（一）资料汇总

先将1987年以来的武昌湖逐日水位情况进行汇总，再结合历史植被分布情况及越冬水鸟分布情况进行分析，植被分布情况则通过遥感影像解译结果得出，越冬水鸟分布情况为历年越冬水鸟同步调查数据。同时，对武昌湖的水深、水下光强、水鸟及水生植被分布现状进行调查；结合水深和水下光强，分析水位对水生植被，尤其是菰群落分布区面积及越冬水鸟栖息的影响。

（二）制定方案

分析武昌湖防洪、灌溉、取水、养殖、旅游等对水位需求特征，基于水位与武昌湖菰群落分布区面积之间关系及水位与越冬水鸟分布情况相互关系的分析结果，制定武昌湖水位调控方案，征集水利、渔业、农业、旅游、航运等相关职能部门意见后进行必要修改，然后组织实施。

（三）方案完善

结合方案对武昌湖各功能需求的满足情况及方案对武昌湖生态环境影响进行评估，参考各相关职能部门反馈意见，对武昌湖水位调控方案进行修订，最终制定出合理的武昌湖水位调控方案，兼顾防洪抗旱、渔业生产、农业灌溉、生物多样性等功能的同时，起到生态控草的作用，以达到遏制武昌湖沼泽化进程的目的，缓解湖泊湿地退化。

二、结果分析

（一）武昌湖水位变化特征

1980—2017 年，最低水位为 10.64 m，出现在 1983 年 2 月 15 日，最高水位为 16.83 m，出现在 1999 年 7 月 22～26 日。年平均水位为 12.12 m（见图 1-4）。从年内变化来看，武昌湖水位变化基本表现为保持冬低夏高的变化格局，3 月底至 4 月初水位开始上升，6 月底至 7 月初汛期来临，7 月中旬达到最高值，维持到 9 月底逐渐下降，12 月底至次年 1 月初达到最低值。这基本符合湖泊自然水位变化特征，但受下湖区水草过量生长、湖床淤积的影响，汛期后水位下降缓慢，从高水位到低水位的过程相对漫长，使得秋季水位普遍较高。

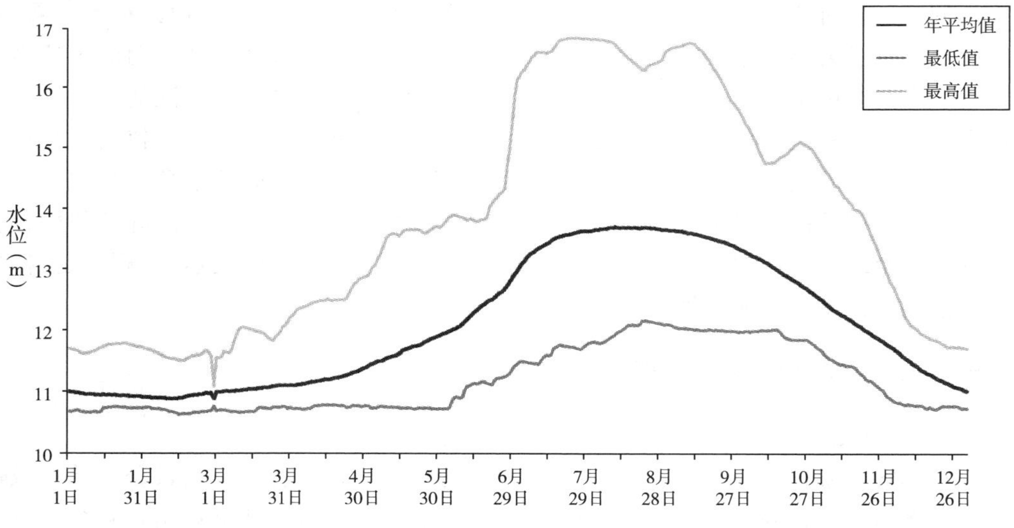

图 1-4　1980—2017 年武昌湖年平均水位变化特征

从年际变化来看，武昌湖同时接纳上游来水和江水倒灌，在洪水年水位暴涨，枯水年则无法得到有效补充。从而形成武昌湖水位年际波动巨大、汛期水位暴涨且高水位持续时间较长、干旱年水位无法得到补充的特点。

（二）功能划分及适宜水位分析

1. 防洪对水位要求

根据安庆市防汛抗旱指挥部编制的《皖河闸调度运用控制办法》，皖河闸控制正常蓄水位为11.0～12.5 m（武昌渡站），其中，5～7月按11.0 m控制；8～9月按12.5 m控制；10月至次年4月开闸排水，降低湖水位。干旱期可视情况适当抬高蓄水位，冬修期若有工程建设需要可适当降低蓄水位。

武昌湖汛期控制水位为13.5 m，设防水位为15 m，警戒水位为15.8 m。水位超过13.5 m即开启排洪机制，以控制水位的进一步抬升。水位到达15 m时，启动防洪机制，防汛部门须组织群众参加防汛，并准备好相应的防汛物资和器材，以防患于未然。达到15.8 m时，防汛部门须加强戒备，密切注意水情、工情、险情的发展与变化，由有关领导组织带领部分防汛队伍上堤参加防汛，做好防洪抢险人力、物力的准备，并要做好可能出现更高水位的准备工作。

2. 农业对水位的需求

武昌湖周边水田主要种植粮食作物有水稻、玉米、小麦、山芋（甘薯）等，经济作物有树棉、油菜等。最主要的栽培模式是水稻油菜轮作，少数地块为水稻小麦轮作。因此，灌溉用水主要集中在5月水稻种植季节和9月底10月初的油菜、小麦种植季节。按照武昌湖历年农业耕种情况，即便是干旱年，也未发现湖区灌溉缺水现象。从蓄积量估算，灌溉期间（5月和9月下旬至10月上旬）水位不低于12 m可满足农业灌溉用水需求。

3. 水源供给水位需求

武昌湖的取水量并不大，7个取水口总年取水量仅为1.34×10^{6} m^{3}（见表1－23所示），即便处于枯水期水位为11.0 m时，武昌湖容积也达0.36×10^{9} m^{3}，取水量仅占0.037%，按照武昌湖多年平均水位为12.12 m计算，取水量占湖容比例可忽略不计。

武昌湖总体表现为上湖区无植被分布、下湖区植被过量生长的特点，从取水口空间分布情况来看，各取水口均位于无植被分布或植被数量较少的敞水区，也不涉及淤积。

综合来看，武昌湖水源供给压力并不大，即便是枯水期水位为11 m时，亦可满足各水源地的取水需求。

表1－23　武昌湖取水口取水供水情况一览表

取水口位置	水厂名称	供水人口（×10^{4}人）	年取水量（×10^{4} m^{3}）	供水能力（t/d）
鸦滩镇三联村	古炉自来水厂	2.7	36	2500
长岭镇龙山村	长岭镇龙山自来水厂	1.6	10	1000
太慈镇太慈社区	慈和自来水厂	2.9	29	3000
高士镇毛安社区	毛安双杰自来水厂	2.0	18	3000
高士镇武昌村	思源水务有限责任公司	2.6	14	500

（续表）

取水口位置	水厂名称	供水人口（$\times 10^4$ 人）	年取水量（$\times 10^4$ m^3）	供水能力（t/d）
鸦滩镇鸦滩社区	鸦滩自来水厂	2.6	21	3000
太慈镇马山村	桃岭供水有限责任公司	1.2	6	2000
合计		15.6	134	15000

4. 渔业养殖对水位的需求

目前，武昌湖的水产养殖业已经停止。根据《安庆市泊湖养殖水域滩涂规划（2018—2030 年）》的要求，在武昌湖禁养区内严禁任何形式的渔业养殖；在限养区进行水产养殖的应采取污染防治措施，污染物排放不得超过国家和地方规定的污染物排放标准。从长远角度来看，武昌湖可能会存在保水或净水性质的渔业增殖放流作业，渔业生产应该不会再在湖区存在。

5. 旅游观光水位需求

目前，武昌湖湖区无任何水上旅游设施，对水位管理亦无产业发展方面的需求。从湿地观光角度而言，水位高低皆有不同的观景点。

6. 水生植被管理水位需求

结合武昌湖水位变化与植被分布的关系，通过水位管理控制武昌湖菰的过量生长且增加冬季水生植被分布区面积是可行的。建议在 4 月份的水生植被萌发期抬高水位抑制菰萌发，秋季加快排水速度降低秋季水位，给沿岸湿生植物生长创造机会。不同季节的建议水位如下。

（1）3 月底～4 月初：抬高水位至 12 m 左右，使得菰分布区水深超过 1 m，以控制菰的过量生长，同时又不影响沉水植被生长。

（2）4 月底～6 月中旬：维持在 12.5 m 的控制水位即可，不可过高，以利于沉水植被生长。

（3）6 月下旬～9 月中旬：在不影响防洪安全的前提下维持高水位，以控制过量生长的水生植被，建议水深 14 m 左右。

（4）9 月下旬～10 月中旬，逐渐降低水位至 12.5 m 左右，以利于秋季沉水植被的恢复生长。

（5）10 月下旬～11 月上旬，水位须降至 11.5 m 左右。在低水位促进沉水植被恢复的同时，为冬季二年生湿生植被的恢复做准备。

（6）11 月中旬～次年 3 月中旬，水位降至 11 m 左右，大量光滩可保证湿生植被生长，以限制次年菰的生长。

7. 越冬水鸟保护水位需求

对武昌湖越冬水鸟的保护，应把重点放在雁鸭类的保护上。由此，需要特别保护分布区中的沉水植被，同时扩大滩地湿生植被的分布区面积。从水位调控的角度来说，抑制菰的过量生长将有利于沉水植被分布区的面积扩张，降低秋季水位将有利于沿岸湿生草丛的分布。冬季沉水植被和沿岸湿生草丛的增加，还将有利于白头鹤、白鹤的分布。因此，为保护越冬水鸟在武昌湖的栖息环境，11 月中旬以后水位应低于 11 m。

（三）建议水位

根据各功能现状及水位需求分析结果，对各功能的水位需求进行如下汇总。

防洪调蓄：控制水位为 12.5 m，设防水位为 15 m，考虑到武昌湖多年平均高水位为 14.13±1.13 m，丰水期水位维持在 14 m 左右是可以接受的。

农业灌溉：水稻及油菜（小麦）播种期水位不低于 12 m。

水产养殖：捕捞期（1 月上中旬）水位低于 11 m，其余季节高水位有利于渔业养殖，渔业部门推荐水位为 13.5～14 m。

水源供给：全年水位不低于 12 m。

旅游观光：无要求。

植被管理：9 月下旬至 10 月下旬，逐渐降低水位至 11.5 m 左右，保证秋季沉水植被恢复生长；11 月下旬至次年 3 月上旬，水位维持在低于 11 m 水平，以促进两年生湿生植被生长并抑制来年菰萌发；3 月下旬至 4 月上旬，抬高水位，使得水深超过 1 m 即达到 12 m 左右，以抑制菰生长；4 月中旬至 6 月中旬，逐渐抬升至控制水位 12.5 m 左右，在抑制菰生长的同时保证沉水植被生长；6 月下旬至 9 月中旬的汛期，维持 14 m 左右的水位以控制水生植被生物量。

水鸟越冬：10 月中旬至 11 月中旬，水位逐渐降至 11.5 m，促进冬季两年生湿生植被生长，为鸟类越冬提供食物；11 月下旬至次年 3 月中旬为候鸟越冬期，将水位控制在11 m以下，以利于鸟类栖息。

（四）生态影响评价

1. 对生态系统功能的影响

历史上，武昌湖保持与长江的自然沟通，水位随长江水位保持冬低夏高的变化态势。自同马大堤及其附属的皖河闸、漳湖闸、杨湾闸等建成后，武昌湖已与长江阻隔。目前，武昌湖的水位受人工调控和自然节律共同决定，与自然状态相比，武昌湖的水位仍然是冬低夏高的变化模式，依然表现出春季过低、秋季过高的特点。

本方案实施以后，并未改变武昌湖人工和自然共同节律的水位变化格局，武昌湖仍然保持半水库型湖泊的生态特征，生态系统结构和功能并不会发生改变。方案实施以后，武昌湖水位变化格局更符合自然变化格局，即春季不会太低，秋季不会太高，且保持冬低夏高的变化模式，更有利于武昌湖发挥其湖泊生态功能，弱化其水库功能。因此，从总体来看，方案的实施有利于武昌湖生态系统功能的健康发展。

2. 对植物资源的影响

从植被分布情况来看，本方案的实施会对植被分布造成显著影响。主要表现在以下三点。

（1）菰群落分布区面积将显著下降

本方案实施后，大湖区在夏季漂浮的菰群落分布区有望完全消失，仅在沿岸有少量生长。原有的菰群落将被沉水植被和浮叶植被代替。根据武昌湖水生植被分布现状，结合预期水位分析，穗花狐尾藻、小茨藻、大茨藻、轮叶黑藻将成为优势种。

（2）沉水植被分布区增加

本方案实施后，春季维持1 m左右的水深，根据武昌湖2014—2016年水质监测结果，3～5月份武昌湖透明度为60～80 cm，水下光照条件非常好，足以保证沉水植被健康萌发。夏季水位维持14 m高水位，此时武昌湖水深可达3 m，可以有效抑制过量生长的沉水植被，不会造成沉水植被过量生长。秋季水位迅速下降，丰水期被抑制的沉水植被此时恢复生长，并顺利产生繁殖体，从而有助于第二年沉水植被的萌发。

（3）湿生植被分布区增加

本方案实施后，9月下旬水位开始下降，至10月下旬水位降至11.5 m，11月下旬即降至最低，在兼顾沉水植被恢复性生长的同时，亦为湿生植被的萌发创造良好条件。因此，本方案实施后，湿生植被分布区面积有望大幅度增加，替代原有的裸露滩地生境。

3. 对鸟类资源的影响

本方案实施以后，秋季即维持低水位，沿岸大量裸露滩涂将有机会分布大量湿生植被，从而为越冬水鸟提供丰富食物资源。因此，本方案的实施有望显著增加武昌湖越冬水鸟数量。然而，从越冬水鸟的物种来看，小天鹅、针尾鸭（*Anas acuta*）、罗纹鸭（*Anas falcata*）等适合在水域越冬的鸟类数量可能会减少，豆雁、白额雁、白头鹤、白鹤等需要在湿生草丛觅食的鸟类数量将大幅度增加。但是，本方案可增加沉水植被的生长，其在枯水期残留水域的分布可为小天鹅等游禽提供丰富食物，因此小天鹅等水鸟仍然会维持一定的种群，并不会从武昌湖完全消失。

综合来看，本方案的实施有望增加越冬水鸟总数，物种组成与现状将有所变化，但并不会导致现有分布的越冬水鸟消失，即水鸟物种数不会下降。

4. 对鱼类资源的影响

本方案实施以后，在不影响上湖区湖底基质的同时，下湖区水生植被分布区面积也有所增加，鱼类产卵场数量将有所增加，有利于鱼类繁殖。同时，武昌湖增加的水生植物可显著增加湖泊的初级生产力，食草性鱼类和食肉性鱼类的数量均显著增加。此外，更加发达的沉水植被也会为浮游动物创造优良的栖息、觅食和藏匿场所，武昌湖浮游动物数量将有所增加，滤食性鱼类也将获得更加充足的食物资源。方案的实施前后，武昌湖冬季水位均接近干枯，武昌湖有集中越冬场的情况将不会改变。因此，综合来看，方案实施以后，武昌湖的鱼类产卵场和饵料资源均将有所增加，有利于武昌湖鱼类资源的丰富。

5. 对其他动物资源的影响

从哺乳类、两栖类和爬行类的动物分布情况来看，武昌湖并非这些物种的集中分布区，方案实施前后的水位变化格局不会对这些物种的分布造成显著改变。

三、结论

结合以上分析内容，提出武昌湖水位调控模式，不同时间的水位控制如下。

（1）水草萌发前期：3月下旬～4月上旬，水位逐渐抬高至12 m左右。

（2）水草萌发期：4月中旬～5月上旬，抬高水位至控制水位12.5 m左右。

（3）丰水前期：5月中旬～6月中旬，水位维持在12.5 m，既能保证灌溉需水，也能为即将到来的洪水准备足够的湖容。

（4）丰水期：6月下旬～9月中旬为丰水期，尽量维持水位在14 m左右，在保证防洪安全的同时，可借助高水位抑制水生植被的过量生长。

（5）丰水后期：9月下旬到10月中旬，逐渐降低水位至12.5 m左右。

（6）枯水前期：10月下旬～11月中旬，逐渐降低水位至11.5 m左右，促进冬季湿生植被生长，为越冬水鸟准备食物。

（7）枯水期：11月下旬～次年3月中旬为枯水期，也是武昌湖冬候鸟集中迁徙的越冬期，应保持在11 m左右的最低水位。

四、建议

（一）建立有效的协调机制

首先，武昌湖担负的多个功能涉及水利、环保、农业、林业、旅游、渔业等行政主管部门，在统筹考虑武昌湖水位调控模式的情况下，必然存在多个部门之间协调沟通的障碍；其次，武昌湖自然保护区正在申报过程中，自然保护区管理机构筹建在即；最后，防洪的需求仅体现在夏季洪水期，其他季节的水位更多为生态保护服务，二者并不存在时间上的冲突。因此，建议6～9月份武昌湖水位交由水利部门主管，其他部门协助；其余月份由武昌湖自然保护区管理部门统一协调安排水位调控，其他部门协助。

（二）编制《武昌湖水位调控管理办法》

皖河闸建成后，安庆市防汛抗旱指挥部编制完成《皖河闸调度运用控制办法》（以下称《办法》）。由于该《办法》要求的控制水位不能满足生态保护的水位调控需要，且该《办法》中安全与过闸流量是建立在水力学理论计算基础上的，但新闸建成以后既没有进行流量观测，也没有经过水工模型实验，计算模型选用的相关参数有待经过验证与立定。因此，有必要编制《武昌湖水位调控管理办法》。建议由望江县人民政府牵头，水利、环保、农业、林业、旅游、渔业等行政主管部门共同参与，多方协商以后，制定出切实可行的武昌湖水位管理办法，以替代原有的《皖河闸调度运用控制办法》。

（三）进一步强化武昌湖水位调节能力

武昌湖周边为洼地，不但在丰水期湖面仍低于长江水位，而且还要接纳大别山南坡来水。洪水季节来水凶猛，水位涨幅过快。因此，武昌湖在汛期面临着上游来水和江水倒灌的双重威胁，这也是武昌湖历年来多次遭遇洪涝灾害的主要原因。此外，大别山上游密布大大小小多个水库、水坝，枯水期上游的截留难以保证武昌湖春季抬高水位的蓄水水量。因此，武昌湖现有水利工程的调蓄能力非常有限，建议通过新的水利设施修建工作，实现武昌湖水位调控能力的进一步强化，见表1-24所列。

表 1－24 武昌湖不同时间的建议水位汇总表

<table>
<tr><td rowspan="2">时间
功能</td><td colspan="3">1 月</td><td colspan="3">2 月</td><td colspan="3">3 月</td><td colspan="3">4 月</td><td colspan="3">5 月</td><td colspan="3">6 月</td><td colspan="3">7 月</td><td colspan="3">8 月</td><td colspan="3">9 月</td><td colspan="3">10 月</td><td colspan="3">11 月</td><td colspan="3">12 月</td></tr>
<tr><td>上旬</td><td>中旬</td><td>下旬</td><td>上旬</td><td>中旬</td><td>下旬</td><td>上旬</td><td>中旬</td><td>下旬</td><td>上旬</td><td>中旬</td><td>下旬</td><td>上旬</td><td>中旬</td><td>下旬</td><td>上旬</td><td>中旬</td><td>下旬</td><td>上旬</td><td>中旬</td><td>下旬</td><td>上旬</td><td>中旬</td><td>下旬</td><td>上旬</td><td>中旬</td><td>下旬</td><td>上旬</td><td>中旬</td><td>下旬</td><td>上旬</td><td>中旬</td><td>下旬</td><td>上旬</td><td>中旬</td><td>下旬</td></tr>
<tr><td>防洪</td><td colspan="15">无要求</td><td colspan="12">控制水位 12.5 m
设防水位 15 m</td><td colspan="9">无要求</td></tr>
<tr><td>灌溉</td><td colspan="11">无要求</td><td colspan="4">>12 m</td><td colspan="11">无要求</td><td colspan="2">>12 m</td><td colspan="8">无要求</td></tr>
<tr><td>养殖</td><td colspan="2"><11 m</td><td colspan="34">13.5～14 m</td></tr>
<tr><td>水源</td><td colspan="36">>12 m</td></tr>
<tr><td>旅游</td><td colspan="36">无要求</td></tr>
<tr><td>植被</td><td colspan="9"><11 m</td><td colspan="2">12 m</td><td colspan="6">12.5 m</td><td colspan="9">14 m</td><td colspan="3">12.5 m</td><td colspan="3">11.5 m</td><td colspan="4"><11 m</td></tr>
<tr><td>水鸟</td><td colspan="9"><11 m</td><td colspan="19">无要求</td><td colspan="4">11.5 m</td><td colspan="4"><11 m</td></tr>
<tr><td>综合</td><td colspan="9"><11 m</td><td colspan="2">12 m</td><td colspan="6">12.5 m</td><td colspan="9">14 m</td><td colspan="2">12.5 m</td><td colspan="4">11.5 m</td><td colspan="4"><11 m</td></tr>
</table>

（四）必要的工程辅助

（1）水源地改造工程

本方案提出的武昌湖水位调控方案要求冬季低水位，这与水源供给的水位需求存在冲突之处，在满足冬季生态保护低水位的同时，无法保证水源供给的水位要求。因此，建议对水源地进行必要的改造。如在取水口附近进行必要的清淤，以满足冬季蓄水需求；或开拓其他备用水源地，满足冬季供水。具体方案有待进一步论证。

（2）泄洪通道清淤工程

武昌湖的主要出水河流河口均位于下湖区，然而，当前的下湖区淤积严重，导致泄洪通道受阻，非常不利于武昌湖的行洪安全。且下湖区淤积不利于秋季水位的快速下降。因此，有必要在下湖区开展必要的清淤工程，以保证泄洪通道通畅。

（五）持续的生态监测

到目前为止，全国范围内综合湖泊多个功能提出统一水位调控方案的案例还非常少见，并无先例可循。本方案提出的建议水位是基于历史资料及现状调查分析做出的预期结果，因此，必须持续开展方案实施后的监测工作。

监测工作的主要内容应围绕方案实施的主要目标进行，即在满足防洪安全、农田灌溉、水源供给等功能的要求下，起到水草萌发期菰群落抑制效果、秋季滩涂湿生植被恢复效果及冬季越冬水鸟栖息效果，并根据监测结果及时调整水位实施方案。为此，设定方案实施的前三年为试运行期，待三年试运行期满后，结合监测结果完善并细化武昌湖水位调控方案，最终形成成熟稳定的武昌湖水位调控模式，真正实现生态保护的同时，兼顾其他功能，将生态文明建设工作落到实处。

武昌湖在防洪调蓄、农业灌溉、水源供给、水产养殖、旅游观光、生物多样性维持、生态保护等方面为区域经济发展及居民生产生活提供着诸多服务。目前，武昌湖面临着水生植被过量生长导致的湿地退化、湖区淤积、行洪通道受阻等问题的困扰。本研究试图提出一套科学合理的水位调控方案，在兼顾武昌湖多方面生态及社会功能的情况下，控制武昌湖水生植被过量生长，优化水生植被组成，为更多越冬水鸟提供栖息场所，更好地发挥武昌湖的生态及社会功能。本研究结果表明，武昌湖的水位表现出春季过低和秋季下降缓慢的特点，前者导致菰的过量生长，后者不利于秋冬季湿生植被的恢复，进而不利于越冬水鸟栖息。综合各社会及生态功能在不同时间的水位需求情况，本研究提出武昌湖不同季节的建议水位为：3 月下旬～4 月上旬水位抬高至 12 m左右；4 月中旬～6 月中旬保证水位在 12.5 m 左右；6 月下旬～9 月中旬的丰水期尽量维持水位在 14 m 左右；9 月下旬～10 月上旬水位先逐渐降至 12.5 m 左右，随后再逐渐降至 11.5 m 左右；11 月下旬～3 月中旬水位保持在最低水位 11 m 左右。

安徽庐阳董铺国家湿地公园表层沉积物营养状况评价

湿地在支撑区域生物多样性、调节气候、去除污染物等方面扮演着重要角色，但流域内的水土流失、植被破坏以及污水排放、垃圾堆放等往往会对湿地环境质量及其湿地生态系统的健康造成一定的影响（Parsons 等，2004；曾畅云等，2004；蔡庆华等，2003）。作为湿地生态系统重要组成部分的沉积物，是污染物质重要的“汇”与“源”，污染物（如氮、磷、重金属等）吸附于细颗粒物上进而在沉积物中沉积，形成沉积物蓄库；在外界因素的影响下，蓄积于沉积物中的污染物又可释放到上覆水中，从而影响水质和富营养化过程。因此，沉积物作为湿地中的有机及无机物质的“存储器”，研究其营养元素含量及污染状态，对于促进流域水体生态环境保护与恢复具有重要的指导意义。

本研究以安徽庐阳董铺水库（人工库塘湿地）、焦岗湖（自然湖泊湿地）和迪沟湿地公园（采煤沉陷湿地）为对象，在分析表层沉积物中总氮、总磷和有机质含量的基础上，评价这些营养物质的污染状态，以期为三处湿地公园更好地保护和管理提供依据。

一、样本采集

董铺水库库区设置 1 个采样点，入库河流设置 9 个采样断面，每个样点或断面由三个平行样混合而成。

二、评价方法

氮磷综合污染指数法和有机污染指数法用于评价沉积物的营养物质污染状况，各指数具体计算方法如下：

（1）氮磷综合污染指数评价

由单项污染指数计算公式计算综合污染指数（FF）。

$$S_i = C_i / C_s$$

$$FF = \sqrt{\frac{F^2 + F_{\max}^2}{2}}$$

式中，S_i 为单项评价指数，$S_i > 1$ 表示评价因子 i 的含量超过评价标准值；C_i 为评价因子 i 的实测值；C_s 为评价因子 i 的评价标准值；TN 的 C_s 取 1000 mg·kg^{-1}；TP 的 C_s 取420 mg·kg^{-1}（李芬芳等，2018）；F 为 n 项污染指数平均值即（S_{TN}和 S_{TP}的平均值）；$F_{\max}$为最大单项污染指数（S_{TN}和 S_{TP}中最大者）。根据王佩等的评价标准，沉积物综合污染程度分级标准见表 1 - 25 所示（王佩等，2012）。

表 1-25 沉积物综合污染程度分级标准

程度	S_{TN}	S_{TP}	FF	等级
Ⅰ	$S_{TN}<1.0$	$S_{TP}<0.5$	$FF<1.0$	清洁的
Ⅱ	$1.0\leqslant S_{TN}<1.5$	$0.5\leqslant S_{TP}<1.0$	$1.0\leqslant FF<1.5$	轻度污染
Ⅲ	$1.5\leqslant S_{TN}<2.0$	$1.0\leqslant S_{TP}<1.5$	$1.5\leqslant FF<2.0$	中度污染
Ⅳ	$S_{TN}\geqslant 2.0$	$S_{TP}\geqslant 1.5$	$FF\geqslant 2.0$	重度污染

（2）有机污染指数评价

综合污染指数法将选用的评价参数总氮（TN）、总磷（TP）综合成一个概括的指数值来表征沉积物的污染状况，相对于单一指数法而言具有优越性，但忽略了有机质（OM）指标（Chen 等，2016）。因此，本书采用有机污染指数法对董铺水库及入库河流沉积物的污染状况进行评价。

$$OI = OC \times ON$$

$$ON = TN \times 0.95$$

$$OC = \frac{OM}{1.724}$$

式中，OI 为有机指数，%；OC 为有机碳，%；ON 为有机氮，%；OM 为有机质，%。沉积物有机污染指数评价标准见表 1-26 所示（王永华等，2004）。

表 1-26 沉积物有机污染指数评价标准

项目	$OI<0.05$	$0.05\leqslant OI<0.20$	$0.20\leqslant OI<0.5$	$OI\geqslant 0.5$
等级	清洁的	轻度污染	中度污染	重度污染
程度	Ⅰ	Ⅱ	Ⅲ	Ⅳ

三、评价结果

（一）氮磷综合污染指数评价

董铺水库库区沉积物中总氮和总磷含量分别为 306.85～1817.58 $mg \cdot kg^{-1}$ 和 134.62～665.27 $mg \cdot kg^{-1}$，入库河流沉积物总氮和总磷含量分别为 178.58～724.99 $mg \cdot kg^{-1}$ 和 126.92～659.70 $mg \cdot kg^{-1}$，库区及入库河流沉积物氮磷综合污染指数评价见图 1-5。库区及其入库河流沉积物总氮的单项污染指数（S_{TN}）为 0.18～1.82，库区及入库河流总氮污染指数平均值为 0.69，属于清洁级别，其中入库河流总氮污染指数全部属于清洁级别，库区部分采样点属于轻度至中度污染（占库区采样点的 25%）。库区及入库河流沉积物总磷污染指数（S_{TP}）为 0.30～1.58，平均值为 0.86，总体属于轻度污染级别；河流的总磷污染状况较库区严重，9 个河流采样断面中属于中度至重度污染的断面为 4 个（占 44.4%）；库区 S_{TP} 属于清洁至轻度污染的采样点占库区采样点的 75%，仅有 25% 的采样点属于中度污染。库区内不同采样之间以及不同河流之间总氮和总磷的污染状况也存在差异，总氮污染指数表现为库区东部比西部污染严重，H_1 和 H_9 的总氮和总磷污染指数高于 H_2、H_4 和 H_8。

库区及入库河流的沉积物氮磷综合污染指数（FF）为 0.33～1.67（平均值为 0.89），整体上属于清洁级别，河流各采样断面均属于清洁至轻度污染，库区绝大多数采样点亦处于清洁至轻度污染水平，仅有一个采样点（K_6）属于中度污染。K_1、K_4、K_5 和 K_6 的氮磷综合污染指数高于其他采样点，H_1、H_5、H_7 和 H_9 的氮磷综合污染指数高于其他采样点面。

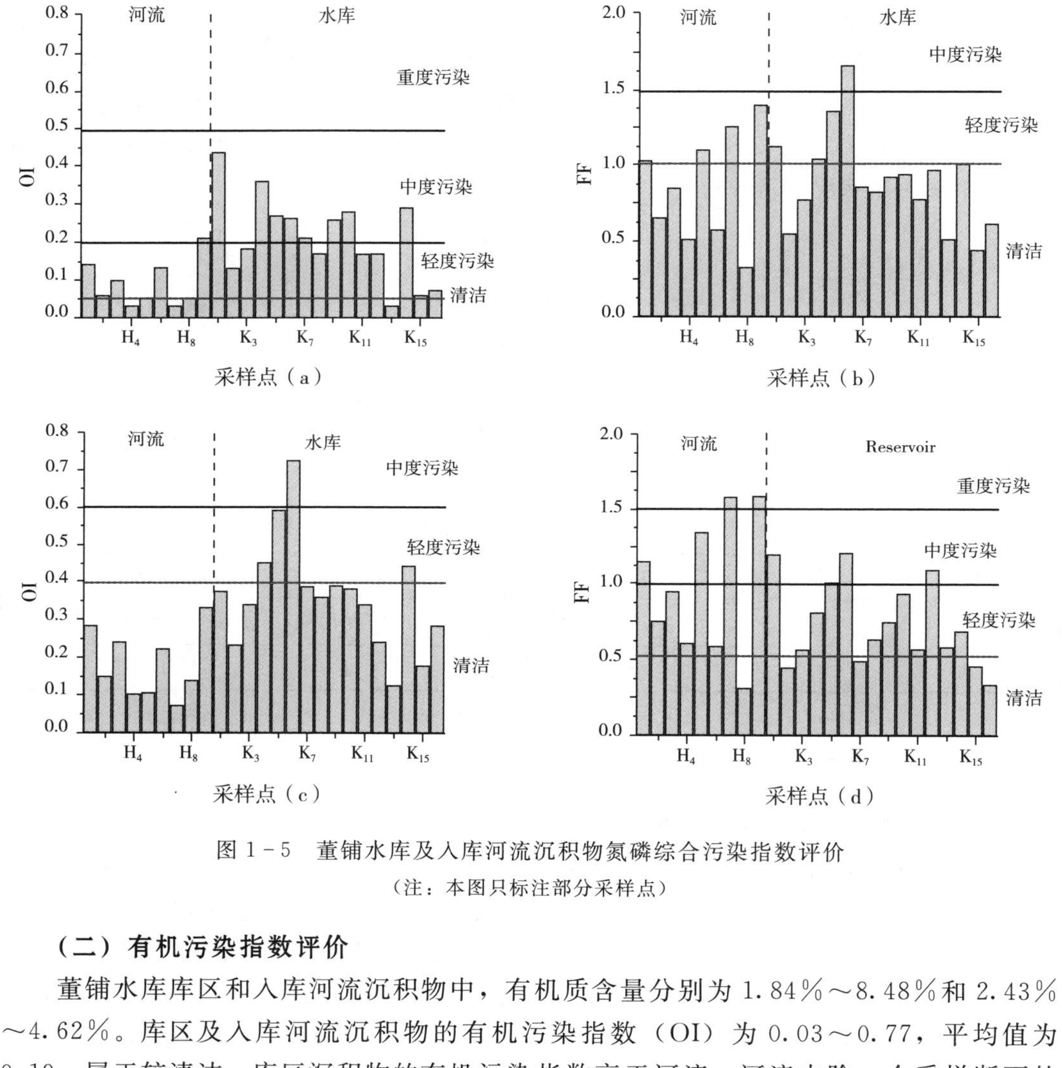

图 1－5　董铺水库及入库河流沉积物氮磷综合污染指数评价

（注：本图只标注部分采样点）

（二）有机污染指数评价

董铺水库库区和入库河流沉积物中，有机质含量分别为 1.84%～8.48%和 2.43%～4.62%。库区及入库河流沉积物的有机污染指数（OI）为 0.03～0.77，平均值为 0.19，属于较清洁。库区沉积物的有机污染指数高于河流，河流中除一个采样断面的污染状况属于尚清洁，其余采样断面均为清洁至较清洁（占河流全部采样断面的 88%以上）；而库区中属于清洁至较清洁的采样点仅占库区采样点的 50%，且有一个采样点属于有机污染（K_6）；库区东部沉积物有机污染状况比西部严重，这也与氮磷综合污染评价的结果相一致。

四、讨论

与入库河流相比，库区沉积物的总氮含量较高，呈现库区积累的现象。研究表明，较高的总氮含量可能与水库水深及水动力交换较弱有关，且当入库河流流入水库时，断面突然拓宽，流速降低促使泥沙淤积（王亚平等，2017），导致随河流携带而来的氮素在水库表层沉积物中的积累，如本研究中位于河流入库河口处 K_4、K_5 和水动力交换较弱的 K_6 点。对库区及入库河流沉积物总氮、总磷、有机质的相关性分析表明，库区沉积物中总氮、总磷、有机质之间均存在显著或极显著的正相关性，表明氮、磷和有机质在沉积物中的积累过程有较高的同步性。不同于库区沉积物，河流沉积物总氮、总磷、有机质之间均无显著的相关性，这可能与河流沉积物中的总氮、总磷、有机质含量易受外源输入干扰有关（Dai 等，2014；Liu 等，2010；苏玉萍等，2015）。本研究中，所有入库河流均属于小型河流，除暴雨期外一般水流流速很低，H_1、H_3、H_7 和 H_9 受市民生产、生活影响较大。

从总体来看，除 K_6（FF=1.67，OI=0.77）外，董铺水库库区及入库河流沉积物氮磷综合污染指数和有机污染指数均处于清洁至轻度污染。与国内其他水库相比［如金盆水库（王亚平等，2017）、万宁水库（谢飞等，2014）等］，董铺水库库区总氮含量处于中等水平，存在一定的内源氮负荷；另外，H_1、H_3、H_7 和 H_9 沉积物中较高的磷负荷也会在暴雨季节进入水库，可能会增加水库沉积物内源磷负荷。

水体沉积物中的重金属来源十分广泛，与生活、工业废水、废弃物、交通活动、燃料燃烧、采矿冶炼等人为污染源排放密切相关（Islam 等，2018；李芬芳等，2018）。董铺水库库区及入库河流沉积物中 4 种重金属整体综合生态风险目前仍处于低等水平，基于铜、锌等重金属对潜在生态风险指数较高的贡献率，仍要加强对流域内重金属污染的把控。董铺水库作为合肥市的饮用水源，目前已经受到严格的保护，为了保证饮用水安全，水库流域范围内重金属污染控制必须做到常抓不懈。

五、结论

董铺水库库区及入库河流沉积物总氮含量为 178.58～1817.58 mg·kg^{-1}，总磷含量为 126.92～665.27 mg·kg^{-1}，有机质含量为 1.84%～8.48%，受陆源输入、水动力条件等因素的影响，库区河流的沉积物含量水平存在一定的差别。

氮磷综合污染指数评价显示，库区及河流综合污染指数均值为 0.89，整体属于清洁范围，其中总氮单项污染指数以及综合污染指数均为库区高于河流，而总磷污染指数则表现出相反的趋势；有机污染指数评价均值为 0.19，属于较清洁范围，空间分布结果与氮磷综合污染结果一致，显示库区污染状况高于河流。

董铺水库库区及入库河流沉积物中 4 种重金属的地质累计指数评价均小于 1，属于清洁-轻度污染范围，4 种重金属的平均污染程度由高到低依次是锌、铅、锰、铜。董铺水库库区、河流潜在生态风险指数 RI 的平均值分别为 12.6、11.8，董铺水库库区及其入库河流内重金属生态风险处于较低水平，其中重金属铜、锌为主要的潜在生态风险因子。

合肥滨湖湿地树种选择及湿地景观质量提升技术

合肥滨湖国家森林公园地处巢湖北岸，是全国唯一一处由退耕还林基地经生态修复而建成的国家级森林公园。合肥滨湖森林公园总面积1072 hm^2，其中森林面积799 hm^2，占总面积的74.5%，湿地面积263 hm^2，占总面积的24.5%，道路等用地10 hm^2，占总面积的1%.公园内河道纵横、沟塘交织，形成了集森林、河流、沟渠、池塘、滩涂湿地于一体的森林生态系统。公园是以杨树景观为核心景观，人工杨树纯林面积518.30 hm^2，主要有69号、72号、55号、中林、中驻等5个品种，树高12～15 m，林龄12～15年，平均胸径18 cm，蓄积量4.42×10^4 m^3，碳储量为1.05×104 t，生态效益显著。目前，杨树已进入近成熟林期，杨絮泛滥，抗病虫能力弱，森林生态系统脆弱，森林景观单调，观赏价值不高；又因地下水位较高，树木倒伏现象严重，须及时进行生态系统调控与优化。本项目自2012年开始实施，已形成了一套较成熟的技术体系。

一、研究方法与技术路线

以合肥滨湖国家森林公园的自然气候条件和植被资源现状为基础，采取长期固定样地观察、人工更新、小苗试验、水淹胁迫试验等研究方法，进行长期观察和栽培实践，重点研究滨湖森林公园及周边耐水湿树种选择、湿地景观质量提升技术，营造“林水交融一体”的多层次、多功能的湿地景观，承载森林生态文化和湿地生态文化传播教育功能。

（一）研究方法

（1）耐水湿树种初选

在长期对滨湖森林公园及周边地区耐水湿植物生长指标、健康指数、观赏效果调查的基础上，选择不同目的的代表性树种进行水淹胁迫试验，比较研究水分胁迫对其可溶性糖、叶绿素Chl（a+b）含量等抗性指标的影响。依据树种成活率、生长量、抗性指标，初步筛选出适宜湿地生长的树种。

（2）意杨林下树种更新

基于滨湖森林公园为代表的人工杨树林倒伏现状，分析意杨林倒伏原因及林下逐步更新措施。对于园区郁闭度低于0.4的区域深翻排水沟后，进行行状林下小苗栽植和林下籽播试验，根据成活率、生长量、旺盛度等对比，筛选出适宜林下更新的树种，并对其加以应用和推广。

（3）观赏树种的应用

逐年按30%左右的间伐强度，去弱留强，开辟林窗，再对林窗进行深翻施肥、抬高种植垄、贯穿水系等土壤改良后，配置体现公园文化特色和本地特有的地带性观赏树种，丰富物种多样性，明显改善森林景观单调、林层结构单一。

（4）乔灌草复合配置

在园区水生生境、岸带湿生、陆生生境中，配置多层次、多种群相对稳定的复合群落，既关注到生态群落层次，又兼顾群落的季相差异变化，达到生物群落的有序组合，尽可能地利用森林生态系统自我修复能力，促进植物群落自然演替进程，保持森林生态系统结构和生态过程的完整性。

（5）水毁林地生态修复

由于合肥地区夏季降水量大，尤其是经过2016年50年不遇的一次大水，部分植被遭到水毁破坏。根据不同立地条件，分别设置6个样地，对破坏的植被进行人工更新，促进生态系统自然演化，维护生态系统的稳定性。

（6）森林生态文化建设

滨湖国家森林公园是一个特殊类型的国家森林公园，它的特殊性是建立在大面积人工杨树林基地的基础上，虽然形成了良好的森林环境和生态基础，但由于公园的树种单一、植物群落结构过于简单，导致形成的景观很单调。通过丰富生物多样性、营造小生境、修复水系、投放水生动物、清除外来入侵物种等生态系统调控与优化措施，构建出稳定的森林生态系统和湿地生态系统，丰富了森林生态文化和湿地生态文化内涵，在一定程度上承载了生态文化教育功能。

（二）技术路线（见图1-6）

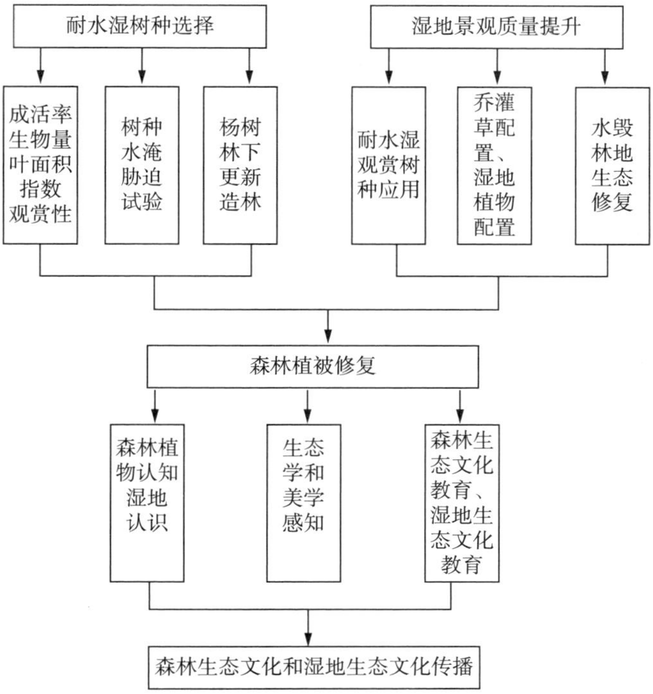

图1-6 技术路线图

二、研究结果

通过对滨湖森林公园及周边地区湿地植物的生长指标、健康指数、观赏效果的长期调查以及对不同生态需求的代表性树种进行水淹胁迫试验，主要得到如下结论。

（一）耐水湿树种选择

初步筛出适宜滨湖森林公园及周边环境生长树种，主要有池杉、水杉、中山杉（*Taxodium 'Zhongshansha'*）、东方杉（*xTaxodiomera peizhongii*）、落羽杉、枫香（*Liquidambar formosana*）、紫薇（*Lagerstroemia indica*）、女贞（*Ligustrum lucidum*）、重阳木（*Bischofia polycarpa*）、乌桕、薄壳山核桃（*Carya illinoinensis*）、北美海棠（*North American Begonia*）、红果冬青（*Llex corallina*）、娜塔栎（*Quercus nuttallii*）、沼生栎（*Quercus palustris*）、四照花（*Dendrobenthamia japonica*）、糖槭（*Acer saccharum*）、淡竹（*Phyllostachys glauca*）、海桐（*Pittosporum tobira*）、石楠（*Photinia serratifolia*）、黄杨（*Buxus sinica*），木瓜海棠（*Chaenomeles cathayensis*）、美国红枫（*Acer rubrum*）、红花刺槐（*Robinia pseudoacacia*）、黄山栾树（*Koelreuteria bipinnata*）、夹竹桃（*Nerium oleander*）、木芙蓉（*Hibiscus mutabilis*）、枫杨（*Pterocarya stenoptera*）、杨梅（*Myrica rubra*）、榔榆（*Ulmus parvifolia*）、樱花（*Cerasus* sp.）、桂花（*Osmanthus* sp.）、香樟（*Cinnamomum camphora*）、蜡梅（*Chimonanthus praecox*）、紫藤（*Wisteria sinensis*）、结香（*Edgeworthia chrysantha*）、杞柳等。上述树种叶、花、果色彩丰富，形态各异，极具表现力，对湿地景观提升起到非常重要的作用。

（二）高水位地区造林模式

（1）高台整地模式

滨湖森林公园在满足景观需求的情况下，常年水位基本保持在 7.0 m 左右，总结提炼出高台整地＋穴状整地＋土壤改良（施基肥）模式，可显著降低土壤表层平均含水量，提高林木的成活率，促进林木生长。

（2）乔灌草配置模式

乔灌草配置模式有：①上层以乔木水杉作为主景，中层乔木用结香和茶梅（*Camellia sasanqua*），因为结香和茶梅都是冬季开花，能给冬季增添不一样的色彩，下层地被为麦冬（*Ophiopogon japonicus*）。②上层乔木用杨树（*Populus*），中层灌木选用桂花、棕榈、北美海棠、小叶女贞、八角金盘（*Fatsia japonica*）、蜡梅、紫薇、南天竹（*Nandina domestica*）等，下层草用大吴风草（*Farfugrium japonicum*）、兰花三七（*Liriope cymbidiomorpha*）、鼠尾草（*Salvia japonica*）、细叶麦冬、金边麦冬（*Liriope spicata*）。廊道攀缘植物，选用猕猴桃（*Actinidia chinensis*）、藤本月季（*Climbing Roses*）、葡萄（*Vitis viliifera*）和紫藤。

（3）湿生植物配置模式

主要配置方式有：①菖蒲＋矮慈姑群丛；②水生美人蕉＋慈姑群丛；③水生鸢尾＋再力花（*Thalia dealbata*）＋狭叶香蒲群丛；④芦荻＋风车草（*Cyperus alternifolius*）＋狗牙根群丛；⑤水烛香蒲＋水葱群丛；⑥风车草＋红蓼（*Polygonum* orientale）＋狗牙根群丛；⑦狭叶香蒲＋风车草＋狗牙根群丛；⑧翅茎灯芯草（*Juncus alatus*）＋矮慈姑群丛；⑨风车草＋红蓼群丛；⑩荆三棱（*Scirpus yagara*）＋棒头草（*Polypogon fugax*）＋求米草（*Oplismenis undulatifolius*）群丛。

（三）森林生态文化宣传

森林植被修复与湿地景观提升，推动了森林生态文化和湿地生态文化的传播，具体表现在以下几个方面：丰富植物种类，强化游客对森林植物的认知；构建层次丰富的植物群落景观，增强游客对生态学和美学知识的感知；促进生物多样性，构建更加稳定的森林生态系统和湿地生态系统，丰富了生态文化内涵，更有利于传播生态文化。

贰 保护规划编

湿地保护规划是为了实现一定时期内湿地保护与发展的目标，确定湿地性质、规模和发展方向。2003 年，国务院批复了《全国湿地保护工程规划（2002—2030 年）》，2016 年经省政府同意，原安徽省林业厅印发了《安徽省湿地保护规划（2016—2030 年）》。

对湿地保护与恢复建设工程项目进行总体规划或编制管理计划，一方面是实现党中央国务院确定的湿地保护目标任务的需要，也是构建区域生态安全格局的需要；另一方面能够为区域内的湿地生态保护与恢复规划设计提供参考，还能通过总体规划或管理计划有效检验该区域的湿地保护工作成效，为后期湿地的保护与管理工作提供指导。

安徽省湿地保护规划（2016—2030年）

安徽位于长江中下游，地处我国南北过渡地带，境内生态环境多样，湿地资源丰富。全省面积 8 hm^2 以上（含 8 hm^2）的湿地斑块（不含稻田/冬水田），以及宽度 10 m 以上、长度 5 km 以上的河流湿地斑块，总面积约 104.18 万公顷，占全省国土总面积的 7.47%，为全国湿地资源最为丰富的省份之一，其中淮北煤矿塌陷湖泊为我国特殊的人工湿地类型。安徽湿地资源具有面积大、类型多、分布不均、水系发达、水质差别大和生物物种丰富等基本特点。类型多样的沿淮和沿江湖泊湿地孕育了丰富的水生生物资源，为水鸟提供了优质的栖息条件，许多东亚—澳大利亚迁徙水鸟选择这旦停歇或度过寒冬。然而，安徽省湿地保护工作面临着人口剧增和经济快速发展的双重压力，同时，湖泊围垦、泥沙淤积、环境污染、过度渔猎、江湖隔绝、生物入侵、基建和城市化等又对湿地保护构成严重威胁，因此，安徽省的湿地保护工作任务十分繁重而艰巨。

为积极贯彻“生态文明建设”思想，加强安徽省生态环境建设，有效保护和科学利用全省湿地资源，以促进社会、经济和环境的可持续发展，根据国家林业局《中国湿地保护行动计划（2000年）》和国务院批准的《全国湿地保护工程规划（2004—2030年）》的有关精神，安徽省林业厅牵头编制了《安徽省湿地保护规划（2016—2030年）》（以下简称《规划》）。

《规划》已经安徽省人民政府批准实施，于 2016 年 10 月 9 日由安徽省林业厅印发。该《规划》对安徽省湿地保护进行区划布局，建设以国际重要湿地、国家重要湿地、省级重要湿地、湿地自然保护区、湿地公园、湿地保护小区为基本格局的湿地保护网格体系，实施湿地保护修复工程，全面维护湿地生态系统的生态特征和基本功能，使全省湿地生态环境得到全面保护，使丧失的湿地面积得到较大恢复。

一、关于湿地保护规划的期限和目标

规划期为 2016—2030 年，规划分为三个阶段：

2016—2020 年，全省长江、淮河和新安江三大流域重要的天然湿地得到全面保护，湿地面积萎缩和功能退化得到遏制。

2021—2025 年，全面提高安徽湿地保护、管理和合理利月能力，使全省 60%以上的天然湿地得到良好保护。

2026—2030 年，全省建成较为完整的湿地区保护、管理和建设体系，使全省的湿地资源保护和合理利用全面进入良性循环，全省 90%以上的天然湿地得到有效保护。

二、关于湿地功能区划布局

安徽境内河流纵横交错，湖泊库塘星罗棋布，分别隶属长江、淮河、新安江三大流域（水系）。根据安徽境内长江、淮河、新安江三大水系的天然分布和地形地貌等自然特征，将全省湿地划分为长江、淮河和新安江三大湿地区域。其中，淮河湿地区面积 402830.02 hm^2，占安徽省湿地面积的 38.67%；长江湿地区面积 629490.89 hm^2，占安徽省湿地总面积的 60.42%；新安江湿地区面积 9480.74 hm^2，占安徽省湿地面积的 0.91%。

三、关于湿地保护体系规划

湿地保护是一个复杂的系统工程，主要由湿地保护体系和湿地管理体系构成。其中湿地保护体系又由湿地保护等级、自然保护区、湿地公园、湿地恢复工程、湿地污染整治等子系统组成。湿地保护体系是湿地保护与发展规划的重要内容，由重要湿地、自然保护区、湿地公园、湿地多用途管理区等组成。

重要湿地实行名录管理，列入名录的湿地应当明确名称、类型、保护级别和管理责任单位，划定范围和界限，并在保护标志上标明。鉴于湿地的功能多样性，在所在地政府的领导下，应协调林业、自然资源、农业、水利、环保、交通运输等主管部门综合开展湿地保护管理，实施社区共管。重要湿地范围内禁止开发建设活动，在适宜区域开展湿地公园建设和生态旅游活动，需经行政主管部门审批、批准。

湿地自然保护区（含小区，下同），是指对有代表性的自然湿地生态系统、珍稀濒危野生动植物物种的原生地或集中分布区、有特殊意义的湿地自然遗迹等为主要保护对象的湿地，依法划出一定面积予以特殊保护和管理的区域。建立自然保护区是抢救性保护湿地的有效措施。

湿地公园是指以具有显著或特殊生态、文化、美学和生物多样性价值的湿地景观为主体，以保护湿地生态系统完整性、维护湿地生态过程和生态服务功能为宗旨，在此前提下充分发挥湿地的多种功能效益，并合理利用，可供公众游览、休闲或进行科学、文化和教育活动的特定区域。

湿地公园是湿地保护体系的重要组成部分，建设湿地公园应遵循“保护优先、科学修复、适度开发、合理利用”的基本原则，既有利于发挥湿地的多种功能服务于社会经济发展的需求；又有利于吸引社会资金和公众力量参与，扩大湿地保护面积，实施湿地资源及其生态系统的有效保护；有利于结合湿地旅游，进行湿地保护的宣传和教育。湿地公园建设是在当前形势下扩大湿地保护面积的有效途径，对于改善区域生态状况、促进社会经济可持续发展、实现人与自然和谐共处具有十分重要的意义。

建设水产种质资源保护区可促进水域环境改善及水生动植物种群恢复，从而有效遏制安徽水生动植物种质资源衰退势头。安徽境内江河密布，湖泊众多，水生动植物种质资源存量和种类均居全国前列，加强安徽水产种质资源保护对于推动全国水生生物资源保护工作意义重大。近年来，随着社会和工农业生产的发展，水生动植物赖以生存的水域环境遭受破坏，水生动植物种质资源整体衰退趋势加剧。

加强饮用水水源保护区建设，禁止在饮用水水源一级保护区内新建、改建、扩建与供水设施和保护水源无关的项目；禁止在饮用水水源一级保护区内从事网箱养殖、旅游、游泳、垂钓或者其他可能污染饮用水水体的活动；禁止在饮用水水源二级保护区内新建、改建、扩建排放污染物的项目。在饮用水水源二级保护区内从事网箱养殖、旅游等活动的，应按规定采取措施，防止污染饮用水水体；禁止在饮用水水源准保护区内新建、扩建对水体污染严重的建设项目，改建建设项目不得增加排污量。

加强湿地重要物种及其生境的保护。将国家重点保护的野生湿地物种、《濒危野生动植物种国际贸易公约》附录中的物种、安徽特有的野生湿地物种、具有重要科学价值的湿地物种，以及具有重要经济、社会意义的物种列为湿地重要保护物种；同时加强湿地重要保护物种生境保护与管理工作。

四、关于湿地管理体系规划

湿地管理体系规划分为湿地保护管理、湿地恢复管理、可持续利用示范规划、湿地保护管理能力建设体系规划和湿地红线管理规划。湿地管理体系是一项复杂的系统工程，涉及社会的各个方面，只有从加强土地资源、生物资源、水资源等资源的保护和管理，以及加强湿地自然保护区、控制湿地污染等方面入手，在省政府的统一规划指导下，林业、自然资源、农业、水利、环保、建设等各行政部门配合协作，才能遏制天然湿地资源功能退化的趋势，使湿地生态系统功能效益得到正常发挥，从而实现湿地资源的有效保护和可持续利用。

积极宣传该《条例》，依法保护管理与合理利用全省范围内的湿地资源。在法律法规的基础上，根据湿地类型分类制定全省湿地管理细则。鼓励市县立法机构根据国家和省制定的法律法规，建立并完善地方性湿地保护法规和规章。同时，各级政府应定期组织对湿地现状进行监督检查，及时制止破坏湿地资源的现象。

优化国土资源利用结构，增大湿地生态保护用地，加大重要湿地资源的保护力度，增加湿地自然保护区、自然保护小区、湿地公园等生态保护用地面积。严格限制围垦和开发天然湿地，严格控制天然湿地中土地利用方式的随意改变，严格限制围填湿地的工程建设，制定湿地土地用途变更的管理规定，湿地开发建设项目要依法执行环境影响评价制度。

严格实施湿地开发环境影响评价制度。建立对天然湿地开发以及用途变更的生态影响评估、审批管理程序，在涉及开发利用的重大问题方面，实施湿地开发环境影响评价，严格依法论证、审批并监督实施。

要建立健全湿地权属登记和权属管理制度，对权属、用途与性质变动的湿地要及时进行登记变更。实施湿地占补平衡制度。对全省湿地征用占用实行总量控制，限额管理，并且做到湿地占补平衡。

建立湿地生态补偿制度，以经济措施为主，综合运用财政、税收、市场手段，协调和激励湿地生态系统保护相关利益方的关系，有利于保护和充分发挥湿地生态系统的生态功能、保障生态安全，推进绿色经济增长与社会可持续发展，提升湿地保护工作的管理能力。

对生态地位重要、生态价值大或容易受到严重破坏的自然湿地，尽快划建湿地自然保护区，并加强已建自然保护区建设，加强基础设施和能力建设，提高保护区的保护和管理能力，加大财政投入，确保其正常运作。同时，要因地制宜建设各类湿地保护小区、湿地公园、省重要湿地、湿地野生动物栖息地，使更多的自然湿地尽快纳入保护管理的范围。积极申报国际重要湿地，加强国际重要湿地建设。引导并鼓励各地在有条件的基础上开展湿地公园建设。积极建设水产种质资源保护区，促进水域环境改善及水生动植物种群恢复，有效遏制安徽水生动植物种质资源衰退势头。采取严格的保护和管理措施，加强对饮用水水源保护区建设。优化配置水资源，在节流的前提下合理开源，不断提高水资源的配置能力和供水保障程度，保障经济社会发展和生态用水需要。

加强对现有天然湖泊生态系统的管护，开展湿地污染生物防治工程示范，防治与减少湿地有害生物的侵入。对已遭到不同程度破坏的湿地生态系统进行恢复、修复和重建。对功能减弱、生境退化的各类湿地采取以生物措施为主的途径进行生态恢复和修复，对类型改变、功能丧失的湿地采取以工程措施为主的途径进行重建。对重要的水禽栖息地湖泊进行生境恢复和修复，打造良好的水禽栖息地。在有条件的地方进行退田还湖和清淤扩湖，恢复湖泊的调蓄能力，发挥湖泊应有的效益。

加强流域综合管理，构建结构完善、功能协同的流域湿地-森林复合生态系统。保持现有河流湿地的自然型、连续性和生态完整性。加强生态河流廊道系统建设，打造生态结构完整、生态功能完善的流域生态河流廊道。

因地制宜发展湿地农业建设、发展水生蔬菜、水生饲料、水生经济作物和高产的深生水稻等生态绿色种植。通过改进生产经营方式，大力推进绿色、天然和无污染的湿地生态绿色养殖，提高产品附加值，增加社区群众收入。充分发挥安徽湿地旅游资源丰富的特点，积极推进湿地生态旅游，建立不同类型的湿地特色旅游示范区。开展以湿地休闲游憩、湿地科普和宣教、湿地文化体验为主体的湿地公园建设示范。

加强湿地管理机构建设及湿地资源调查、科研监测、科普宣教培训、科学研究、技术支撑等技术队伍能力建设。严格科学划定湿地红线，确保安徽省湿地红线的控制指标为104.18万公顷。

五、关于重点建设项目

本规划期的重点建设项目包括湿地自然保护区建设、湿地公园建设、湿地恢复和修复重点工程、湿地可持续利用示范工程和能力建设优先工程。

规划期内拟晋升国家级湿地自然保护区14处，其中，近期拟晋升5处；中期拟晋升5处；远期拟晋升4处。至本规划期末，国家级湿地自然保护区达到17处。规划期内拟晋升及新建省级自然保护区40处，其中，近期拟晋升10个；中期拟新建15个；远期拟新建15个。除晋升为国家级的自然保护区外，至本规划期末省级湿地自然保护区达到38处。规划期内拟新建市县级自然保护区21处，其中，近期拟新建6处；中期拟新建7处；远期拟新建8处。除晋升的以外，至规划期末市县级湿地自然保护区达到24处。规划期内拟新建自然保护小区24处，其中，近期拟新建7处；中期拟新建8处；远期拟新建9处。

对全省巢湖、黄大湖等78处面积大于100公顷的湖泊进行生态保育、恢复和修复，以建立良好的湖泊生态系统结构，开展湖泊富营养化的治理，恢复湖泊湿地生态系统的功能，为水禽提供良好的栖息地，保护和恢复生物多样性。根据现有水禽栖息地的现状和受威胁程度，开展水禽栖息地恢复和修复工程，通过消除胁迫、构建完善的湿地生态系统，构建满足不同水禽需求的栖息地，为水禽提供良好的栖息地。规划在全省开展水禽栖息地恢复和修复10万公顷。根据河流的自身情况，可以采取自然原型河流廊道、自然型河流廊道、人工自然型河流廊道和刚性河流廊道四种模式进行建设。对比较珍稀的山地沼泽湿地、野生稻沼泽等进行严格保护，开展一定的恢复和修复工作，提高其自我维持能力。对全省富营养化严重的湖泊湿地和大型水库、水塘等通过控制外源污染、提高水体自净能力和去除内源污染，恢复水体水质和景观。在安庆、池州、宣城、马鞍山、铜陵等沿江湖区，选择已开发的低产农田，通过引水和种植水生植被等措施，开展退耕还湖、还泽、还滩示范工程，面积10000公顷。对急需补水的重要湿地进行生态补水，合理进行水资源调配，保证湿地生态系统水量充足，生物多样性得到有效保护。

大力推进绿色、天然和无污染的生态养殖，提高产品附加值，积极开展各种品种、各种模式和不同区域的生态绿色养殖示范。规划在全省范围内建设湿地生态绿色养殖示范区50处，开展莲藕、莼菜、菱、芡实等的种植和鱼类、两栖类、爬行类、鸟类等的养殖。

开展湿地生态旅游示范，主要开展以湿地观光、休闲和科学考察为主的旅游项目。推广应用稻田湿地高效生态农业模式，建立三处农牧渔业可持续利用湿地管理区。

充分利用地理信息系统，采用3S先进技术，结合实地调查，较系统、详细地查清安徽各种湿地类型、各类湿地面积、湿地生物以及湿地范围内的自然社会经济概况。在林业、环保、农业、国土、水利、建设、气象等部门现有监测站的基础上，按长江、淮河和新安江三大湿地区域合理布局，建立46处县（市、区）级和自然保护区重要湿地监测站，6处湿地生态系统定位研究站。建立安徽省范围内的国家级、省级、市级、县级湿地自然保护区各种资源数据、科研监测数据、管护、宣传等统计数据的信息网络系统，实行信息共享，获取国际、国内湿地自然保护的新动向。

在淮河流域、巢湖周边及长江中下游流域重要湿地、湿地自然保护区、湿地公园内建设6个湿地植物园、3个湿地动物园、2个湿地博物馆、16个湿地学校、5处湿地宣教和培训基地。

六、湿地保护规划的投资估算

本《规划》建设投资主要来源中央湿地相关项目投资、各级地方政府及各项目建设单位的专项资金。同时，也争取国际组织的支持和国内社会的赞助。湿地保护管理机构事业费用支出应纳入国家和地方财政预算，按标准划拨。根据各工程建设内容、规模与计算指标进行初步估算，安徽省湿地保护工程规划建设总投资为110.35亿元。

七、湿地保护规划保障措施

本《规划》的实施具有政策法制、组织管理、资金筹措、社会和技术等方面的保障。《中华人民共和国水法》《中华人民共和国水土保持法》《中华人民共和国水生野生动物保护实施条例》《国务院办公厅关于加强湿地保护管理的通知》《安徽省湿地保护条例》等方面法律法规，保障规划的顺利实施。充分发挥全省湿地资源调查与保护管理部门联席会议制度作用，按照“省人民政府统一领导，省、市、县齐抓共管，林业主管部门组织协调，发改委、财政、水利、环保、农业、国土资源、城建、旅游、商业及公安等有关管理部门各负其责，积极支持湿地保护工作，鼓励社会各界参与湿地保护工作”的领导体制和工作机制，共同实现保护目标。湿地保护资金投入以中央和地方政府投资为主，多渠道筹措资金为辅的投入机制，同时还有社会各界的投资、捐赠和国际资金的融入，推动湿地保护和合理利用的可持续发展进程。调动和发挥当地社区群众在内的各利益相关群体的主观能动性，协调和解决自然资源开发利用和生态保护之间的矛盾，促进湿地生态系统及生物多样性的有效保护和社会经济的可持续发展。安徽省湿地中心联合安徽大学、安徽师范大学等教学和科研单位，已形成技术力量雄厚的科技保障体系，能保证规划的顺利实施。

升金湖流域综合管理计划（2018—2022年）

安徽升金湖是国际重要湿地和国家级自然保护区。然而，在自然变化和人为活动的共同影响下，升金湖流域湿地保护形势严峻。尤其是在2016年以前，渔业开发、湿地围垦等是升金湖流域湿地面临的主要问题，造成了一定程度的湿地生态恶化、生态功能下降和生物多样性减退等，影响了湿地在维护区域淡水安全、生态安全、气候安全等方面发挥作用。

本管理规划从创新湿地保护管理体制，开展升金湖流域水污染源综合治理，加强区域水资源调控，加强湿地风险预警、应急与防治，强化生态保育、丰富生物多样性，加强环保能力建设、完善生态环境管理，加强保护管理、科普宣教能力建设七大项目出发，加强升金湖流域有效性管理，从而指导该流域2018—2022年的管理工作，将其打造成长江中下游区域重要生态安全屏障、生物基因库及生物多样性保护基地，保证湖泊水质良好，维护流域生态系统健康，构建升金湖流域生态安全格局，保障生态产品持续供应、人居环境持续安全、经济社会可持续发展，实现“山水林田湖草”生命共同体建设典范，最终建成中国湿地生态文明高地。

一、规划范围及技术路线

（一）规划范围

结合升金湖流域内主要河流关键控制节点和汇水区内汇水特征、流域内污染源调查分析以及规划实施及管理的便捷性，确定《升金湖流域综合管理规划（2018—2022年）》，规划范围为：东至县张溪镇、洋湖镇、葛公镇的全部和尧渡镇、胜利镇、大渡口镇、东流镇的部分，贵池区唐田镇的全部和牌楼镇、牛头山镇的部分，石台县的丁香镇及小河镇的全部，流域总面积约为1445.2 km^2。

（二）技术路线

首先，结合升金湖流域内主要河流关键控制节点和汇水区内汇水特征、流域内污染源调查分析以及规划实施及管理的便捷性，确定《升会湖流域综合管理规划（2018—2022年）》规划范围；然后，将流域湿地资源空间结构格局进行划分，建立升金湖流域湿地保护体系规划，开展湿地修复工程，加强湿地管理能力建设。通过优先行动的实施推动整个升金湖流域湿地保护规划的开展，从而全面保护湿地资源，实现流域综合管理。

根据升金湖流域土地利用现状图、高分辨率遥感影像图解译，运用3S技术方法进行规划本底调查和制作规划底图，采用水文模拟方法对升金湖流域湿地水文状况进行系统分析，采用野外调查和收集资料相结合的方法制定此流域综合管理规划，具体技术路线如图2-1所示。

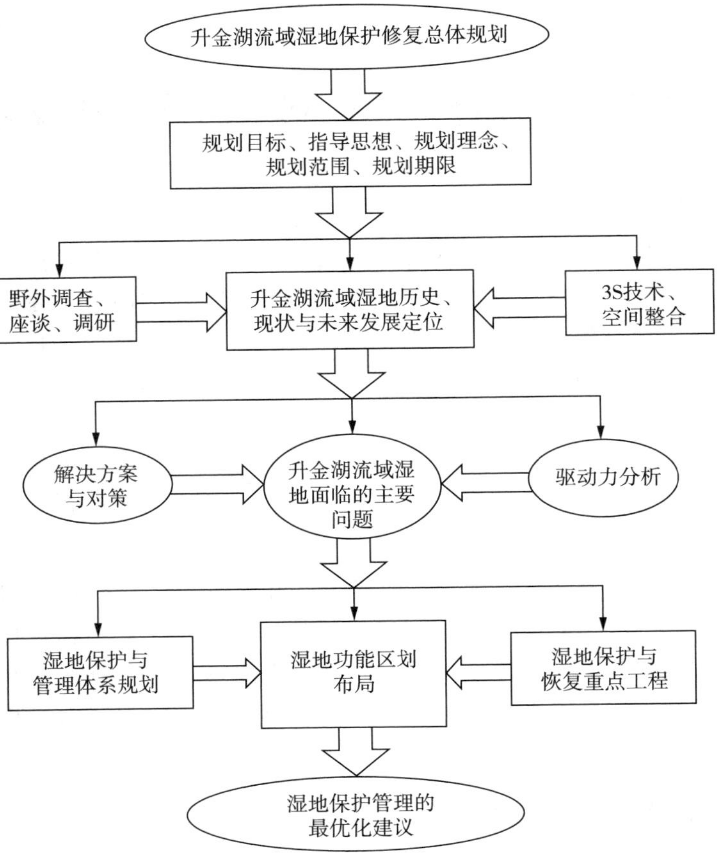

图 2－1　升金湖流域综合管理规划技术路线图

二、管理规划的主要内容

（一）升金湖流域湿地保护体系规划

根据升金湖流域自然地理条件、生态环境及湿地资源特点，依据全面保护湿地资源原则，结合不同区域湿地保护和利用发展方向，将该流域湿地资源空间的结构格局进行划分，以各区域现有及拟建的湿地自然保护区、湿地公园、水源保护地等不同保护形式的湿地资源为基础，建立升金湖流域湿地保护体系，全面保护湿地资源，实现流域综合管理。

通过分析升金湖流域不同区域湿地资源空间分布特征、湿地类型与结构、面临主要压力与问题，结合自然环境与城市管理因素，将流域湿地资源划分为“三片区”，即沿江湿地保护生态功能区、牯牛降及周边地区生物多样性保护生态功能区和东至—贵池低山水土保持与生物多样性保护生态功能区。通过规划明确各区的湿地生态分布类别及湿地生态系统服务功能，提出相应的发展方向及保护对策，实现对有限生态环境资源的合理利用和有效保护，最大限度地发挥区域潜力，为流域的生态环境保护以及污染防治打下坚实基础，为各项相关建设规划任务的提出和落实提供依据。

沿江湿地生态区位于池州市北部，沿长江呈南西—北东走向。行政区划上包括贵池区、青阳和东至县北部地区，流域规划面积约为438.24 km^2，其中流域核心保护区域为安徽升金湖国家级自然保护区。该流域中的安徽升金湖国家级自然保护区，属于国际重要湿地及国家重要自然资源保护地，具有保障生态安全的重要功能。如保护升金湖国家级自然保护区内生态系统完整性及生物多样性，防控水体污染，增强湿地生态功能等。主要规划内容有：（1）升金湖国家级自然保护区内属于禁止开发区，应严格保护，严禁开发，实现人口有序转移，促进区域内人民生活水平持续提高。（2）生态环境建设与保护应以湖泊湿地和生物多样性保护为核心，实行退田还湖工程，地势低洼地区及湖泊湿地，应建设成为长江流域洪水调蓄特殊生态功能区，保证其洪水调蓄生态功能的正常发挥；进行生态水产养殖，利用生态经济学原则，科学、合理地开发水面资源。（3）加强城镇及工业污染的综合治理，严格控制"三废"污染，最大限度地降低对自然保护区的影响。（4）采取恢复植被群落、营造适宜地形地貌等措施，针对不同珍稀濒危动植物划定特定的保护区域，按照其特性及生境合理制定保护措施，为生物多样性延续、繁衍提供良好的生态空间。（5）采矿区要注意生态恢复，坡耕地实施退耕还林，控制好水土流失，以保护生态与景观系统结构与功能的完整性。

牯牛降及周边地区行政区划范围主要包括东至县东部边缘、石台县中南部，流域规划面积约为252.07 km^2。该功能区是生物多样性保护、自然景观保护、水源涵养等生态系统服务功能极其重要的地区，也是发生土壤侵蚀和酸雨等中度敏感比例较大地区和地质灾害敏感区。其主导功能包括野生动植物栖息地保护、水质保护、水土保持、农林产品提供等。通过整体规划建设，统筹片区湿地的保护和恢复工作，在生态建设与保护方面以生物多样性保育、水源涵养为重点。在保护生态环境的前提下，合理开展生态型产业建设，如生态农业、生态林业、生态旅游业等，发展有机食品、绿色食品；与此同时，加强环境保护，防止因应力变化而引发的地质灾害。

东至—贵池低山生态功能区位于南部山地丘陵生态区的西北部，行政区划范围包括东至县南部与中部、贵池区中部地带、石台县西北角等地区，流域规划面积约为744.82 km^2。该区域植被类型多样，农业及矿产资源丰富，主导功能包括湿地修复、水质保护、水土保持、农林产品提供等。通过植被恢复等措施，统筹片区湿地的保护和恢复工作，减缓水土流失现象，修复破损地表景观，恢复退化湿地，增强湿地生态功能；同时，在部分生态环境良好的区域，严格加强对重点植被及生物多样性的保育。对于面积较小、不具备条件划建自然保护区和湿地公园的湿地区域，特别是典型区域湿地类型、重要野生动植物栖息地、渔业资源保护地、重要生态廊道等所在的湿地，可采取建立湿地保护小区的形式加强保护管理。在保护生态环境的基础上，结合生态示范区建设，发展生态农业，产出优质农林产品。

（二）升金湖流域湿地修复规划

湿地退化是由于湿地发育受到阻断的结果，最常见的湿地退化是由于人类活动造成水文状况改变，如粗放的土地管理、过度利用、基建等；湿地水质的恶化多是由城市废水、垃圾、农业面源污染和流域汇水区的森林砍伐造成。湿地的恢复，一方面指受损湿地生态系统通过保护而自然恢复；另一方面是通过生态技术和生态工程对退化和消失的湿地进行修复或重建，使其尽量恢复到干扰前的结构和功能。开展湿地修复工程，首先应评估现有湿地利用方式和湿地退化状况，然后实施湿地恢复和修复工程，并进行相应的配套设施建设，以及对修复和恢复的湿地进行监督和管理。

退渔还湖：规划在沿江片区升金湖国家级自然保护区内开展“退渔还湖”工程，严格取缔湖区内的围网养殖，合理鱼类配比，适量投放鱼苗，实行天然放养，自然增殖。扎实开展退渔还湖、退耕还湿、生态修复、居民外迁等工作，着力解决人为干扰、围网养殖、违法项目建设等三类突出问题，确保自然保护区的可持续发展。

退圩还湖：规划在沿江片区升金湖国家级自然保护区内开展“退圩还湖”工程。目前保护区湖区周边现有小型圩口 38 个，万亩以上的大圩 5 个，千亩以上的大圩 14 个，总集水面积达 99.367 km^2。新建的圩口逐步实行退圩（养）还湖，规划在上湖区的余庆圩和超家墩圩拆除圩堤 1.5 km，退圩还湖 20 hm^2。

退牧还湖：保护区周边多为传统养殖，养殖对象为水牛、家禽以及少量的山羊。但随着社会经济的发展和农业生产方式的转变，从事专业养殖的人员也逐年增多，出现了一些养牛、养鸭大户。家禽家畜的大量养殖，必然对湖区草滩资源过度利用，导致湖滩植物种类组成单一，湿地演替加速。在升金湖下湖区域发现的用于养殖管理而搭建的临时棚屋，对保护区的生态环境和水鸟的安全越冬构成了极大干扰。针对以上情况，规划在沿江片区升金湖国家级自然保护区内开展“退牧还湖”工程，以增加湿地面积，恢复湿地功能，维护湿地生态系统的稳定性。

湿地植被修复：规划在沿江片区、牯牛降片区及东至—贵池片区三个区域内共同开展湿地植被修复工程。大部分区域主要采取在改善湿地水文条件的前提下，实施全自然状态下天然恢复的方法，即实施封育；在部分地方采取补植植被等人工辅助自然恢复的方法，以保证湿地生态系统生态演替过程的自然性。在湖滩种植苔草、紫云英（*Astragalus sinicus*）等湿生植被，在湖内种植苦草、马来眼子菜等沉水植物。在路旁补植女贞、蜀桧（*Sabina Chinensis*）等。规划在中湖的刘家汊和下湖的龙家嘴湿地，补植修复植被面积约 100 hm^2。

水质污染治理与修复规划：在规划期间对已有企业加强监管，严控其进行改扩建，严格执行流域投资负面清单和环境影响评价制度，控制新增污染源，尽最大努力减少或避免生产过程中污染物的产生。对生产技术落后、不符合产业政策的企业予以关闭。规划在牯牛降片区及东至—贵池片区积极开展升金湖流域城镇污水处理厂及污水管网建设，努力提高流域生活污水的收集率和处理率。彻底实现雨、污分流，杜绝污水从雨水排口入河现象发生。实施农村环境连片整治，全面开展农村生活污水、废弃地、农业面源污染的管理和治理，减少农村生活污染。积极开展河道内源污染治理及河流综合整治。规划设计主要对黄湓河、唐田河以及各个主要水库等进行污染源清理及环境综合整治工程，以提升升金湖水质和环境质量。

规划在沿江片区及东至—贵池片区两个区域内开展河道及水岸带修复规划，加强东岸岭章—杨峨头—合垄—黄湓河入湖处滩涂的湿地生态系统建设。在黄湓河张溪大桥下游高王家处设置入河口前置库，拦截泥沙；在河口入湖侧新筑矮堤，整修沟渠，营造沼泽环境，种植芦苇、茭草等挺水植物，形成人工湿地生态系统。

规划在沿江片区升金湖国家级自然保护区及牯牛降片区范围内开展湿地生物多样性恢复工程。为了改善物种的濒危状况，应使受损栖息地得到应有的恢复，并重建破坏的栖息地，以逐步恢复这些物种生存所必需的环境。在扩大湿地面积的基础上，营造浅水草丛、砾石滩、人工鱼礁等鱼类栖息地，并通过增加河滩植被、利用卵石等构建自然河道，形成近自然河湖生态系统，保证鱼类洄游产卵通道的畅通。增加浅水草丛、沼泽湿地面积以及开阔水面，并通过人为堆砌的方式增加湖心岛等微地形，营造多样的鸟类生境，为夏候鸟以及迁徙鸟类提供筑巢场所。

（三）湿地管理能力建设

在合规合法、可持续性和精兵简政的原则下构建升金湖流域湿地保护管理中心、升金湖流域湿地保护协会、池州市升金湖管理委员会，逐渐完善升金湖国家级自然保护区管理体系，加强科普宣教能力建设、科研检测能力建设、生态旅游管理建设和流域风险防控建设。

科普宣教规划设计是寻求一个湿地与人类相互理解、共同发展的过程，明确的湿地宣教体系建设目标可在未来的规划设计中准确把握规划方向。通过开展以湿地知识科普、湿地功能介绍为主的室内宣教，结合湿地创意展示、湿地动植物认知、湿地宣教主题活动等室外宣教，引导公众积极参与，最终达到开展湿地保护、生态文明的宣传教育，提高公众的湿地保护意识。

加强湿地科研与技术支撑体系建设，是促进湿地保护和保持湿地生态系统平衡和可持续发展的基础，也是湿地保护和合理利用的科学依据。在以往资源调查和监测的基础上，配备相应野外调查设备，全面开展保护区资源本底调查，建立保护区野生动植物资源分布数据库。同时，在保护区内多处布设固定样地、样线、关键物种监测点、气象观测点和水文水质监测点，配备相应设备，长期动态监测保护区内自然资源、自然环境的动态变化，并研究分析其变化机制。为加强保护区的科研能力，发挥保护区的科研作用，应制定科研计划，完善人才结构，培养和引进专业人才，并进一步完善科研设施。加强湿地调查监测体系建设，是监测升金湖流域湿地生态系统生物多样性动态变化和湿地植物种群及湿地鸟类过境数量、栖息、繁殖、活动规律的有效手段。生态监测网络体系建设以物联网监测为技术手段，同时实现湿地生态科研监测以及与生态密切相关的人为活动监测。

湿地旅游资源的开发要以可持续发展战略为指导，以湿地保护为宗旨，以维护湿地系统生态平衡、保护湿地功能和湿地生物多样性，实现资源的可持续利用为基本出发点，既满足当今人们日益增长的生态旅游需求，又发挥湿地科普宣教功能。生态旅游活动的开展应根据当地人口、资源、生态和环境的特点，控制开发建设强度，合理开发利用湿地资源，均衡协调发挥湿地生态旅游在生态、社会和经济三个方面的效益。

建立健全灾害风险行政管理和法制管理制度，不断完善预测、预警、应急、保障、保险等措施，建设和完善必要的设备设施。建立应急预警办公室，切实加强组织领导，动员社会力量、协调使用各方面的力量进行抢险救灾，恢复生产，重建家园。

三、升金湖流域综合管理规划的重点工程及优先行动

升金湖流域湿地保护总体规划是一项持续的系统工程，是一个渐进的、发展的过程。在总体规划的部署下，突出重点工程及优先行动，有远见、有目的、有计划、有步骤、扎实有序地实施建设项目，逐步推进湿地保护规划的全面落实，未来达到全方位、高质量、高标准规划目标。因此，湿地保护总体规划要具有高度性和前瞻性，重点工程要具有目的性和带动性，优先行动要具有可行性和紧迫性。

（一）重点工程

重点工程必须以湿地保护为前提，统筹规划，分类施策，突出重点领域和主要任务，分步实施一批重大工程及第一阶段优先实施的项目。以推进湿地保护、修复、监测、宣教与合理利用的工程建设为主，充分发挥重点工程的支撑作用。

（二）优先行动

为了保证升金湖流域内湿地资源保护和建设目标的顺利实现，保证项目的稳步、高效实施和切实推进，并使项目建设真正在生态环境质量保障和保证人民生活环境优美方面见到实效，本规划拟定了第一阶段优先实施的项目，具体包括：创新湿地保护管理体制，开展升金湖流域水污染源综合治理，加强区域水资源调控，加强湿地风险预警、应急与防治，强化生态保育、丰富生物多样性，加强环保能力建设、完善生态环境管理和加强保护管理、科普宣教能力建设等 7 个优先行动、25 个优先项目。

优先行动时间期限为 2017—2021 年。优先行动的实施对于整个升金湖流域湿地保护规划的开展具有推动性与示范性。

皖江流域湿地保护规划

为加强系统治理，从流域层面推进湿地保护，原安徽省林业厅于 2015 年制定了《安徽长江流域湿地保护规划》（以下简称《规划》），其主要内容包括指导思想、规划目标、规划分区、重点任务等。

一、规划指导思想

根据党的十八大提出的“扩大湖泊、湿地面积，保护生物多样性”的要求，以保护湿地生态平衡与生物多样性、实现湿地资源的可持续性利用为出发点，以保护湿地生态系统、保护生物多样性和改善湿地生态功能为主要内容，在开展湿地自然保护区和湿地公园建设的基础上加强湿地保护管理能力建设，加大对湿地调查监测、宣传教育等方面的投入力度，逐步开展湿地恢复工作，扩大湿地面积，增强湿地功能。加强对外交流与国际合作，合理利用湿地资源，从整体上维护湿地生态系统的功能，为本地区湿地资源的可持续利用、区域经济的可持续发展战略提供指导。

二、规划目标

对安徽省长江流域湿地进行保护区划，建立以湿地自然保护区、湿地公园、重要湿地建设为基本格局的湿地保护体系，加强现有保护区的能力建设，建立完备的保护体系和管理机制。以湿地污染控制、生物多样性保护、湿地恢复与治理、湿地保护与可持续利用相结合等措施，全面维护湿地生态系统的自然生态特性和基本功能，使天然湿地面积下降的趋势得到遏制，有效地控制湖泊生态环境恶化趋势，减少污染，实现重点地区环境的良性循环，使湿地生态系统的生态特征和基本功能得到修复，湿地生物多样性稳定并不断提高，促进湿地生态系统进入稳定发展的良性状态。

三、规划分区

《规划》在湿地保护的需求上采取定性与定量相结合的方法，更加科学地建立湿地保护规划分区体系。本分区体系包括两个部分，其一为湿地生态地理综合分区，其二为湿地保护重要性评价分级，最后在二者的基础上建立完整的湿地保护规划分区体系，为安徽省长江流域湿地保护规划的制定提供基础资料。

湿地生态地理综合分区：湿地生态地理综合分区按照湿地生态功能的一致性、自然地理属性的差异性、行政区划的完整性等分区原则，结合水文分布特性、保护需求以及流域一致性，将安徽省沿江湿地分为安庆南部沿江湿地区、安庆东部沿江湿地区、长江南岸池州湿地区、皖东长江湿地区、铜陵江豚保育区和宣城扬子鳄保育区。

湿地保护重要性评价分级：湿地保护重要性评价指标体系是湿地保护重要性评价

的依据，也是保护重要性评价结果是否客观公正的标尺。因此，建立合理的湿地保护评价指标体系是对其进行有效评价的基础。构建湿地保护重要性评价体系，分析安徽省长江流域湿地在服务功能、环境特征、保育级别上的差别，将其划分为极重要、重要、一般和恢复利用四个级别。极重要的湿地包括升金湖、菜子湖、宣城扬子鳄保护区，考虑到铜陵淡水豚保护物种的特殊性，故把其列为极重要的湿地；重要的湿地包括武昌湖、龙感湖、白荡湖等；一般性的湿地包括十八索、石臼湖、枫沙湖等；恢复利用的湿地包括黄湖、大官湖、泊湖、陈瑶湖、破罡湖等。

通常根据湿地的重要性级别来实施不同的适应性管理政策，对于极重要和重要的湿地，需纳入湿地保护红线范围，以保护和完善湿地生态功能为主，严控人为干扰，保护和稳定水鸟在国际上具有重要意义的停歇地和越冬地，修复重要濒危物种的栖息地，加强湿地长期监测能力，保护和维护湿地生物多样性，合理发展湿地生态文化产业。

对于一般性的湿地，以保护和恢复为主，遵从自然和退让原则，减少人为负面干扰，提高系统的自我恢复能力。受损湿地通过适度人工恢复来诱导湿地的自然正向演替，建设湿地保护与利用示范区；通过湿地资源综合利用，增强湿地“造血”功能。尤其是石臼湖，作为安徽长江段没有闸口的完全通江湖泊，现阶段散养鱼户太多，需通过渔民转业等方法恢复生态环境，未来会成为重点湿地保护区。

四、重点任务

（一）湿地保护

确定优先保护区域：安徽长江流域河流众多，加强流域保护与管理，就是把小流域作为基本的管理单元，每个小流域成立对应的行政管理部门，行使本流域的水资源管理、污染防控、动植物保护等职责。上级政府通过生物指标进行小流域生态评价，生物指标覆盖了个体、种群、群落和生态系统等多个层次，涉及浮游生物、底栖生物、鱼类和珍稀水鸟等物种，识别需优先解决的水环境问题和需优先采取管理行动的小流域，确定优先保护区域和优先治理问题。提出流域复合生态系统的管理对策，通过方案实施、监测与评估、反馈和适应性调整等策略，维持生态系统的健康、完整性、承载力以及服务功能，使流域成为下游湖泊的生态屏障和物质能量交换通道，在流域尺度内达到湿地生态系统的可持续发展目的。

水生态环境保护：保护湿地资源其根本点是保护好水资源，要做好防洪减灾、水土保持、水资源配置、河道生态等工程建设；对水资源开发必须科学有序，要高度关注和评估重大水利工程对湿地生态系统造成的影响，并对水资源进行合理调度，保证水库以下河道生态用水；建立和完善水质监测网络，确定本区域主要水体、水域的水环境容量，作为水资源保护管理和水污染防治的重要依据。逐步规范在水功能区域内的水资源开发利用和保护管理，严格执行水功能区管理制度；要确保水质安全，特别是加强对饮用水水源的保护，加大水污染防治力度，严禁超采地下水，加强农业面源污染的防治与管理，减少农药和化肥施用量；加强湿地周围生态林业建设，减少水土流失，改善生态环境。

湿地生物多样性保护：湿地植被是重要的可再生资源，只有得到良好的保护才能提高湿地生态系统功能，使其可持续利用。保护和科学利用湿地植物，首先应该制定相关的保护政策、法规，用法律约束人们对资源无限制地开采；其次要严格保护管理，科学规划，有计划、有步骤地开发利用；此外，应最大限度地减少对湿地生态环境的破坏和污染。安徽沿江湖泊是水鸟的重要越冬和迁徙停歇地，建议安庆沿江自然保护区尽快申报建立国家级自然保护区，通过自然保护区建设，促进湿地资源保护。通过各种有效途径加强栖息地的恢复，改善越冬水鸟栖息地质量。对于濒危物种江豚而言，目前长江环境正在日益恶化，已不能有效承载长江江豚的生存，因此制定保护长江江豚的根本措施，建立更多的迁地保护区，尽可能多地将野生种群迁入其中，开展人工管护下的种群繁衍，待长江环境改善后再将其放归自然。目前，尽管安徽扬子鳄国家级保护区为了保护野生扬子鳄而采用的人工繁殖技术已使该物种成功摆脱了物种灭绝的厄运，但其野生种群数量状况并未得到根本改变。因此，对濒危物种扬子鳄建立健全保护机制迫在眉睫。

湿地景观保护：湿地景观时空结构的巨大变化主要表现为湿地大面积丧失、景观异质性减少和景观破碎化。这些方面的巨大变化也是导致水禽生境丧失、生境类型减少和生境破碎化的主要原因。在湿地景观整治保护中，基于湿地规模大、景观多等特性，在专业管理人员对湿地景观进行管理时，一方面，要确保景观的完整性，为其今后的发展奠定基础；另一方面，要避免游客在游览的过程中对景观造成破坏。在发展湿地景观旅游过程中，应结合湿地的实际承载力，科学、合理地开发湿地旅游资源。

（二）湿地恢复

湿地修复是对面积萎缩或湿地功能下降的重要湿地采取的抢救性保护措施，并根据湿地的主要功能和受到破坏的程度采取不同的修复措施。

升金湖白头鹤越冬地保护恢复工程：保护越冬白头鹤的首要任务是保护白头鹤越冬地内可利用的生境。保护区应加强管理，减少由于非法开垦导致的草滩面积缩小，在白头鹤分布地点限制草滩放牧。此外，在越冬后期保留一定面积的水稻田，给白头鹤提供更多可以保证食物来源的觅食地。因此，计划在升金湖上湖西岸新军村附近，以及东岸杨峨头至五丰圩一带开展白头鹤栖息地恢复工程，总面积约 333.5 hm^2。在改善湿地水文条件的前提下，对以上湿地实施全自然状态下的天然恢复，即实施封育；在部分地方采取补植植被等人工辅助自然恢复的方法，以保证湿地生态系统生态演替过程的自然性。在湖滩种植苔草、紫云英等湿生植物，湖内种植苦草、马来眼子菜等沉水植物。

菜子湖白鹤、白头鹤越冬地修复工程：菜子湖也分布着国家一级重点保护动物白鹤、白头鹤，国家二级重点保护动物灰鹤、白枕鹤等鹤类，因此是重要的鹤类越冬地。菜子湖作为白头鹤主要越冬地之一，近年来随着这一区域湿地开发进程加速，湿地资源破坏和人为干扰日益严重，越冬白头鹤面临的生存压力较大。保护越冬白头鹤最重要的是，渔业养殖人工控制水位时，保证足够面积的浅水滩涂留给白头鹤觅食。白头鹤越冬期主要食物为植物根茎和籽实，逐步、有计划的实行恢复湖区的沉水植物是保护白头鹤越冬地的根本措施。

扬子鳄栖息地恢复工程：野生扬子鳄种群面临的首要问题是自然栖息地面积日益缩小和生存环境不断恶化。因此，要使野生扬子鳄不致灭绝，只有通过建立或恢复足够的栖息地，放饲养鳄到这些栖息地中才可以重新建立野生种群。双坑、黄墅岗、长乐保护点，由农田重重包围，章村保护点的扬子鳄则利用村落的池塘来生存繁衍，由于这些保护点与农垦区关系紧密，可以考虑对这些保护点中阻隔扬子鳄自由迁徙的农田实施退耕还湿，将退出来的农田恢复成扬子鳄栖息地，为扬子鳄的生存繁衍提供足够大的空间。

武昌湖湿地植被和水鸟栖息地恢复工程：武昌湖湿地分布国家级保护水鸟五种，分别是东方白鹳、黑鹳、小天鹅、白琵鹭、白额雁。武昌湖湿地过去一直是鸿雁、青头潜鸭（*Aythya baeri*）等国际濒危物种的主要栖息地，但是随着近几年人为开发活动的加剧，大群体的雁鸭类种群已经很难再见到。本次示范项目选取的区域面积约 400 hm^2，分别位于望江县沈冲乡的郭河村和杨林乡的民主村。恢复目标物种包括东方白鹳、小天鹅、鸿雁等珍稀水鸟种群，以及这些水鸟的栖息地。通过拆除湖泊内养殖围网方式，恢复湖泊水生植被，特别是沉水植被，以改善湖泊的生态环境，因此必要时可做碟形湖的生境改造。

华阳河湖群退田还湖、退养还湿与水系连通示范工程：华阳河湖群是国务院确定的重要分蓄洪区，为了抢救性保护湿地生物多样性和维持或改善其环境功能，提高华阳河湖区整体生态功能，应对其实施退塘还湖、退养还湿、退耕还湿工程。该工程的实施是恢复华阳河湖群湿地水文环境、有效防止水体污染、充分发挥湿地效益的可行措施。特别是在重点保护水鸟传统分布区，应优先开展退养还湿示范工程，通过降低水位，恢复水鸟栖息地环境，使鹤鹳类和雁鸭类能重返家园。通过退塘还湖、退养还湿、退耕还湿和水系连通，为不同鱼类提供适宜的栖息和繁殖场所，恢复华阳河湖群的鱼类多样性和水生动物资源。

石臼湖湿地恢复工程：石臼湖作为安徽省长江流域唯一通江湖泊，生境具有唯一性，恢复水鸟栖息地具有重要意义。由于石臼湖渔业养殖由来已久，渔民转产不能一蹴而就，可先利用有限资金消除部分围网，实行湖泊分级放养和湖区轮养轮休制度，连续大范围种植水草，以快速恢复水草资源。逐年减少围网，修复湿地植被，直到渔业养殖达到石臼湖可承受水平，再通过栖息地改造工程，恢复适合水鸟栖息的湿地。成立渔业合作社或由渔业公司统一管理的模式，退出其中部分养殖区，实施退养还湖、退养还湿，恢复水体连通性和水质，并将此恢复为越冬水鸟栖息地。

十八索渔业模式改良工程：通过与水产部门协调，政府出资补偿，改变现有渔业模式，控制养殖规模，调整养殖结构，优化养殖种类，保护野生鱼种，规定捕捞强度和捕捞时间，调控冬季的适宜水位，在此基础上改善越冬水鸟的栖息环境。通过土地置换、退养还湿等措施，恢复和扩大水鸟适宜的栖息地，从而提高保护水鸟的种类和数量，提供优美的湿地景观。

（三）湿地监测体系建设

针对安徽省长江流域湿地保护现状，建议进行省、地、县三级保护管理网络建设，即安徽省湿地监测中心、地（市）级湿地监测站（包括国家级、省级自然保护区湿地监测站）、县（区）级湿地监测点（包括地市及县级自然保护区湿地监测点）。该体系以省级湿地监测中心为核心，以地市级湿地监测站为依托，以县区级湿地监测点为基础，通过三级共同协作，完成湿地生态系统的监测工作，从而实现随时掌握流域各湿地关键生态指标信息，实现省级层面上的快速、高效和协调管理。包括生态系统和生物多样性监测体系建设、监测队伍建设、信息管理和发布平台建设。

安徽省湿地监测中心主要负责全省湿地资源调查与生态监测的组织工作，指导全省湿地监测站的建设，并提供技术支持，建立全省湿地资源的信息数据库，并与国家联网，定期向国家湿地监测中心以及省内相关部门提供监测数据及相关报告，为管理部门的决策提供技术支持。

地市级区域湿地监测中心可在湿地资源相对集中的区域内设置，根据湿地资源的地理分布情况划分区域，主要职责是负责区域内湿地资源的监测及保护工作，定期收集、处理和分析区域内的湿地资源信息，并向省级湿地监测中心报送，根据湿地监测信息为湿地的保护和合理利用提出建议。

县区级湿地监测点可在安徽省长江流域具有典型性和代表性的湿地设置，依托各保护区下属保护站点监测力量，选择生物多样性丰富、资源配置合理、结构完善、功能效益发挥良好、基本保持原貌以及受到破坏威胁的湿地进行监测，负责重点湿地的监测工作，并定期向所在区域的区域湿地监测中心及安徽省湿地监测中心报送。

（四）湿地管理体系建设

湿地管理首先必须详细研究被管理湿地的性状、价值、影响因素和物质条件，制定管理方案和规划，然后运用物质、资金、技术、法律、教育等手段，操纵和控制管理对象朝既定管理目标发展。湿地规划是管理人员对未来进行预测和选择行动方案的过程，其基本任务是通过计划的编制，建立明确的管理目标，提出解决问题的措施，防止湿地的退化和功能的丧失，使湿地的资源和环境持续发展，永续利用。通过加强湿地资源利用方式管理、湿地管理人才体系建设、湿地管理协调机制建设、社区共管、湿地管理的投资保障与激励机制、湿地生态环境保护激励机制和环境资源补偿机制、科普宣教与科学研究等建立健全湿地管理体制。

升金湖流域生态旅游规划

一、规划背景

现代旅游业出现于19世纪，特别是第二次世界大战以后，旅游产业获得了前所未有的和平与稳定的发展环境，经过半个世纪的迅猛发展，2016年世界国际游客量突破12亿人次，贡献了全球约10%的GDP、30%的服务出口，是名副其实的第一大产业，旅游对经济、环境和社会发展的方方面面影响越来越大、越来越深入。生态旅游的概念最早由国际自然保护联盟（IUCN）特别顾问H. Ceballos - Lascuráin于1983年正式提出，但至今学界对此也尚未形成各学科普遍接受的统一概念，同时生态旅游的内涵与外延也随着不同发展阶段对生态、环境、旅游等的不同理解而不断发展。尽管对生态旅游的界定纷繁多样，但保护、道德规范、可持续性、教育与社区利益等基本价值观念得到了普遍认同。传播范围较广的概念，如国际生态旅游协会（International Ecotourism Society）将生态旅游限定为“了解当地环境的文化与自然历史知识，有目的的到自然区域所做的旅游，这种旅游活动的开展在尽量不改变生态系统完整的同时，创造经济发展机会，让自然资源的保护在财政上使当地居民受益”，即一项具有保护自然环境和维护当地人民生活双重责任的旅游活动。

20世纪90年代，随着可持续发展战略在我国的实施，生态旅游作为一种绿色的消费方式被引入国内。经过20余年的快速发展，我国生态旅游发展取得了可喜的成绩，“绿水青山就是金山银山”的发展理念逐步成为共识，初步形成了以自然保护区、风景名胜区、森林公园、地质公园及湿地公园、沙漠公园、水利风景区等为主要载体的生态旅游目的地体系，基本涵盖了山地、森林、草原、湿地、海洋、荒漠以及人文生态等七大类型；但同时也存在一些问题，如生态旅游“泛化”，沦为部分经营企业的营销卖点，环境保护和当地社区利益并没有得到充分重视；早期粗放开发，导致不可逆的环境破坏；生态旅游产品单一，过分依赖门票经济，相关配套和其他围绕生态旅游资源的业态发展缓慢，对核心资源的生态安全造成一定影响，同时社区参与的程度和利益共享的机制缺失；环境科普教育功能相对薄弱，产品的精致度仍有待提升。

二、自然保护区与自然保护区内生态旅游发展

自然保护区内的生态旅游是我国生态旅游产品体系中的重要组成部分，纵览全球，也可以发现典型的生态旅游活动都在具保护地性质的区域及其周边地带展开。在我国，自然保护区是为保护自然环境和自然资源，保护有代表性的自然景观和生态系统而划出的一定地域范围。

早在20世纪90年代，生态旅游刚刚引入我国，在不影响保护区管理的前提下，

在保护区内适度开展生态旅游，“以游养保”就被认为具有较大的积极意义。当然，由于自然保护区的特殊性，要求生态旅游的规模、游览方式必须控制在合理的范围内，以免旅游活动对生态资源造成破坏。然而，由于多方面的原因，保护区内生态旅游活动的反馈却十分消极。据1999年的一项调查中显示，“有22%的自然保护区因开展生态旅游而造成破坏，有11%的自然保护区出现旅游资源退化”。基于此，保护区管理部门对区内开展生态旅游发展十分审慎，因为在管理上确实存在较大的困难，这与地方政府和当地社区居民积极的发展态度相矛盾。

基于我国脆弱的生态环境以及偏低的生态系统质量和功能，党和国家高度重视生态问题，加快建立系统完整的生态文明制度体系，保护区势必实行更严格的保护管理措施。但严格的生态保护，不等于一刀切的静态封闭保护。以升金湖为例，未划定保护区之前，作为沿江地区传统的农业区域，环湖人口众多，农耕历史悠久，自然保护区的建立限制了当地居民对保护区内资源的利用，甚至可能改变当地的经济基础，引发新的贫困。生态旅游的特殊属性，决定其具有当地社区替代生计的重要潜力。与此同时，党和国家也要求“提供更多优质生态产品以满足人民日益增长的优美生态环境需要”，《三江源国家公园体制试点方案》提出“保护修复示范区，共建共享、人与自然和谐共生的先行区及保护展示和生态文化传承区”的总体目标，并要求“既实现生态系统和文化自然遗产的完整有效保护，又为公众提供精神、科研、教育、游憩等公共服务功能”，生态旅游是实现上述目标和功能的重要手段。因此，要深化生态旅游对于保护区资源合理利用以及对保护区及周边区域可持续发展的重要性认识，保护区应积极、主动地参与生态旅游的发展。

三、规划内容概要

（一）规划范围

鉴于项目实施主体的管辖范围、自然保护区生态功能的合理保护，升金湖流域生态旅游规划将范围划定为升金湖国家级自然保护区及周边区域，兼顾行政边界的完整性问题，共涉及七个乡镇，即东至县尧渡镇、东流镇、张溪镇、胜利镇、大渡口镇，贵池区唐田镇、牛头山镇，总规划面积1332 km^2。其中自然保护区范围内的区域为重点规划区域，其他地区为协调规划区域范围，仅做概要性发展指引。

（二）生态旅游资源与发展评价

1. 资源评价

摸清家底，并对其优劣进行合理评估与分析，是旅游规划的基础。

保护区及周边区域旅游资源具有丰富性、典型性、珍稀性、历史性等优势，涵盖七大旅游资源种类，自然景观与人文景观并重；资源分布较广，小区域集中，适合连点串线；是长江中下游地区少见的保存完整的天然湿地，珍稀动植物资源丰富，在中国、亚太乃至国际生物多样性保护中占有举足轻重的地位，生态价值、科研价值、旅游价值极高；周边人文资源历史悠久，尧舜典故和以陶渊明为代表的诗歌等文化旅游资源在华人文化圈内传唱度较高。

劣势则在于，规划区内已开发的山水人文资源同质化较高，资源富集地区的旅游产品特色开发不明显；在山水资源景观性上缺乏垄断性，在生态文化、历史文化、地方文化方面深度挖掘仍然缺失。

综合来说，“湿地珍禽”研学资源、“蓝天绿水”生态资源、“农业农村”乡土资源、“民俗古迹”文化资源等四大旅游资源值得重点关注。

2. 发展优势与劣势

升金湖地理区位优越，依托池州市，面向合肥、芜湖、安庆，可拓展至长三角都市圈及武汉都市圈的城市游客；周边交通较为便利，公铁水航兼具；与周边主要旅游资源存在互补关系。

升金湖生态价值逐渐凸显，2015 年跻身国际重要湿地名录；周边社区民众生态意识逐渐加强，通过多渠道推进社区参与。

尽管当地各级政府及各方日益重视湿地生态系统保护，但湿地生态系统仍然较为脆弱，突出表现为渔业开发、湖滨带开发以及水质下降造成的影响；由于周边稠密的人口和多头管理等原因，加大了保护区管理工作难度，巡护和监测体系仍需完善；生态旅游基础服务设施仍处于起步阶段，总体发展相对滞后。

四、规划目标与原则

（一）战略定位

以生态旅游发展促进功能区完善，推动湿地资源的保护与利用协调发展。

在积极改善和保护升金湖湿地生态系统的前提下，合理发展、利用湿地旅游资源；在深入了解升金湖自然保护区珍稀候鸟迁徙规律、生活区域的前提下，依据《中华人民共和国水法》《中华人民共和国自然保护区条例》等法律法规，遵照自然保护区围绕核心区、缓冲区、实验区相关管理制度，科学开展以候鸟保护为核心的湿地自然保护区旅游项目；对环升金湖自然保护区的旅游资源进行整合，与升金湖湿地、动植物资源相协调，促进区域经济社会健康、持续、和谐发展。

（二）战略目标

将规划区域打造为国际重要观鸟胜地、全国生态旅游样板区、全国研学旅游示范基地、池州市乡村旅游集聚区，池州全域旅游重要支撑，尝试探索国家公园建设。

在规划中，实施区域竞合战略、产业融合战略、科普教育战略、景观提升战略；坚持生态保护优先原则，保护第一、规范利用、保护与规范利用并举繁荣发展思路；坚持可持续发展原则，协调好整体与局部利益、长远与当前利益的关系，坚持适度发展；坚持社区参与、利益共享的原则，强调社区利益和社区建设；坚持科学规划、突出特色的原则，处理好湿地保护与旅游发展的矛盾，完善旅游区的游览功能，增强其自身吸引力，让旅游者在升金湖保护区感受到人与自然和谐共生。

五、生态旅游空间布局及项目策划

（一）空间布局

按照“两心一环三区多点”的总体布局进行规划。其中，“两心”指尧渡、大渡口集散中心；“一环”指环升金湖绿道；“三区”指湿地主题展示区、生态田园休闲区和文化生态体验区三大生态旅游区；“多点”指保护区内的多个观鸟点和保护区外的其他景点。

保护区根据《中华人民共和国自然保护区条例》，生态旅游活动范围要严格限制在实验区内；依据升金湖实验区的生态旅游资源、景观特征、发展基础、城镇和核心区与缓冲区的关系，构建特色突出、相互协调的三个旅游小区（景区），并在游览区外围配置相应的生态保育区和服务区；保护区内旅游设施在建设方式上，以改造或利用既有建筑为主，原则上不新建永久建筑。

保护区外景点以单点形式出现，展示地方文化为主，自然生态类项目原则上靠近保护区；露营地项目布局对接《池州全域旅游》项目，推荐在胜利镇或大渡口镇乡村地区，尧渡镇历山附近布局汽车露营地；农家乐项目受众面广，需因地制宜、具体问题具体分析，在规划中不做具体布点的讨论，对其发展思路作出指导。

（二）功能分区及重点项目策划

1. 湿地主题展示区

位于东流镇金山村窑咀到烂稻陈沿湖一线西岸，为升金湖国家级自然保护区管理局所在区域，规划面积 260 hm^2。依托保护区管理局现有地块，建设升金湖湿地集中性主题展示区，打造集科普研学、游客接待等为一体的全功能主题展示中心，力争成为中国领先、世界一流的国家级科普湿地教育基地。策划的项目包括湿地博物馆，湿地生态系统展示区和升金湖科学考察中心。

2. 生态田园休闲区

位于大渡口镇新丰圩村，规划面积 655 hm^2。该区平坦开阔、阡陌纵横，属于传统圩田耕作区，应充分发挥农田的游憩价值，达到“远山、近水、农田、观鸟”的有机融合。将特色农作物、花卉等采用大地景观方式呈现在游人面前。体验式农业把静态田园风光和生动农村生活体验相结合，让游客回归乡村生活，远离城市喧嚣。策划的项目包括锦绣鹤湖、田园乡居。

3. 渔家文化生态体验区

位于张溪镇坦埠乡下毛咀，规划面积 50 hm^2。区域内湖岸迂回曲折，港湾幽深，生态良好，形成独具特色的景观。升金湖渔家文化凝聚着一代代沿湖渔民千百年来的心血和汗水。通过多种展示手段和体验项目，打造渔家文化风情园，让游客了解渔民们的生活、生产等文化习俗。通过租赁、置换等方式，充分利用已有农民房，结合生态和文化体验，构建形象突出，环境优美，雅俗共享的渔家文化休闲旅游项目，形成浪漫渔家风情岛。策划的项目包括升金渔唱、传统渔业展示区。

4. 生态观鸟点

分布于东流镇金山村窑咀、张溪镇杨峨头、大渡口新丰圩村、胜利镇咀头村等区域，在升金湖越冬候鸟集中区域，以生态观鸟为核心，完善观鸟设施，让游客能较近距离观赏到升金湖珍稀候鸟。

5. 保护区外

保护区外的项目包括：古建筑集中的三大老街的整体提升项目，东至民俗、非物质文化遗产的集中展示地——东至民俗苑，野营基地，结合山地、林场的林下穿越项目，依托白笏红鱼塘文化的乡村旅游项目，规划范围内以“鹤湖人家”为品牌的农家乐整体提升项目，结合康体休闲的环湖绿道项目，依托乡村文化和湖光山色的乡村艺术村落项目等。

（三）生态旅游产品体系与营销

1. 生态旅游产品体系

在生态旅游产品设计上重视周边联动、发展特色产品、提升文化品位、完善产品组合；生态优先，导入“文化、时尚”元素，整合旅游资源，重视“市场—资源—产品”的有机结合，突出升金湖生态环境和流域深厚的历史文化。

2. 旅游营销

根据综合分析，定位升金湖目标市场，见图 2－2 所示。

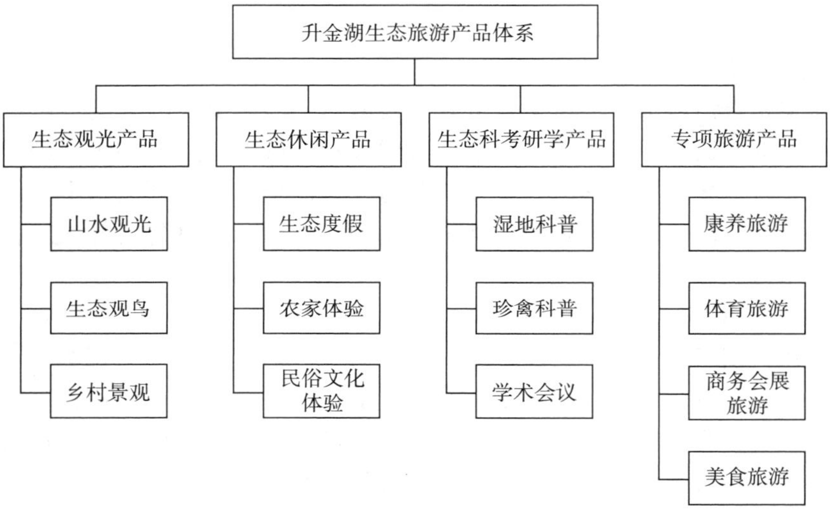

图 2－2 升金湖生态旅游产品体系图

一级市场（核心市场）是升金湖所在的池州和以合肥、芜湖、安庆、马鞍山等为重点的省内城市；借助宁安城际积极拓展以上海、南京、杭州、苏州等为主的长三角都市圈主要城市游客；九华山风景区、贵池区的二次客源市场，其他来自皖南国际文化旅游示范区的部分游客；国内外专业科考游客群体和观鸟爱好者。

二级市场（开拓市场）是长三角其他地区游客；皖北地区游客；依托京福高铁、九华山机场、长江黄金水道吸引京津冀、珠三角、武汉都市圈大尺度范围内的城市生态度假游客。

三级市场（机会市场）是除一级、二级市场以外的全国其他地区以及国外生态旅游度假游客群体。

综合考虑市场现状、资源本底和市场需求等条件，未来升金湖旅游将综合考虑以下细分市场：生态观鸟（鸟类摄影）、研学市场（校外实践、学术交流）、家庭度假（山水休闲、美食民宿）、运动休闲（汽车露营、骑行、徒步运动）、自助游（艺术采风、艺术写生、艺术交流）、都市养老（上海、南京、合肥）。

3. 主题形象

将升金湖的主题形象定位为“休闲湿地，中国鹤湖”。

“中国鹤湖”是升金湖传统且受众面较广的主要形象，有必要继续保留并加以强化；“休闲湿地”则是结合旅游发展方向，突出湿地在未来旅游发展中的重要作用。

（四）旅游交通体系规划

交通基础设施建设要符合和服务于旅游开发，注重交通道路的景观化、特色化，符合升金湖的特点，做好外围交通与景区内部交通的衔接，为景区未来交通体系提供发展空间。提升连接主要城市和游客集散地的交通联系，在分析现状的基础上提出区内、区外交通相应的改进策略。设计基于集散中心和驿站构成的多级旅游服务节点体系。

（五）旅游服务设施

1. 住宿服务体系规划

整合现有旅游住宿业，落实行业管理责任，提升服务质量，发展以升金湖生态文化，鹤文化，贵池、东至地方文化为特色的精品酒店、特色民俗，充分利用规划区旅游资源分布特点，形成多元住宿体系。

保护区内以保护为主，实验区内住宿设施布局尽量靠近村落，以改造为主，少建或不建新永久性建筑，鼓励发展由农户住宅及废弃的房屋改建而成的特色民宿和可移动模块建筑，住宿设施的外观设计要和所在区域的生态环境相协调，充分体现升金湖的文化特征。保护区外围住宿针对游客类型的多样化细分市场，形成功能齐全，布局合理，高、中、低档相结合的住宿体系，例如家庭旅馆、乡村公寓、宾馆、酒店等。

2. 餐饮服务体系规划

加强地方餐饮的开发，尤其是渔业资源及土特产的开发，包括各类鱼货、农家菜、山野菜等。同时，应发展升金湖湿地旅游定点餐馆及方便游客品尝、携带、保存的特色休闲食品。加强餐饮行业的行业管理，尤其是民宿、集散中心及游客经常消费的地区，制定严格的卫生标准，规范餐饮服务，改善就餐环境。

3. 购物服务体系规划

打造“中国鹤湖”特色旅游商品体系。

4. 旅游环卫设施规划

垃圾箱应按照与当地自然环境相协调的原则进行统筹建设，以便与当地的旅游环境相一致：旅游公厕结合景区开发建设周期，围绕游客游览线路合理布局，在环境敏感区设置移动公厕，根据所在区域的发展主题，将设施变成景观，实现功能化和景观化的高度融合，成为旅游吸引物的一部分，实现“厕所革命的突破”。

5. 旅游标识系统规划

形成规划和特色包含信息、解说、指示、规章、警示、教育等内容的标识体系。

6. 智慧旅游服务体系规划

顺应智慧旅游的时代趋势，强化科技投入在旅游发展中的作用，构建“指尖上的鹤湖”智慧旅游服务体系。

六、社区发展规划

（一）社区参与

升金湖自然保护区成立时间较晚，且保护区周边原本就是耕作历史悠久的圩田农作区，所以保护区内仍有大量人口存在，现约有20000人，其中核心区约有1500人，缓冲区约有3500人，实验区约有15000人，人口密度约为120人/km^2；保护区外围临湖涉及2个区县6个乡镇，农业人口约220000人。如何引导社区居民参与升金湖保护和旅游发展，带动更多的本地居民参与到保护和旅游发展的实践之中，是本轮规划社区参与的重点和难点问题。

鉴于周边缺乏社区居民参与旅游的氛围和缺乏社区居民参与旅游发展的引导机制等实际情况，建议采用流行的个体农庄、农户＋农户、公司＋农户、公司＋村集体＋农户、合作社、股份制等社区参与模式。

政府需要提供社区管理，并依据发展所处的阶段调整自身角色；企业则需为居民提供就业机会、教育机会，参与环境保护、公共服务与社会救助活动。社区居民的社区参与形式主要分为直接参与和非直接参与。其中，直接参与包括参与旅游经营与环境保护监督行为；非直接参与包括选举社区人员代行权利，促进社区的共同发展。

（二）替代生计与旅游扶贫

严格保护措施势必导致本地部分居民生产生活习惯的改变，旅游业无疑是较好的替代生计方式，旅游扶贫相较于其他扶贫方式，农民的参与性更强，有助于农民实现“物质、精神”的双扶贫。

规划对扶贫模式做出说明，阐述扶贫资金来源、农户参与机制、旅游扶贫业态，对旅游扶贫提出相对具体的实施步骤和扶贫提升策略，具有一定的指导意义。

（三）乡村保护规划

升金湖周边耕作历史悠久，在漫长的发展进程中，历史文化村镇与周围的环境融合成一个有机的整体，凝聚了当地人的精神寄托和情感认同，构成乡土景观的文化基因。规划范围内的一些传统村落是传统文化的重要载体，负载着丰厚的物质文化遗产和非物质文化遗产，构成了历史文化村镇独特的历史文化遗产价值。规划结合实际提出了有针对性的保护措施，包括乡村文化保护、村域风貌控制和乡村意象、乡土风情的打造。

（四）生态旅游环境保护规划

编制生态旅游环境保护规划的目的在于预防保护区在实施生态旅游过程中可能出现的问题，维系升金湖生态旅游可持续发展的物质存在与精神环境，突出升金湖自然保护区及流域与城市的差异性，满足游客“回归生态、凝聚乡愁”的内心诉求，在满足旅游需求的同时最大限度地减小对生态环境的影响，从而形成更具魅力的和谐生态文化氛围。

首先，按照《自然保护区生态旅游规划技术规程》(GB/T 20416—2006)、《风景名胜区规划规范》(GB50298—1999) 和《景区最大承载量核定导则》(LBT 034—2014)

中的相关内容，同时结合项目发展实际和预想旅游效果的达成，对保护区内游览区进行生态容量计算，见表2-1所示。

表2-1 升金湖自然保护区内各景区生态容量表

景区	面积（hm^2）	可游览面积比例（%）	人次/天	年开放时间（天）	人次/年
湿地主题展示区	260	5	260	150	39000
生态田园休闲区	140	5	168	240	40320
文化生态体验区	50	3	150	210	31500
生态观鸟点	0.6	20	48	180	8640

其次，对景区容量控制提出相应解决措施，包括采取预约制度、强化游客对旅游环境容量的认识、监控模拟系统预测游客游览行为、时空分流均衡游客流量、价格杠杆调节峰谷期、实行联动发展加强与其他部门的沟通、日常质量监测等。

其次，分析保护区内生态旅游的潜在环境影响，如噪声污染对环境的影响、服务业“三废”对水体和环境的影响、旅游活动干扰动植物柄息等，并提出一系列积极的应对措施。

最后，提出生态旅游资源保护规划，对生态系统、水资源、生态环境监测与管理等当前的现状进行概述，分析存在的问题，提出相应的提升措施。

七、投资规划与效益估算

采取“分期投入、滚动发展”的开发策略，将升金湖生态旅游建设分为近、远两个实施阶段。

经济效益体现于预期生态旅游为区域旅游带来的直接经济贡献，其发展目标见表2-2所示。

表2-2 保护区内预期生态旅游发展目标

指标名称（单位）	近期（2018—2020年）		中期（2021—2025年）		展望期（2026—2030年）	
	2020	年增速	2025	年增速	2030	年增速
游客接待量（万人次）	10	—	10	—	20	14.87%
入境接待规模（万人次）	0.1	—	0.5	37.97%	3	43.1%
国内接待规模（万人次）	9.9	—	9.5	−0.82%	17	12.34%
游客人均消费（元）	880	—	1350	8.94%	2000	8.18%
旅游总收入（亿元）	0.88	—	1.35	8.94%	4	24.26%

社会效益包括解决周边居民就业问题，提高居民收入；改善升金湖科研条件，提升科技水平；提升保护区及池州市形象，促进招商引资；提高公众生态环保意识，推

动保护环境事业的发展；有利于保护地方传统文化，促进地域文化发展；提高人们的生活质量，促进国民素质的提升等。

生态效益包括推动保护区保护能力的增强；湿地生物多样性得到有效保护；改善升金湖水质，维护水安全；保护区域生态，履行国际义务等。

八、保障体系规划

从组织保障、资金保障、人才保障、安全保障、技术保障、志愿者保障等方面提出相关要求，以保证规划的顺利实施。

安徽升金湖国家级自然保护区管理计划

一、管理计划概况

升金湖自然保护区是长江中下游重要的珍稀候鸟越冬地之一，也是以永久性淡水湖湿地生态系统为主要保护对象的典型湿地类型自然保护区。1986 年，安徽省政府批准建立升金湖水禽自然保护区；1997 年，国务院批准建立“安徽升金湖国家级自然保护区”，保护区总面积 33340 hm^2；2000 年，安徽省池州地区机构编制委员会批准成立升金湖国家级自然保护区管理局。升金湖自然保护区 2015 年列入国际重要湿地名录。

管理计划是自然保护区管理和发展的基础性文件，是自然保护区实施管理的行动方案，是自然保护区开展工作的行动纲领，它是对实现自然保护区总体目标所需采取的各种具有科学性、逻辑性、有效性和可操作性措施的归纳。管理计划编制和执行的好坏，是衡量一个自然保护区管理水平和有效管理程度的重要标志，是对保护区今后一段时期内的保护管理和经济发展等作出明确的安排，是保护区开展各项工作的指南。同时，管理计划又是一个动态灵活的文件，随着保护区各方面条件的变化也应进行必要的调整，以保证管理计划及时适应保护区发展的需要。

二、管理计划的制订过程

遵照国家、省市相关法律法规及管理规定，结合保护区已开展的规划与项目，利用资料收集、现场调研、社区民意调查等手段开展保护区保护与管理现状的评估，在充分分析保护区存在问题、面临威胁、限制因素和相关利益者构成的基础上，总结保护区现存的管理问题，有针对性地提出保护区的长期发展目标，并通过设立阶段性的短期管理目标来逐步实现。根据短期目标制定各项行动计划，每一项行动计划均包含理由论证、内容描述、实施单位、实施时间、经费估算、优先程度，具体指导保护区建设的资金、人员、时间，实现合理分配、有序开展、高效落实，最后完成预算的汇总，并对管理计划的调整与修改提出指导性的意见，保证下一期管理计划能顺利延续与开展。

三、升金湖自然保护区管理目标

（一）长期管理目标

具体有：保护和维持以升金湖为核心的内陆湖泊与水域生态系统、水生和湿生生物群落、珍稀濒危特有的动植物种类及其栖息地的安全；维持国际重要湿地生态特征的稳定；维护内陆湖泊湿地生态系统的完整性；在保持生态系统平衡的基础上，开展与生物多样性保护相协调的自然资源持续利用，实现渔业资源可持续生产；通过实施自然保护区建设工程项目，最大限度地保护和恢复保护区的自然生态环境，特别是逐步恢复和改善以升金湖为主体的湿地生态系统，保护好白头鹤、东方白鹳、白鹤等珍稀濒危鸟类，改善区内特有的我国和亚太地区水禽的重要越冬地和栖息地质量。

（二）短期管理目标

在本管理计划执行的年限内（2018—2022 年），加强自然资源有效保护与管理，使以升金湖为核心的所有内陆湖泊、湖滨沼泽化草甸湿地生态系统、水生及湿生生物群落和落叶阔叶林生态系统的完整性得到保护，逐步恢复生态系统的稳定性，为水禽栖息营造良好条件，保障升金湖的生态功能。操作目标是达到一部分长远目标的具体目标或任务。在本管理计划的执行期间，确定如下具体的操作目标：

（1）在管理计划实施期间，健全和完善保护区组织管理机构，合理配置人力、物力和财力，建立有效的管理制度保障体系；

（2）改善保护区的基础设施条件，配置交通、通信、宣传、巡护、办公设备，提高管理能力；

（3）提高核心区的封闭程度，减少人为干扰因素，逐步恢复核心区水生系统、湖滨带生态系统的多样性和稳定性；

（4）健全和完善巡护管理体系，加大执法力度；

（5）拓展保护区建设管理资金渠道，寻求多方合作，将非政府组织及民众纳入保护区投资保护与管理的系统中来，寻求来自政府、非政府组织、相关科研院所对保护区保护管理活动资金和技术上的支持；

（6）科普宣教工作取得良好成效，提高保护区内及周边居民的环境保护意识；

（7）社区共管工作取得良好成效，周边社区发展与保护区的资源保护关系得到协调发展；

（8）结合保护区内监测工作的开展，使保护区人员的科研和监测能力得到明显提高；

（9）指导保护区周边生产经营活动，促进传统产业生态化，并充分发挥经济效益，使周边社区发展与保护区的资源保护关系得到协调发展；

（10）加强培训，提升管理人员的管理水平，结合国际重要湿地监测、科研、管理等部门对人才队伍的要求，使保护区机构和人员能力得到普遍提高。

综合上述管理目标，管理计划的最终目的是促进保护区的管理在全面保护的前提下，做好资源的合理利用与监管，促进保护区生态效益、社会效益和经济效益的协调统一和同步发展。

四、升金湖自然保护区面临的主要威胁和限制因素

（一）主要威胁

（1）渔业过度开发。2016 年以前，高密度养殖活动对湖区的水草、底栖动物的生存造成威胁，栖息环境遭到破坏，带来生物多样性减少；2017 年，完成了保护区内全部养殖围网的拆除工作，现生境退化现象逐渐好转。

（2）非法侵占湿地资源。自从建立保护区体系以来已经禁止开垦，围垦现象已大

为减少，但由于2016年以前一些非法侵占农田的行为，已造成湿地丧失和碎片化，由此导致大量越冬水禽数量减少；2017年以后，随着保护区管理力度的加强，湿地资源逐渐得到恢复。

（3）水文变化。涵闸的建设，一是使湖泊（湿地）与长江的天然连通受到干扰，导致洄游性或半洄游性鱼类大量减少；二是为了地方经济活动水位被人为调节，使湿地不再季节性地被淹没，只是冬季开闸放水，夏季开始闭闸蓄水，这种人为实施的水位变化对水鸟栖息地的生态环境造成很大影响。

（4）人为活动干扰。人口增长带来的生活垃圾增长、频繁过往的车辆和行为带来的噪声，干扰了野生动物，尤其是极为敏感的鸟类的活动；另外，升金湖周边家禽家畜的放牧强度增大，也对湿地环境保护造成较大干扰。现保护区管理局拟对保护区内历史遗留和传统的人为活动，在不影响保护工作的前提下，积极开展宣传和引导工作，增强保护区社区居民的生态环境保护意识；对于新开展的人为活动，将严格依法依规进行。

（5）环境污染。湖泊周边地区的农田因施用农药、化肥产生了环境污染，因人畜活动产生了有机物污染，这些污染的存在和发展威胁着湖泊水质，更加剧了保护区湿地的脆弱性。因此，保护区管理局拟加强农业废水、农村生活污水、畜禽养殖废水、农业面源污染等治理，以减少环境污染。

（二）限制因素

（1）保护区缓冲区较大、实验区内居民人数较多、农田面积较大，导致人为干扰频繁；

（2）巡护管理和科研监测专业技术人员配备不足，保护、科研等组织机构建设仍需加强；

（3）工作人员的管理水平和业务素质有待提高；

（4）科研监测水平薄弱，独立开展科研项目的力量不足；

（5）保护管理宣传力度不够，社区渔民和农民对保护区不够了解，从而影响公众保护意识的提高，给保护管理工作带来压力。

五、升金湖国家级自然保护区管理行动

根据安徽升金湖国家级自然保护区的长远目标和短期操作目标，本管理计划提出工作目标和行动计划如下：

目标1　强化现有自然资源保护工作。加强保护区现有自然资源的有效保护与管理，使升金湖国家级自然保护区内野生动植物种群及其栖息地的完整性得到有效保护。

行动1　完善保护区边界设施项目。明确保护区范围，依法进行保护。

行动2　配合政府及相关部门推进生态红线划定工作：积极贯彻落实党的十八届三中、四中、五中、六中全会精神，加强保护区生态红线管理。

行动3　协助政府实施渔业围网拆除工程：控制升金湖湖区渔业、农业、放牧面积，扩大自然湿地面积，减少人为干扰，增加生物栖息地面积。

行动4　开展重点野生动植物保护工作：严厉打击违法违规行为是保护湿地自然资

源和生态环境最直接、最有效的方法之一；积极开展保护区重点野生动植物保护工作，有利于湿地生物多样性保护；控制外来入侵生物及本地有害生物过量繁殖，侵占动植物栖息地，维持生态系统的稳定性。

目标 2　实施湿地恢复工程：保护和恢复湿地资源，促进湿地生态系统的多样性和稳定性。

行动 5　建设人工湿地恢复实验区：探索人工湿地恢复实验区内湿地恢复技术的可行性。

行动 6　鸟类栖息地恢复工程：进行湿地植物种植与植被恢复，为鸟类提供一个更好的栖息及觅食环境。

行动 7　退渔还湖、退圩还湖、退牧还草：控制升金湖湖区渔业、农业、放牧开发面积；沟通水系，恢复被人工圩堤阻隔的水路，恢复正常的水文过程；降低湖床，增加天然湿地面积，提升植被覆盖率，恢复天然生境；扩大湿地面积，减少人为干扰，增加鸟类栖息地面积。

目标 3　有效开展科研与监测工作：结合升金湖国际重要湿地监测管理要求，提高升金湖自然保护区的科研和监测能力。

行动 8　完善科研监测系统：在保护区布设固定样地、样线、关键物种监测点、气象观测点和水文水质监测点，配备相应设备，并利用 3S 技术进行分析与模拟，长期动态监测保护区内自然资源、自然环境的动态变化；结合保护区科研监测现状，编制保护区科研监测计划，规范、完善保护区的科研监测工作，为监测工作提供阶段性的指导和部署。

行动 9　进行国际重要湿地专项监测：履行国际重要湿地义务，掌握升金湖自然保护区在一定时期内的生态特征变化。

行动 10　疫源疫病监测防控：升金湖国家级野生动物疫源疫病监测站是 2005 年原国家林业局批设的“全国第一批国家级疫源疫病监测站”，是区域禽流感监测防控的重中之重。

行动 11　开展各类专项研究：开展濒危物种的受威胁和濒危机制研究，研究升金湖保护区重要物种的种群动态和环境变化的关系，分析致危因素，提出有效保护措施和种群恢复方案。

目标 4　提升保护区管理能力。改善保护区的基础设施条件，落实有效的管理制度保障体系，确保保护区的日常工作有法可依、有据可循、分工明确、责任到岗。

行动 12　完善基础设施与设备：增加便道、巡护步道、码头的建设，维修原有道路，完善巡护路网，加强各管理站、管护点及监测站点之间的联系，扩大巡护范围、增加巡护效能；改善办公、监测的基本条件，保障项目有效实施。

行动 13　加强培训，提高保护区人员的专业能力：为使保护区的工作人员熟知保护区的基本情况，了解各项规章制度，明确岗位职责、业务范围，掌握管理工作必要的业务技能，努力提高工作效率，遵守各项法规制度的行为规范，保证管理计划有效实施。

行动 14　制定项目监测、评估办法：为区域内开展的项目制定监测、评估办法，制定项目申报、调整、更改的法定流程，为及时掌握项目建设情况和对环境的影响建立跟踪和反馈机制，为项目的申报、调整和更改提供依据。

目标5 开展科普宣教。通过开展科普宣教，激发广大公众认识自然、保护自然的自觉意识；开展生态旅游，融合资源开发利用与环境保护，推动社区经济发展。

行动15 完善科普宣教中心及宣教设施：宣教中心的建设可提高公众生态保护意识，提升保护区的知名度。

行动16 开展科普宣教活动：开展科普宣传教育活动，增强人们自觉保护湿地生态系统的意识。

目标6 积极开展社区共管。加强与周边群众的互动式管理，领导社区开展共管活动。在共管中明确保护区与社区在保护中的责任和义务，使周边社区发展与保护区的资源保护关系得到协调发展，营造良好的社区共管局面。

行动17 协助政府引导缓冲区居民迁出：由于当初建立自然保护区的目的是抢救性保护升金湖的湿地生态环境和珍稀濒危水禽，在划定保护区范围和功能区时，受当时技术条件、认识水平的限制，加上法律法规和政策没有具体要求，在没有充分征求基层和群众意见的情况下，将升金湖湖面和沿湖岸线向外延伸 2.5 km 的范围划为保护区，使得一些保护价值不高的区域以及人口密集的村庄及耕地被划入保护区，涉及6个镇37个行政村，人口近10万，导致保护区范围内人口较多，人为活动频繁，同时土地权属复杂，使保护区先天就存在许多一时难以解决的问题。

行动18 营造良好的社区共管局面：领导社区开展共管活动，在共管中明确保护区与社区在保护中的责任和义务，提供各方代表沟通、参与管理的平台。

行动19 制定试点社区资源管理计划：明确目标，保证社区资源的有效管理。

行动20 协助政府进行周边社区农村面源污染调查治理工作：对周边社区农村进行面源污染调查治理工作，减少污染物对保护区自然环境的影响。

目标7 开展合作，争取外部支持。促进当地政府机构、相关部门、国际保护组织和科研机构对保护区的理解与支持，拓展保护区建设管理资金渠道，寻求多方合作，将非政府组织及民众纳入保护区投资保护与管理的系统中，寻求来自政府、非政府组织及相关科研院所对保护区保护、管理活动在资金和技术上的支持。

行动21 开展国际合作与项目交流：可利用国际优质资源与先进管理经验开展国际合作，以提高科技人员的专业学术水平，补充资源信息，提升保护区各项工作的管理能力。

行动22 争取国际技术和资金援助：缓解管理和保护资金不足，改善社区经济。

六、管理计划的经费预算和保障措施

根据国家有关政策规定，本管理计划的经费估算范围仅限于需要国家财政拨款、保护区自筹资金、外界援助的部分，经费估算为7825万元。

管理计划实施后，经过一段时间的检验，应作出实施效果评价。评价的目的主要是检验管理计划是否满足管理的需求，能否真正起到指导自然保护区管理工作的作用。

安徽扬子鳄国家级自然保护区管理计划

一、管理计划概况

本项目主要是为完善安徽扬子鳄国家级自然保护区的基础建设和管理能力而制定的相关规定和计划，规范和加强保护区的具体管理工作，提出解决阻碍保护区发展的行动建议，同时引导社区公众参与到保护工作中，并对周边的自然保护区作出示范作用。在项目施行中，主要通过利用保护地在湿地生物多样性保护方面现有的机遇，结合前期湿地价值和承载力评估所得的信息，编制以扬子鳄这种独特生物物种为保护对象的湿地保护地的管理计划。管理计划体现出针对性、差异性、可操作性和互补性，以消除对扬子鳄栖息湿地及其生物多样性保护管理的一些制约因素和威胁因素，并确保这些活动符合国家现有的法律法规政策规定。针对本项目制定湿地保护地管理计划的具体工作目标，本研究小组依据国家政策法规，拟有针对性地将已有的长期监测数据，野外实地考察数据、现场问卷调查及相关数据进行对比分析，逐步发现问题、提出解决方案和建议并完善，形成优化管理计划。

二、管理计划的范围及时限

管理计划的实施范围包括安徽扬子鳄国家级自然保护区的核心区、缓冲区以及实验区。管理计划是一定时期内指导安徽扬子鳄国家级自然保护区管理工作的文件，其中包括对保护区周边社区的自然资源保护利用等提出的保护管理发展建议。根据保护区的实际情况，将管理计划的时限定为5年，即自2018年开始至2022年结束。

三、保护区的主要威胁和限制因素

（1）扬子鳄人工繁育需求与现有条件之间存在冲突

此冲突主要有：扬子鳄人工饲养池面积严重不足；繁殖研究中心的科研条件和研究人才不足；扬子鳄的野外保护力度需要加强，技术需要改进；扬子鳄野放栖息地选择、野放数量等问题亟待解决；保护区工作人员需要加强专业技术培训。

（2）保护管理工作与当地居民利用自然资源之间存在冲突

社区群众在农业灌溉用水过程中与扬子鳄生存所需水源存在直接矛盾，由于保护区没有土地所有权和水资源管理权，因此很难协调二者之间的冲突，特别是在干旱少雨的季节，这个矛盾尤为突出；扬子鳄的栖息地与当地社区群众的经济活动区有很大重叠部分，老百姓并没有因为保护扬子鳄受益，反而因为扬子鳄有打洞的习性，在圩堤或塘埂上打洞、捕食养殖鱼塘里的鱼、偷食家禽和在稻田中活动破坏稻田、秧苗等遭受财产损失；保护区内及其周边区域的水源地经常有非法捕鱼（如电鱼等）活动发生，这种无秩序地破坏渔业资源的活动直接导致了扬子鳄食物资源的缺乏，对扬子鳄的生存造成了严重威胁。

（3）人类活动对扬子鳄栖息地带来一定威胁

随着城市和乡镇的建设发展，围垦、水利建设、公路修建等经济活动都对扬子鳄的栖息环境带来很大威胁；保护区内，因农业生产中大量使用农药、化肥、除草剂等，导致扬子鳄赖以生存的食物资源匮乏和栖息地环境恶化；土地使用存在问题。

（4）扬子鳄野生种群自然增长能力有限

目前，安徽扬子鳄国家级自然保护区内的野生扬子鳄仅分布于19个相互隔离的生境中，种群数量在150条左右。种群数量太小、各种人为活动的干扰、栖息地生境破坏和其他野生动物对扬子鳄巢穴和卵的破坏及捕食等因素，严重制约了扬子鳄种群的自然增长。

四、保护区管理行动计划

针对安徽扬子鳄国家级自然保护区存在的短期和长期矛盾，本管理计划提出的工作目标和行动计划如下：

目标1　保护区人类活动的协调和管理。

行动1　进行社区调研，推动多种形式的社区共管活动。通过深入社区进行问卷和走访调查，了解保护区范围群众的生产生活状况及需求，推动社区共管活动，制定减少保护区内人为活动的方案。

行动2　发展替代生计并推动实施生态农业，提升扬子鳄栖息地质量。通过在扬子鳄集中分布区推动实施生态农业，减少现代农业使用化肥、农药对扬子鳄栖息地造成的污染，以有效提升扬子鳄栖息地质量。

行动3　野生扬子鳄栖息地恢复改造。与地方政府和社区群众进行协商，通过签订协议获得扬子鳄重要栖息地的土地使用权和管理权。

目标2　改进和完善扬子鳄人工繁育技术。

行动4　人工繁育扬子鳄饲养池扩建。在夏渡片区内选择合适场地，制定切实可行的人工饲养池扩建方案，报上级部门，争取国家财政资金的支持。获批后，通过招投标的方式进行人工饲养池的设计及施工建设。

行动5　提升完善扬子鳄人工繁殖技术。加强扬子鳄保护区的科研能力，解决目前扬子鳄人工繁殖过程中急需改进的技术难点。

目标3　扬子鳄野外种群保护及栖息地质量评估。

行动6　扬子鳄野外种群跟踪监测及保护。进行扬子鳄野外种群跟踪监测，实时跟踪了解野生扬子鳄的数量、分布和健康状况。

行动7　野生扬子鳄栖息地生境现状评估。进行野生扬子鳄栖息地现状评估，了解野生扬子鳄重要栖息地的生态环境现状。

行动8　增加扩大野放扬子鳄的数量及范围。选择适合扬子鳄栖息的湿地，增加野放扬子鳄的数量和范围，扩大扬子鳄的分布区域。

目标 4 保护区能力建设。

行动 9 加强保护区工作人员培训。组织保护区工作人员开展多种形式的培训和学习活动，提高工作人员的业务素质。

行动 10 建设数字化保护区。引进自然保护区移动监管系统，对保护区的野生扬子鳄种群和栖息地进行实时、动态、精准管护，实时收集相关数据，并进行定期传送和处理，完善扬子鳄保护区的数字化建设和管理水平。

目标 5 加强和推进扬子鳄保护意识的主流化。

行动 11 完善宣教基地和博物馆建设。引进新技术和新设备，完善保护区博物馆基础设施建设，增强博物馆作为保护区宣教窗口的宣教能力，开展多种形式的生态保护和扬子鳄保护宣教活动。

行动 12 开展更为广泛的宣教活动。编写印制宣传材料，通过各种方式发放材料；拍摄与扬子鳄有关的宣传短片，通过各种媒介进行播放，并面向地方政府、社区群众和青少年开展宣教活动，提高各方人员的保护意识，提高保护区的知名度，推进湿地保护和扬子鳄保护的主流化进程。

五、管理计划的实施时间和资金来源

（1）管理计划的实施时间

本管理计划是特定时期内指导安徽扬子鳄国家级自然保护区管理工作的文件。根据扬子鳄保护区的实际情况，将扬子鳄保护区管理计划的时限定为 5 年，即 2018—2022 年。在管理计划执行的最后一年（2022 年），主要是开展对管理计划执行情况的评估工作，通过评估制订下一期管理计划。在每年的具体实施过程中可以根据实际情况对本管理计划进行修订和完善。

（2）管理计划实施的资金来源

实施本期扬子鳄保护区管理计划，预计总经费需求为 7646 万元。实施所需资金坚持以国家和地方政府投资为主，包括国家级和省级配套资金、保护区的事业经费、保护区国家基建投资等；同时，广泛争取国际国内合作，多渠道筹集资金。

铜陵淡水豚国家级自然保护区管理计划

一、管理计划概况

白暨豚（*Lipotes vexillifer*）和长江江豚（*Neophocaena asiaeorientalis*）是我国仅有的两种淡水水生哺乳动物。白暨豚是我国特有珍稀物种，也是现存的白暨豚科唯一孑遗物种，被誉为“水生熊猫”，中国濒危动物红皮书（1998）将其列为濒危，IUCN红色名录（1996）中列为CR，CITES（1997）列入附录I，国内外普遍认为白暨豚已功能性灭绝，一旦白暨豚灭绝，它将是50年来全球第一个灭绝的大型物种。长江江豚作为鼠海豚科的江豚亚种也是全世界唯一生活在淡水中的江豚种群。因此，长江江豚的保护地位和研究价值也十分重要。

铜陵淡水豚国家级自然保护区建立于2000年，由于气候变化、环境改变和社会发展等因素，需要在新的发展时期制订新的管理计划。管理计划是淡水豚保护区开展工作的基础性文件，用于指导和调控保护区资源的保护、管理和利用。通过管理计划的编制、执行和检查，合理安排各方面的经营和管理活动，有效地发挥所有人力、物力和财力资源，以取得淡水豚保护区最佳的生态、社会和经济效益。新的管理计划是淡水豚保护区建设和发展阶段性的工作计划，是对实现保护区目标所采取的各种科学性、有效性和可操作性行动计划的新总结和部署，是该阶段内淡水豚保护区开展工作的指导性文件。通过编制和实施管理计划，能够协调各方面的力量和资源，提高保护区对淡水豚的保护能力，推进保护区有效的配置人力、物力和财力，加强保护区生物多样性的保护和管理能力。

二、管理计划编制过程

管理计划的核心是在5年内（2018—2022年）以实现保护特有珍稀水生哺乳动物淡水豚及其栖息湿地，谋求自然保护区保护管理工作与社区群众生产生活、社会发展和谐共处为目标，而制定的一系列保证性管理措施及必要的建设项目。编制小组通过搜集本底数据、对本底数据分析查漏补缺、评估保护区相关利益群体、分析保护区威胁因素、制定管理行动和时间表、进行资金预算、编制管理计划草案及征集修改意见等过程，开展保护区现状评估，总结保护区现存的管理问题，有针对性地提出保护区的长期发展目标，并通过设立阶段性目标逐步实现。根据短期目标制订各项行动计划，每项行动计划包含内容描述、理由论证、实施单位、实施时间、经费预算和优先等级，以保障行动计划的顺利实施。

三、淡水豚国家级自然保护区面临的主要威胁和限制因素

目前，保护区的管理工作存在一些制约性因素，具体表现在以下几个方面：

（1）迁地保护地江豚存在近亲繁殖现象，遗传资源逐渐下降

目前，迁地保护水域的 11 头江豚均来自长江安徽铜陵段及其繁殖的后代，缺乏与其他江段江豚进行交流配对繁殖的机会，近亲繁殖容易使其遗传多样性降低，导致种群衰退。

（2）人类活动对淡水豚类的影响和威胁

人类活动的逐渐增加，对江豚的生存造成了直接性威胁。随着长江流域的经济发展和人类活动增加，长江生态环境整体恶化，长江江豚的生存状况受到日益严峻的挑战。主要威胁因素包括非法捕鱼、交通航运干扰、水体污染、大型涉水工程建设、肆意采挖江沙、保护区江段沿岸湿地植被人为破坏严重，对江豚迁地保护地水源造成了污染。

（3）保护区管理能力有待提升

目前，保护区仅有 15 名正式在编人员，编制不足，机构设置不合理，缺乏野外管护经费；保护区不具备执法权力，巡护管理能力弱；除迁地保护地以外，保护区内没有其他区域的土地权属；保护区野外巡护和救护设备落后，保护区工作人员的专业技术业务水平偏低，科研设施不完善，保护区生物多样性监测、宣传教育工作较为薄弱。

四、问题与对策

通过对保护区前期数据资料的比较分析和编者对淡水豚保护区的实地考察及访问，发现保护区在管理工作中仍存在一些制约性因素，具体表现在以下几个方面：（1）人类活动对淡水豚类的影响和威胁，如非法捕鱼、交通航运干扰、水体污染、大型涉水工程建设、肆意采挖江沙、长江沿岸湿地植被的人为干扰和破坏等。（2）保护区的保护工作存在一定的制约因素，如人员及编制不足、野外管护经费难以落实、没有执法权限、没有土地权属等；另外，还有野外巡护救护装备落后、保护区机构设置不够合理、保护区工作人员专业技术水平有限、江豚迁地保护地内的近亲繁殖、保护区科研管理体系不完善、保护区生物多样性监测工作力度和淡水豚野外保护工作力度不够、保护区宣教工作不全面、社区群众的生产生活对江豚迁地保护地的水源造成了一定程度的污染等。

针对以上制约保护区发展的一系列问题，现提出以下几点对策：（1）对野生江豚种群和迁地保护地江豚种群进行复壮，具体行动为每年进行一次野外种群监测，增加迁地保护地内江豚种群数量。（2）完善保护区的科研监测体系，具体行动为完善保护区科研管理体系，开展更多形式的科研活动，每年设立 2 个科研监测项目，对生物多样性和环境指标进行跟踪监测，每年进行一次江豚野外种群监测调查。（3）探索社区共管机制，具体行动为探索建立社区共管机制，减少保护区迁地保护地红线内的人类活动，改善淡水豚栖息地水源的水质状况，通过土地权的流转获得淡水豚重要栖息地的土地权属。（4）加强淡水豚保护意识和主流化宣传，具体行动为每年进行社区宣教和中小学生宣教活动。（5）保护区能力建设和发展，具体行动为加强保护区人员技术培训，改善保护区野外巡护设备。

五、保护管理行动计划

针对管理上存在的问题以及物种保护限制因素，提出的工作目标和行动计划如下：

目标 1 淡水豚野生种群保护和迁地保护地种群复壮。

行动 1 加大野外巡护力度，保护野生种群。通过与渔业局、水务局等地方部门合作，加强对航运船只和渔船的管理；与环保等部门合作，加强保护区江段污水排放的管理，通过改善水环境、减少对江豚种群的人为干扰等，提高野外江豚种群的存活率，达到更好保护野外种群的目的。

行动 2 开展长江段野外江豚种群监测。根据淡水豚类的生活特性及其栖息地特殊性，制订监测计划监测长江江豚野外种群及分布范围。

行动 3 对迁地保护地种群进行复壮。通过与湖北石首、安徽安庆和西江两个淡水豚类迁地保护地建立联系和合作，将不同江段的江豚进行配对繁殖，改善江豚的种群遗传结构和遗传多样性，有利于对江豚物种的保护。

目标 2 保护区科研与监测体系的完善。

行动 4 开展多种科研活动。根据保护的实际情况，制定切合实际的科研管理、奖励体系，鼓励科研人员进行各种形式的科研工作。积极与相关科研单位和高校建立合作关系，争取申报国家科研项目，争取科研专项经费，合作开展科研课题。

行动 5 完善生物多样性监测体系。制订合理的监测计划，定期对保护区生物多样性和栖息地环境进行监测，收集生物多样性、环境数据。

目标 3 探索社区共管机制。

行动 6 减少保护区内的人为活动。减少保护区迁地保护地周边的人为活动，与地方政府和社区群众进行协商，建立社区共管机制，通过生态补偿的方式减少保护区核心区的人类活动。

行动 7 解决土地权属。与地方政府磋商，解决重要观察点、保护站建设的土地权属问题。

目标 4 加强淡水豚保护意识和主流化宣传。

行动 8 编写印制宣传教育材料。编写和印制宣传册、宣传画、旅游指南等，通过社区宣讲、家访、张贴宣传画和标语等方式，进行淡水豚保护的宣传教育活动，提高公众的保护意识，促进湿地保护和淡水豚保护的主流化进程。

行动 9 拍摄淡水豚保护宣传片。拍摄关于淡水豚的保护宣传片，利用新闻媒体的参与进行宣传，提高淡水豚保护区的知名度，加强淡水豚保护和湿地保护的主流化宣传。

行动 10 对地方官员开展宣传教育。深入到保护区周边乡镇，通过召开座谈会，宣讲有关自然资源的保护知识、淡水豚的重要性及其威胁因素和相关法律法规，增强地方官员的法律意识和参与保护意识，进而带动当地群众积极参与保护活动。

行动 11 对社区群众开展宣传教育。积极加强对保护区周边居民的宣传教育，提高其保护淡水豚和生态环境的意识。

行动 12 对青少年进行宣传教育。定期到保护区涉及的铜陵江段范围内的中小学进行宣传教育，使他们热爱自然，增强爱护生态环境、保护淡水豚的自觉性和主动意识。与各地区的教育局进行沟通，申请将保护区的宣教馆作为青少年的实践基地，保护区安排宣讲人员担任中小学生的课外辅导员，通过各种方式提高青少年的保护意识。

目标 5　保护区能力建设和发展。

行动 13　完善执法体系，加大执法力度。

行动 14　改善交通、通信和野外考察设施配置，更新保护区的交通、通信、办公设备和野外考察仪器装备。

行动 15　健全完善保护区的管理体制。制定和明确岗位职责，完善监督和激励机制。

行动 16　加强保护区工作人员培训。开展多种形式的培训和学习工作，提高保护区工作人员的业务素质。

行动 17　增加保护区人员编制。争取政府支持，解决编制问题。

六、管理计划的实施时间和资金来源

本管理计划是特定时期内指导铜陵淡水豚国家级自然保护区管理工作的文件。根据淡水豚保护区的实际情况，将淡水豚保护区管理计划的实施时限定为 5 年，即 2018—2022 年。在管理计划执行的最后一年（即 2022 年），主要是开展管理计划执行情况的评估工作，通过评估制订下一期管理计划。在每年的具体实施过程中，可以根据实际情况对本管理计划进行修订和完善。

实施的总经费预算为 1255 万元。所需的资金以国家和地方政府投入为主，同时广泛争取国际和国内多方合作，通过多渠道和多种形式筹集资金。对于保护区内开展的生态旅游项目、宣传教育项目、社区发展和社区共管项目，保护区管理局应采取合资或者合作的方式争取外界援助，也可以以投资的形式进行资金筹措，其他项目以国家和地方政府投资为主。

安徽当涂石臼湖省级自然保护区管理计划

一、管理计划概况

本管理计划的目的是评估保护区的发展与管理现状，缓解保护区发展的组织机构不健全、制度不完善、专业技术人员不足、缺少项目计划及资金来源等限制因素，以及减少渔业开发、环境污染、自然灾害等威胁因子。通过以上发展和管理现状，制订相应的行动计划。

本管理计划从强化现有自然资源保护工作、实施湿地恢复工程、有效开展科研与监测工作、提升保护区管理能力、开展科普宣教与生态旅游、提高周边群众湿地保护意识、开展合作争取外部支持七大项目出发，加强石臼湖保护区的管理有效性，从而指导保护区2018—2022年期间的管理工作，实现保护区总体规划的阶段目标，保障保护区人力资源、自然资源、财政资源的合理分配，促进保护区项目建设的顺利实施。

二、石臼湖省级自然保护区主要威胁和限制因素

（一）主要威胁

（1）高密度水产养殖，导致石臼湖湿地的自然属性受到严重损伤，湿地承载能力已经达到极致；

（2）上游区域环境污染威胁石臼湖自然环境。

（二）限制因素

（1）组织机构人员配备不足；

（2）科研监测水平薄弱；

（3）专项资金不足；

（4）跨区域管理难度增大。

三、当涂县石臼湖省级自然保护区管理计划

根据石臼湖省级自然保护区的总体规划和阶段目标，本管理计划提出的工作目标和行动计划如下：

目标1　强化自然资源保护工作，提高保护有效性。

行动1　完善保护区边界设施项目。明确保护区范围，依法进行保护。

行动2　开展保护区日常执法巡查工作。通过构建人工巡护及信息监控系统，全方位、多角度、多领域对保护区进行监管，及时遏制进入保护区开展非法活动的行为。

行动3　野生动植物保护。严厉打击违法违规行为；积极开展保护区野生动植物保护工作，使自然保护区内野生动植物种群及其栖息地的完整性得到有效保护。

目标 2　实施生态修复与保护工程，维持湿地生态功能。

行动 4　围网拆除后枯水期水系连通恢复工程。对保护区的围网养殖进行全面拆除，在枯水期对湿地辅以必要的人工恢复，促进湿地的自然属性逐步得到恢复，湿地生态系统的自然恢复能力得到极大提升。

行动 5　实施湿地恢复和植被恢复工程。通过实施湿地恢复和植被恢复工程，恢复生物多样性。

行动 6　水禽栖息地恢复工程。进行湿地植物种植与植被恢复，为鸟类提供一个更好的栖息及觅食环境。

目标 3　加强基础条件建设，有效开展科研与监测工作。

行动 7　监测站点及相关设施的补充与完善。设立湿地科研监测中心，建设一个生态定位监测站，设置固定监测点，以便对湿地进行定位观测，获取科学数据。

行动 8　定期开展本底资源调查及常规监测工作。建立规范、完善的保护区科研监测制度，定期开展本底资源调查，对保护区的自然资源进行全面监控，了解保护区生态系统和功能现状，为保护区的保护管理提供科学依据。

行动 9　疫源疫病监测防控。加强疫源疫病防控能力建设，预防鸟类疫源疫病传播，及时救治伤病鸟类。

行动 10　监测数据的整理与归档。保存监测数据、科研监测档案及成果，采用区域联网与云台建设的方式，实现信息动态更新与数据资源共享。

行动 11　开展各类专项研究。建立湿地保护与可持续发展研究科学咨询委员会，以指导湿地科学研究，为石臼湖湿地研究项目评估和开发项目咨询评审提供科技咨询；加强湿地研究机构的基础设施建设和人才培养。

目标 4　充实完善设施和机构编制，提升保护区管理能力。

行动 12　完善基础设施与设备。加强重点区域的保护与管理，增设管护点，减轻已建管理站的压力；扩大管护点的监管范围，构建完整的管护网络。

行动 13　加强机构建设，完善保护区管理制度。积极开展湿地立法工作，使湿地保护做到有章可循、有法可依。加强机构建设，实施有效管理，完善管理制度，提高工作效率，激励人员尽职尽力尽责、发挥个人主观能动性，提高工作效率和管理效能。

行动 14　扩充人员，加强培训，提高保护区人员的专业能力。进一步扩充机构人员，引进专业人才从事专项管理，增加管护人员，加强日常巡护，针对保护区当前管理人员现状，提出培训建议，制订培训计划。

目标 5　开展科普宣教，提高公众湿地保护意识。

行动 15　完善科普宣教中心及宣教设施。通过开展科普宣教，激发广大公众认识自然、保护自然的自觉意识。

行动 16　开展科普宣教活动。通过成立专门的宣传队伍，组织保护区人员定期到社区做报告、召开座谈会等，促进双方对保护知识的沟通与交流；通过广播、电视、报刊或定期发放材料、巡回展览等形式对社区群众进行宣传教育，促使人们自觉参与区内生物多样性保护。

目标 6 建立社区共管机制，实现协调发展。

行动 17 确立社区共管机制，开展共管活动。确立当涂石臼湖自然保护区共管委员会的共管机制，明确管委会的组成人员、机构设置、管理内容及职责、工作方式等，确保管委会作为联合保护区管理利益相关方，提供各方代表沟通、参与管理的平台；开展生态旅游，融合资源开发利用与环境保护，推动社区经济发展。

行动 18 社区湿地培训服务建设。开展社区湿地培训服务建设工程，明确保护区与社区在保护中的责任和义务，使周边社区发展与保护区的资源保护关系得到协调发展。

目标 7 开展合作交流，获得外部支持。

行动 19 开展国际国内合作与项目交流。鼓励国内外科研机构及个人到保护区独立或合作开展科研与监测活动，与国外相关湿地机构建立良好合作关系。

行动 20 争取国际技术和资金援助。保持与世界自然基金会（WWF）、大自然保护协会（The Nature Conservancy，TNC）的长期合作关系，争取获得它们的技术和资金援助。

四、实施期限和资金需求

管理计划是特定时期内指导石臼湖自然保护区管理工作的文件。根据石臼湖保护区的实际情况，将石臼湖保护区管理计划的时限定为 5 年，即 2018—2022 年。在管理计划执行的最后一年（即 2022 年），主要是开展对管理计划执行情况的评估工作，通过评估，制订下一期管理计划。管理计划可在每年的具体实施过程中修订和完善。

本管理计划预计总经费需求为 3170 万元。实施所需资金以国家和地方政府投资为主，包括中央和省财政资金、保护区的事业经费、保护区国家基建投资等；同时，广泛争取国际、国内合作，多渠道、多种形式筹集资金。

安徽安庆沿江湿地省级自然保护区管理计划

一、管理计划概况

安庆沿江湿地省级自然保护区位于皖西南，长江中下游北岸，南临长江，北倚大别山，由泊湖、武昌湖、菜子湖、破罡湖、白荡湖、枫沙湖和陈瑶湖7个湖泊组成，总面积约50332 hm^2，其中核心区约15822 hm^2、缓冲区约8328 hm^2、实验区约26182 hm^2。安庆沿江湿地省级自然保护区是以保护和恢复湿地生态系统及其功能、保护湿地濒危物种和生物多样性、有效发挥湿地效益为主要目的，集湿地和水禽保护、科研、宣教、可持续利用为一体的自然保护区。

本管理计划的长期目标是保护和维持安庆沿江湿地自然保护区内陆湖泊与水域生态系统、水生和湿生生物群落、珍稀濒危特有的动植物种类及其栖息地的安全；维护内陆湖泊湿地生态系统的完整性；在保持生态系统平衡的基础上，开展与生物多样性保护相协调的可持续利用。实现下列具体目标：

（1）加强保护区现有自然资源的有效保护与管理，使安庆沿江湿地省级自然保护区内野生动植物种群及其栖息地的完整性得到有效保护；

（2）保护和恢复湿地资源，实施湿地保护与恢复工程，促进湿地生态系统的多样性和稳定性；

（3）结合安庆沿江湿地监测工作的开展，提高保护区科研和监测能力；

（4）健全和完善保护区管理机构，改善保护区的基础设施条件，建立有效的管理制度保障体系，确保保护区的日常工作有法可依、有理可循、分工明确、责任到岗；

（5）丰富科普宣教的形式，激发广大公众增强认识自然、保护自然的自觉意识，加强与周边群众的互动式管理，营造良好的社区共管局面；

（6）指导保护区周边生产经营活动，促进传统产业生态化，并充分发挥经济效益，使周边社区发展与保护区的资源保护关系得到协调发展；

（7）拓展保护区建设管理资金渠道，寻求多方合作，将非政府组织及民众纳入保护区投资保护与管理的系统中来，寻求来自政府、非政府组织、相关科研院所对保护区保护、管理活动资金和技术上的支持。

二、沿江湿地省级自然保护区主要威胁和限制因素

（一）主要威胁

（1）水位人工调控。湖泊水量通过湖闸进行人工调控，导致了江河阻隔，致使湖泊的自然生境变成了半自然生境，湿地生物多样性下降。

（2）围垦种植。湖泊滩地被大量围垦，湿地和生物资源大量丧失。

(3) 污染问题。大量化肥、农药的使用和周边养殖业的增加给区域环境带来严重威胁，增加了湖泊水体污染。

(4) 围网养殖。低坝围养，造成生境破碎化，导致鱼类、鸟类栖息地大量丧失。尤其是部分水域长期围栏养殖，甚至在鱼类洄游通道拦网，造成鱼类洄游受阻，严重破坏了鱼类生存环境。

（二）限制因素

(1) 管理体系不健全。包括组织机构不健全，制度不完善，专业技术人员不足。

(2) 设施水平不足。包括巡护系统不规范，科研监测水平低，科普宣教形式单一。

(3) 经费来源不稳定导致生态恢复工程建设不全面。缺少配套资金和居民替代生计补偿办法、居民再就业方案指导恢复工程建设；建设范围局限于保护区内，缺乏整体观念。

三、安庆沿江湿地省级自然保护区保护管理行动

根据安庆沿江湿地自然保护区的长期目标和具体目标，本管理计划提出的工作目标和行动计划如下：

目标 1 强化现有自然资源保护。

行动 1 完善保护区边界设施项目。增设、替换污损、破损的界碑、界桩、警示牌；及时更新绘制安庆沿江湿地自然保护区界碑界桩布点图；减少人为干扰较大的地方或隔离的区域，设立生物隔离带或隔离沟，依法进行保护。

行动 2 开展保护区日常执法巡查工作。通过人工巡护及信息监控系统，全方位、多角度、多领域对安庆沿江湿地自然保护区进行监管，及时遏制进入保护区开展非法活动的行为，有效维护保护区的资源环境和生态安全。

行动 3 加强野生动植物保护。联合保护区周边的乡镇工商、森林公安等部门开展专项执法检查，完善救护设施，改善候鸟栖息地，划定越冬候鸟觅食区。

行动 4 水位人工调控兼顾生物多样性保护。根据水文特征等因素对湖泊水生植被的影响，确定保护区各湖泊植被资源生长的适宜水位变动范围和时间，实施水位的生态调控。

目标 2 实施湿地保护与恢复工程。

行动 5 退圩还湖，退耕还湿。对保护区及其沿岸实施退圩还湖和退耕还湿工程，恢复保护区湿地水文环境，有效防止水体污染，充分发挥湿地效益。

行动 6 协助政府拆除围网。协助安庆市及各县区政府进行围网拆除工作，实地丈量核实各养殖围网面积，并对渔民的湖内和岸上情况进行调查，妥善做好渔民安置工作，于 2018 年底之前将各湖区围网拆除完成。

行动 7 湿地植被恢复工程。对于退耕还湿和退圩还湖的区域，在水陆交错带选择少量沼生植物和挺水植物呈带状种植，浅水处可混合种植沉水、浮水植物，在保护区周边陆地区域，种植护岸林、护坡林和道路林网，实施植被修复工程。

行动 8 建设小型人工湿地试验区。建设小型人工湿地试验区，优化水环境质量，增强水生植被的种群多样性。

目标 3 有效开展科研与监测工作。

行动 9 监测站点及相关设施的补充与完善。在保护区布设固定样地、样线、关键物种监测点、气象观测点和水文水质监测点，配备相应设备，并利用 3S 技术进行分析与模拟，长期动态监测保护区内自然资源、自然环境的动态变化。

行动 10 开展各项常规监测工作。组织专家负责调研安庆沿江湿地自然保护区的科研监测现状，提出未来三年的科研监测计划；定期开展本底资源调查，针对“引江济淮”工程可能给保护区菜子湖带来的影响，在菜子湖进行相关的生态影响监测，为后期评价提供基础数据。

行动 11 加强疫源疫病监测防控。加强组织领导，建立健全监测制度，及时上报、处理异常情况，预防鸟类疫源疫病传播，及时救治伤病鸟类。

行动 12 监测数据的整理与归档。建立科研监测档案，保存监测数据及成果，采用区域联网与云台建设的方式，实现信息动态更新与数据资源共享。

行动 13 开展各项重要专题研究。开展濒危物种的受威胁和濒危机制研究，研究安庆沿江湿地自然保护区重要物种的种群动态和环境变化的关系，分析致危因素，提出有效保护措施和种群恢复方案。

目标 4 提升保护区管理能力。

行动 14 武昌湖申请成为国家级自然保护区、国际及国家重要湿地。在此期间需要做好申报准备工作，尤其是完善申报资格审查的相关材料，进行申请函、土地权属证明、申报书、科考报告、总体规划和其他材料等报送材料的准备工作。

行动 15 进行保护区调整的申请。申请将枞阳县境内的白荡湖、陈瑶湖、枫沙湖三个湖泊划出安庆沿江湿地自然保护区范围，交由铜陵市进行直接管理，同时申请成立自然保护区，加强湿地保护。

行动 16 完善基础设施与设备。增加便道、巡护步道、码头的建设，维修原有道路，完善巡护路网，加强各管护站、管护点及监测站点之间的联系，扩大巡护范围、增加巡护效能；改善办公、监测的基本条件，保障项目有效实施。

行动 17 加强机构建设，完善保护区管理制度。加强机构建设，实施有效管理，完善管理制度，提高工作效率，激励人员尽职尽力尽责、发挥个人主观能动性，提高工作效率和管理效能。

行动 18 扩充人员数量，提高业务素质和工作能力。进一步扩充机构人员，引进专业人才从事专项管理，增加管护人员，加强日常巡护，针对保护区当前管理人员提出培训建议，制订培训计划。

目标 5 开展社区科普宣教。

行动 19 建设湿地生态科普中心。建设一座综合性科普宣教设施，向公众开展宣传教育和自然保护知识，并作为保护区的标志性建筑。

行动 20 开展科普宣教活动。通过“安徽湿地日”和“爱鸟周”等湿地相关节日，利用网站、微博、微信等新媒体途径，与当地学校联合，开展“小手牵大手”活动，运用多种形式在周边社区、中小学开展主题宣教活动，提高社区群众的自觉保护意识，调动全社会力量支持、关心、参与自然保护区工作。

目标 6 积极开展社区共管。

行动 21 确立社区共管机制，开展共管活动。确立当前安庆沿江湿地自然保护区共管委员会的共管机制，明确管委会的组成人员、机构设置、管理内容及职责、工作方式等，确保管委会作为联合保护区管理利益相关方，提供各方代表沟通、参与管理的平台。

行动 22 协助辖区政府开展农村生活污水治理工作。进行农村生活污水分散式处理试点建设，减少直排入湖污水量。

目标 7 加强合作，争取外部支持。

行动 23 开展国内外合作与项目交流。鼓励国内外科研机构及个人来保护区进行独立或合作开展科研与监测活动，加强与国外相关湿地机构建立良好合作关系，提高保护区各方面工作的管理能力。

行动 24 争取国际技术和资金援助。与 WWF、TNC 长期合作，争取其技术和资金援助，以缓解管理和保护资金的不足，改善社区经济。

四、管理计划实施时间及经费估算

根据安庆沿江湿地省级自然保护区的实际情况，将保护区管理计划的时限定为 5 年，即 2018—2022 年。预计总经费需求为 6920 万元。

《安徽长江中下游湿地保护地管理计划——安徽安庆沿江湿地省级自然保护区管理计划（2018—2022 年）》实施所需资金以国家和地方政府投资为主，包括中央和省财政资金、保护区的事业经费等；同时广泛争取国际、国内合作，多渠道、多种形式筹集资金。对于保护区开展的社区发展和社区共管项目，应由保护区管理所通过合资、合作或争取外界援助等形式进行筹资，其他项目则以国家和地方政府投资为主。

安徽宿松华阳河湖群省级自然保护区管理计划

一、管理计划概况

本管理计划的目的是评估保护区的发展与管理现状，缓解保护区发展的组织机构不健全、制度不完善、专业技术人员不足、缺少项目计划及资金来源等限制因素，以及减少渔业开发、工程项目建设、环境污染等威胁因子。通过以上发展和管理现状制定相应的行动计划。

本管理计划从强化现有自然资源保护工作、实施生态修复与保护工程、有效开展科研与监测工作、提升保护区管理能力、开展科普宣教、提高周边群众湿地保护意识、开展合作争取外部支持等项目出发，加强华阳河湖群省级自然保护区的管理有效性。从而指导保护区2018—2022年的管理工作，实现保护区总体规划的阶段目标，保障保护区人力资源、自然资源、财政资源的合理分配，促进保护区项目建设的顺利实施。从长远发展的角度，保护和维持华阳河湖群区域水域生态系统、水生和湿生生物群落、珍稀濒危特有的动植物种类及其栖息地的安全；维护区域生态系统的完整性；在保持生态系统平衡的基础上，开展与生物多样性保护相协调的可持续利用。

二、华阳河湖群省级自然保护区面临的主要威胁和限制因素

（一）主要威胁

（1）渔业开发过度。湖泊中高强度围网养殖，导致水生植物严重退化。渔业过度捕捞导致各湖鱼类天然捕捞产量逐年下降，鱼类趋于小型化。

（2）围湖造田加速湿地缩小、退化。自20世纪50年代开始的围湖造田，导致湖泊面积急剧减少，鱼类产卵场所和水禽栖息地遭到了巨大的破坏。

（3）保护区周围工程项目建设导致江河阻隔、水位变化。坝闸阻断了湖泊与长江的通道，鱼类的繁殖、觅饵场被隔断，威胁洄游和半洄游鱼类的生存，使湖泊的鱼类多样性降低。水量减少，加速了湖泊萎缩，湖泊缺少涨落区、浅滩等，湿地功能退化，面积和质量均下降；水位抬升，导致水鸟的适宜栖息地丧失，影响了鸟类的正常活动。保护区内的风力发电厂，影响鸟类栖息和鸟类觅食活动。

（4）湿地周边地区环境污染。畜禽养殖增加了水体污染；周边乡镇农村居民生活污水通过沟渠排放至河、湖，也对保护区水质造成了较大影响。

（二）限制因素

（1）组织机构人员配备不足；

（2）科研监测水平薄弱；

（3）专项资金不足；

(4) 渔业生产与湿地保护矛盾突出，影响湿地管理；

(5) 保护管理宣传力度不够。

三、华阳河湖群省级自然保护区管理行动

根据华阳河湖群省级自然保护区的长远目标和操作目标，本管理计划提出的工作目标和行动计划如下：

目标 1　强化现有自然资源保护工作。

行动 1　完善保护区边界设施项目。增设、替换污损、破损的界碑、界桩、警示牌；在村镇、路口人为干扰较大的地方或需隔离的区域，设立生物隔离带或隔离沟，防止偷猎、盗猎现象发生；在重要生态保护区域、典型生态类型区、鸟类集中分布区、交通路线、人为活动区、植被密集区等重点区域布设高清视频监控。

行动 2　开展保护区日常执法巡查工作。通过人工巡护及信息监控系统，全方位、多角度、多领域对华阳河湖群自然保护区进行监管，及时制止随意进入保护区开展非法活动的行为，有效维护区域资源环境和生态安全。

行动 3　协助政府实施渔业围网拆除工程。制定围网养殖拆除方案，开展围网拆除工作，有计划地退渔还湖，不断提升湖泊生态环境承载力。转变渔业发展模式，发展生态渔业。

行动 4　退田还湖。实施退田还湖，可使湿地面积增加，可增加蓄水、蓄洪容积，增强湖泊蓄水防洪能力，恢复湖泊原有的水体存储空间，创建物种生态位，使湿地生物获得栖息繁衍的空间和生存条件，让退化的湿地生态系统得到恢复。

目标 2　实施生态修复与保护工程。

行动 5　动植物保护。实施退田还湖、退渔还湖工程，加强湿地植被监测和有害及外来生物控制，实施鸟类栖息地保护工程，恢复鸟类栖息地；划定鸟类重点保护范围和越冬候鸟觅食区，在觅食区设置警示标识或生态隔离屏障；对现有闸坝阻断洄游性鱼类的繁育、觅饵场所，开展相关抢救性措施，进行长江中下游洄游性鱼类的保护。

行动 6　湖滨带生态恢复。进行滩涂及湖堤两侧植被恢复，促进湿地植被的自然演替。

行动 7　入湖河口生态截污带的设置。进行入湖河口生态截污工程，利用生态截污带对面源污染进行截留、控制和消解。

行动 8　河流湿地生态修复与水源涵养林的保护。在入湖河流源头与集水区进行水源涵养林的封育、补植和保护；中下游区域河道两侧营造防护林建设，通过建设防护栏、防护网，竖立警示标识等措施，对河流两侧的天然植被进行全面封护，封滩育林（草）。

目标 3　有效开展科研与监测工作。

行动 9　监测站点及相关设施的补充与完善。完善现有的监测站点及相关设施，保证保护区科研监测工作的有序开展。利用保护区现有的地理信息系统技术，进行技术采集、管理、分析和多种输出保护区地理数据，使地理信息可视化，并进行信息综合分析评价与模拟预测，为管理和决策服务。

行动 10　开展各项常规监测工作。规范、完善保护区的科研监测工作，提高监测

工作的科学性、实用性、一致性和可比性，结合保护区的实际情况，开展各项科研监测工作，对保护区自然资源进行全面监控。

行动 11　疫源疫病监测防控。预防鸟类疫源疫病传播，及时救治伤病鸟类。

行动 12　监测数据的整理与归档。建立保护区科研监测数据库，实现区域联网，动态、实时传输及保存各监测站点的监测数据；保存科研监测档案及相关科研成果；建立云台，与安徽省其他保护区实现信息交互、资源共享。分类别进行保护区科研监测台账记录、整理工作，实现监测台账归类管理。

行动 13　相关课题研究及技术援助。建立湿地保护与可持续发展研究科学咨询委员会，以指导湿地科学研究，为华阳河湖群湿地研究项目评估和开发项目咨询评审提供科技咨询；加强湿地研究机构的基础设施建设和人才培养。

目标 4　提升保护区管理能力。

行动 14　完善基础设施与设备。增加便道、巡护步道、码头的建设，维修原有道路，完善巡护路网，加强各管理站、管护点及监测站点之间的联系，扩大巡护范围，增加巡护效能；改善办公、监测的基本条件，保障项目有效实施。

行动 15　加强机构建设，完善保护区管理制度。加强机构建设，实施有效管理，完善管理制度，提高工作效率，激励人员尽职尽力尽责，发挥个人主观能动性，提高工作效率和管理效能。

行动 16　扩充人员，加强培训，提高保护区人员专业能力，扩充组织机构人员，制订培训计划，开展基础培训，提高管理人员素质。

目标 5　开展科普宣教。

行动 17　建设湿地植物园。建成长江中下游最丰富的湿地水生植物保护与景观展示基地，使参观者直观地认识到“不同湿地水生植物均有其生态位”，唤醒人们保护湖泊湿地环境的意识。

行动 18　完善科普宣教中心及宣教设施。建设的湿地植物园和湿地宣教中心，配设室外宣教展牌，提升宣教能力。

行动 19　开展科普宣教活动。通过湿地相关节日，利用网站、微博、微信等新媒体开展多种形式的宣教活动；与当地学校联合，开展“小手牵大手”活动，通过对学生的宣传来带动成年人意识的提高，调动全社会力量支持、关心、参与自然保护区事业。

目标 6　提高周边群众的湿地保护意识。

行动 20　进行周边群众宣传教育，提高湿地保护意识。

行动 21　协助政府开展农村生活污水治理工作。开展沿湖集镇污水和分散式处理试点，减少直排入湖污水量，确保区域水质状况良好，湿地生境得到有效维护。

目标 7　开展合作，争取外部支持。

行动 22　积极落实沙特政府援助贷款项目。目前启动该外国政府贷款备选项目规划第二批计划——宿松华阳河湖群湿地生态环境保护与可持续发展项目，将华阳河湖群建设成为集湿地保护、科普宣教、合理利用于一体的湿地保护示范工程。

行动 23　开展国际国内合作与项目交流。鼓励国内外科研机构及个人来保护区进行独立或合作开展科研与监测活动，对沙特政府援助项目进行技术总结，总结项目合作经验。

行动 24　争取国际技术和资金援助。保持与沙特政府、WWF、TNC 的长期合作，积极吸引其他政府援助或投资项目，促进华阳河湖群湿地保护工作有效开展。

四、实施期限和资金需求

管理计划是特定时期内指导华阳河湖群自然保护区管理二作的文件。根据华阳河湖群保护区的实际情况，将华阳河湖群保护区管理计划的时限定为 5 年，即 2018—2022 年。在管理计划执行的最后一年（即 2022 年），主要是开展对管理计划执行情况的评估工作，通过评估，制订下一期管理计划。管理计划可在每年的具体实施过程中修订和完善。

本管理计划预计总经费需求为 7320 万元。实施所需资金坚持以国家和地方政府投资为主，包括中央和省财政资金、保护区的事业经费、保护区国家基建投资等；同时，广泛争取国际、国内合作，多渠道、多种形式筹集资金。

安徽贵池十八索省级自然保护区管理计划

一、管理计划概况

本管理计划的目的是评估保护区的发展与管理现状，缓解保护区发展组织机构不健全、制度不完善、专业技术人员不足、设施水平不高、缺少项目计划及资金来源等限制因素，以及减少基础设施（如池州九华山机场和沪渝高速噪声）、农业化肥面源污染、水产养殖、湿地围垦大面积存在等威胁因子。制订行动计划从提升保护区管理能力、强化现有自然资源保护工作、实施湿地恢复工程、有效开展科研与监测工作、开展科普宣教、积极开展社区共管、开展合作争取外部支持等七大项目出发，加强贵池十八索省级自然保护区的管理有效性，从而指导保护区 2018—2022 年的管理工作，实现保护区总体规划的阶段目标，保障保护区人力资源、自然资源、财政资源的合理分配，促进保护区项目建设的顺利实施，从长远发展的角度，保护和维持以十八索保护区为核心的内陆湖泊与水域生态系统、水生和湿生生物群落、珍稀濒危特有的动植物种类及其栖息地的安全，维护内陆湖泊湿地生态系统的完整性，在保持生态系统平衡的基础上，开展与生物多样性保护相协调的可持续利用。

二、贵池十八索省级自然保护区面临的主要威胁和限制因素

（一）主要威胁

（1）周围设施建设带来噪声污染；

（2）农业面源污染；

（3）水产养殖；

（4）人为活动干扰。

（二）限制因素

（1）组织机构和基础设施方面：组织机构不健全、基础设施不完善等；

（2）技术方面：专业技术人才缺乏，专业培训课程缺乏；

（3）资金方面：保护区管护资金不足。

三、贵池十八索省级自然保护区管理行动

面对保护区的威胁限制因子，为指导保护区 5 年的发展规划，本管理计划根据实际情况制订的工作目标和行动计划如下：

目标 1　提升保护区管理能力。

行动 1　扩充组织机构人员。进一步扩充机构人员，引进专业人才从事专项管理，增加管护人员加强日常巡护，吸纳当地相关部门、社区代表共同参与社区管理，扩大

队伍建设，完善人才结构。

行动 2 健全机制、完善管理制度。按照“一区一法”的原则，制定保护区管理条例。完善安徽贵池十八索自然保护区管理制度，依法履行自然保护区管理职责。规范人事管理，落实检查、考核、奖惩办法，建立激励机制。

行动 3 完善保护区边界设施。在保护区边界设置界碑、界桩，在人为干扰较大的地方或需隔离的区域，设置生物隔离带或隔离沟。在重要生态保护区、典型生态类型区、鸟类集中分布区、交通路线、人为活动区、植被密集区等重点区域布设高清视频监控，提供全方位、多角度、多领域的实时视频监控。

行动 4 完善基础设施与设备。完善保护站资源监测室、科普宣教馆、实验室、办公室等和相关配套设施，配合巡护建制的升级，添置巡护设备，改善办公、监测的基本条件，保障项目有效实施。

行动 5 加强培训，提高保护区人员专业能力。制订管理人员培训计划，定期集中培训保护区管理人员，加深对生物多样性保护能力建设的认知，了解湿地生物多样性保护在其各自部门发展中的重要性，掌握保护区管理人员的工作技能。

行动 6 制订年度工作计划。根据保护区实际需求和中长期发展规划，确定年度目标；结合保护区管理计划制订可行的年度工作实施计划；再把目标分解成任务，确定重点任务逐步执行。

目标 2 强化现有自然资源保护工作。

行动 7 配合政府及相关部门严守生态红线。积极配合政府及相关部门严守生态红线，保证区域生态安全和可持续发展，根据生态系统完整性和连通性的保护需求，对划定需实施特殊保护的区域加强生态管理。

行动 8 开展保护区日常执法巡查工作。通过人工巡护及信息监控系统，全方位、多角度、多领域的对十八索自然保护区进行监管，及时制止随意进入保护区开展非法活动的行为，有效维护区域资源环境和生态安全。

行动 9 野生动植物保护。积极进行野生动物尤其是鸟类的救助救护工作，及时发现、救助受伤鸟类，划定越冬候鸟觅食区，在觅食区设置警示标识。在恢复湿地生境的前提下开展水生植物保护，促进水生植物种群恢复，为越冬候鸟提供食物和良好的栖息环境。采取严厉打击与宣传教育并举的方式，查处破坏、买卖野生动物案件。

行动 10 珍稀水鸟栖息地管理。在长期监测的基础上划定珍稀濒危鸟类越冬觅食栖息地范围，进行重点保护；在极端环境下进行科学投食，保证白头鹤、东方白鹳等珍稀濒危鸟类越冬食物需求，维护种群数量动态稳定。

行动 11 有害和外来生物控制。针对外来有害物种采取物理防治与生物防治相结合的原则，制订控制计划，有计划地清理外来有害生物，并将其纳入管理站点日常工作。

行动 12 整改存在的环保问题。大力开展保护区内环保问题排查，对存在的环保问题坚决处理，务必督办到位。定期对十八索保护区内的水质、大气、土壤等进行监测，做好环境监测工作。

目标 3 实施湿地恢复工程。

行动 13 湖滩水草恢复、退耕还湿。在水生植被退化的湖滩和退耕还湿的湖滩地段，通过控制湖滩的水位与湿度，恢复原有湿地生态面貌。对易涝不能保收的耕地、滩涂，鼓励退耕还湖，扩大湿地面积，减少人为干扰，增加鸟类栖息地面积。

行动 14 鸟类栖息地恢复工程。针对重点鸟类栖息区域，在改善湿地水文条件的前提下，通过全自然状态或人工种植等辅助措施恢复湿地资源，以保证湿地生态系统演替的自然性，有利于鸟类觅食、隐藏和繁殖。

行动 15 积极开展十八索流域综合管理。以十八索流域为单元，全面考虑与十八索有关的自然、人文、生态的水资源管理和决策方法，对水资源实行综合管理。

目标 4 有效开展科研与监测工作。

行动 16 建设科研中心与环境监测站。通过建立科研中心、气象观测站、地理信息系统、保护区网页等手段，对保护区进行实时监测，收集保护区第一手数据，为科研和保护提供技术参数。

行动 17 监测设施的补充与完善。在保护区布设固定样地、样线、关键物种监测点、气象观测点和水文水质监测点，配备相应设备，并利用 3S 技术，进行分析与模拟，长期动态监测保护区内自然资源、自然环境的动态变化。

行动 18 编制保护区科研监测计划。结合保护区科研监测现状，编制保护区科研监测计划，规范、完善保护区的科研监测工作，为监测工作提供阶段性的指导和部署。

行动 19 开展各项常规监测工作。定期开展本底资源调查，对重要监测对象如水鸟、湿地植被应至少每年开展一次资源调查。

行动 20 疫源疫病监测防控。落实专人负责疫源疫病监测中心工作，预防鸟类疫源疫病传播，及时救治伤病鸟类。

行动 21 监测数据的整理与归档。建立保护区科研监测数据库，保存监测数据、科研监测档案及成果，采用区域联网与云台建设的方式，实现信息动态更新与数据资源共享。

行动 22 开展各类专项研究。开展濒危物种的受威胁和濒危机制研究，研究十八索保护区重要物种的种群动态和环境变化的关系，分析致危因素，提出有效保护措施和种群恢复方案。

目标 5 开展科普宣教。

行动 23 完善科普宣教中心及宣教设施。根据安徽省十八索自然保护区总体规划，在保护站综合楼内设立宣教中心，内设标本馆和多媒体宣教馆，配备相关设备，保证宣教中心正常运转。

行动 24 开展科普宣教活动。通过“世界湿地日”“爱鸟周”“保护野生动物宣传月”和“安徽省湿地日”等活动，提高周边群众保护意识。发挥十八索湿地学校带动效应，积极加入中国湿地学校网络，带动更多的学校、更多的人参与湿地保护，并通过对学生的宣传来带动成年人意识的提高。

目标 6 积极开展社区共管。

行动 25 建立共管机构、营造良好的社区共管局面。保护区成立共管领导小组，领导社区开展共管活动，在共管中明确保护区与社区在保护中的责任和义务，提供各方代表沟通、参与管理的平台。

行动 26 制订试点社区资源管理计划。在明确社区需求的前提下，召开村民代表大会，共同确定资源管理目标和实施项目，以及解决冲突的对策，确定制订计划的人员和任务，由计划制订人员编写社区资源管理计划。

目标 7 开展合作，争取外部支持。

行动 27 开展国际合作与项目交流。鼓励国内外科研机构及个人来保护区独立或合作开展科研与监测活动，与国外相关湿地机构建立良好的合作关系，进行双向互动交流，提高保护区各方面工作的管理能力，达到省级重要湿地保护标准。

行动 28 争取国际技术和资金援助。逐步形成以中央和省级财政投入为主、社会积极参与的多渠道资金筹措保障机制，探索建立认养、捐款等方式，吸收社会资金参与保护区管理。

四、实施期限与资金来源

本管理计划实施期限为 2018 年 1 月至 2022 年 12 月，预计总经费需求为 1045 万元。管理计划实施所需资金以国家和地方政府投资、全球环境基金赞助为主，筹集资金为辅，通过广泛争取国际、国内合作等多渠道、多种形式筹集资金。

叁 实践案例编

安徽湿地保护修复工作认真落实习近平总书记“把安徽好山好水保护好”嘱托，认真贯彻省委、省政府及国家林业和草原局决策部署，奋力担当，攻坚克难，不断增强广大人民群众对美好湿地生态的获得感、幸福感、安全感。其中，环巢湖十大湿地、湿地自然保护区、湿地公园、湿地学校，在建设绿色江淮美好家园、打造生态文明建设安徽样板中奋勇争先，敢于实践，特色鲜明，成效显著，努力将习近平生态文明思想在安徽湿地保护大地上写大写粗写实！

环巢湖十大湿地建设

一、背景情况

巢湖是长江流域的重要湖泊，形成于距今1.2万年前，其湖区面积曾逾2000 km²。20世纪以来，受地质条件、农业生产、城市建设、江湖隔绝等因素影响，巢湖流域出现湿地萎缩、功能退化、水质污染、蓝藻频发、生物多样性下降等一系列问题，被列为全国“三河三湖”治理重点之一。

为加强环巢湖湿地保护修复，2015年7月，安徽省人民政府专题会议提出“要努力打造世界一流、国内唯一风格的环巢湖城市湿地公园”。合肥市委市政府以前所未有的决心、前所未有的标准，创新提出打造环巢湖湿地公园群。2018年7月，合肥市人民政府正式批准《环巢湖湿地公园群总体规划》，主要是围绕生境、水系、水质、水量等湿地保护的核心问题，以十五里河、南淝河、兆河等33条入湖河流、滩涂湿地为重点，谋划建设环巢湖十大湿地，即肥东十八联圩和玉带河、肥西三河、包河湖滨和派河口、巢湖半岛和槐林及柘皋河、庐江马尾河和栖凤洲等，总面积近100 km²，投资概算约95亿元，建成后将形成环巢湖湿地公园群。

二、主要做法

（一）坚持生态优先

牢固树立“绿水青山就是金山银山”理念，将湿地保护修复作为美丽巢湖建设的重要举措，坚持尊重原生态，不搞大开发。十八联圩湿地，原规划为农业田园综合体项目，运用市场化机制打造，政府不需要投入；后经市委市政府慎重决策，决定按纯生态项目由政府投资建设，禁止商业开发，严控建筑景观项目，限制人的通达，打造鸟的乐园。

（二）注重系统规划

编制实施《巢湖综合治理绿色发展总体规划》《合肥市湿地保护与发展规划（2013—2030年）》《环巢湖湿地公园群总体规划》，立足合肥湿地资源特色，构建顶层设计清晰、中观层面完整、实施层面有效的规划路径。以十五里河、南淝河、兆河等33条入湖河流、滩涂湿地为重点，规划建设10处湿地公园，建成后将形成环巢湖湿地公园群。目前，已建肥西三河、巢湖半岛和合肥巢湖湖滨3处国家湿地公园，以及巢湖槐林、巢湖柘皋河2处省级湿地公园。

（三）着力推进修复

强化巢湖湿地修复，以湖堤外侧及入湖河流湿地修复为重点，大力实施“退耕、退养、退居”还湿，扩展湿地生态空间。围绕退耕还湿，将环湖1 km范围内区域全部退出传统种植模式，减少面源污染；围绕退养还湿，对十八联圩、巢湖半岛等湿地回收鱼塘经营权，推广生态养殖，减少养殖业污染；围绕退居还湿，开展村庄搬迁和房屋拆迁，减少生活污水排放。目前，环巢湖十大湿地建设完成投资39.28亿元，完成拆迁6822户，恢复修复湿地41.33 km^2。其中，退耕还湿27.33 km^2；退养还湿10 km^2；退居还湿4 km^2。实施黄陂湖“三退”还湖工程，铲除湖区内圩堤、支流堤防14.5 km，隔堤12.3 km，拆除湖区内泵站、涵闸、斗门等建筑物37处，湖内33家养殖企业全部退出，累计还湖28 km^2。

（四）突出科技支撑

组建巢湖研究院，打造开放式研究平台，加强巢湖治理基础研究，成立巢湖治理专家咨询委员会，为巢湖综合治理决策提供参谋和咨询服务。举办第二届巢湖综合治理专家咨询峰会、中国湿地保护协会专家委员会工作例会暨巢湖湿地恢复研讨会，邀请国内外专家共商巢湖湿地保护修复策略。引入高校科研院所，开展环湖湿地资源本底调查和研究，编制《巢湖流域生态湿地建设技术导则》，为湿地修复提供科技支撑。

（五）强化资金保障

湿地项目建设资金实行市、县分担机制，湿地修复和水环境治理以市财政投入为主，纳入巢湖综合治理和十大建设项目统一调度保障，县（市）区负责拆迁安置和土地流转费用。注重政策叠加，将湿地恢复与巢湖一级保护区农业面源污染防治结合，建立退耕还湿奖补机制，市、县财政按40元/hm^2予以补助。探索建立多元化湿地生态补偿机制，加快创建湿地可持续经营利用模式。

（六）探索机制创新

市政府成立“十大湿地”项目建设指挥部，加强督促调度。在市林业和园林局增设林长制工作处、湿地管理处，将湿地建设列入市、县“林长制”工作内容，加大考核奖惩力度，并专门审议通过《市人大常委会关于加强环巢湖十大湿地保护的决定》。属地政府认真履责、主动作为，全力推进湿地保护修复工作。

三、初步成效

（一）湿地生态功能不断提升

十五里河湿地目前处理水量3×10^5～4×10^5 m^3/d，主要指标氨氮污染物削减率平均为20%～30%，总磷削减率平均约为20%，COD削减率平均约为15%，溶解氧浓度平均提高约20%。十八联圩湿地项目预计使进水氨氮由6～7 mg/L降至4 mg/L以下，总磷由0.5～0.6 mg/L降至0.4 mg/L以下，年处理水量约2.9亿方（日处理量为80万方/日）。环湖湿地发挥了重要的入湖河水水质稳定器和缓冲器作用。

（二）生物多样性更加丰富

随着巢湖湿地面积的扩大和湿地生态系统的逐步稳定，湿地水质净化能力得到加强，生物生境得到改善。巢湖湿地记录的植物种类数量由2013年的211种升至275种。白琵鹭、豆雁、红嘴鸥（*Larus ridibundus*）等珍稀鸟类越来越多地选择在这里越冬、栖息，目前巢湖沿岸有记录的鸟类总数已达300多种。2018年和2019年连续两年，素有“国宝”之称的东方白鹳出现在巢湖半岛湿地。巢湖湿地生态重现生机，逐渐成为水草丰茂的“候鸟天堂”。

（三）巢湖水质持续好转

河湖水质得到改善，污染浓度明显下降。2019年，巢湖水质由Ⅴ类好转为Ⅳ类，其中的氨氮污染物、化学需氧量、总磷比2018年分别下降34.49%、6.36%、22.94%。出湖水质保持优良，其入长江前的国控断面裕溪口近年来一直稳定保持在Ⅱ类水平，对长江干流的环境效益作出了贡献，也为长江经济带生态保护作出了合肥贡献。

环巢湖十大湿地建设是省委省政府深入贯彻习近平生态文明思想，全面打造“水清岸绿产业优 美丽长江（安徽）经济带”、建设绿色发展美丽巢湖决策部署的具体举措，已列入《安徽省实施长江三角洲区域一体化发展规划纲要行动计划》。2019年7月，安徽省委书记李锦斌对环巢湖十大湿地建设作出专门批示，2020年1月省委专题会议听取环巢湖十大湿地保护与修复工程建设情况汇报。

合肥市将继续坚持生态惠民、生态为民，坚持城水相依、融合发展，把环巢湖十大湿地建设成为满足人民群众优美生态环境需要的民生工程，建设成为提升合肥乃至安徽形象的样板工程。力争到2021年，基本完成建设任务，初步构建环巢湖湿地生态屏障。

安徽太和沙颍河国家湿地公园

一、湿地公园基本情况

安徽太和沙颍河国家湿地公园位于太和县城西部，地理坐标为东经 115°25′～115°55′，北纬 33°04′～33°35′，2015 年 12 月通过原国家林业局验收并授牌，2017 年荣获阜阳市首届“十佳景区”。该湿地公园总面积为 714 hm^2，其中湿地面积为 262 hm^2，属河流型湿地，包括湿地生态保育区、休闲体验区、湿地生态功能展示区和服务管理区四个功能区。自成立以来，沙颍河湿地公园一直以湿地生态修复为基础，多元化休闲为主要功能，展示沙颍河文化印记，讲述太和故事。

太和沙颍河国家湿地公园拥有丰富的野生动植物资源，有鸟类 36 科 110 种，其中国家重点保护鸟类 10 种、省重点保护鸟类 25 种；鱼类 9 科 47 种；两栖类 3 科 7 种；爬行类 3 科 6 种；哺乳类 8 科 15 种。常见植物有银杏科、杉科、柏科、木兰科、樟科、禾本科等，共计 44 科 144 种。

二、湿地公园保护修复成效

（一）坚持最小干预实施生态修复

秉着“多做减法、少做加法”原则，尽量减少人工痕迹，避免对环境的破坏，保持湿地公园原有的生态自然美。比如，保护树龄 560 多年的皂荚（*Gleditsia sinensis*）、100 多年的银杏（*Ginkyo biloba*），最大限度保留桑（*Morus alba*）、榆、柳、楸（*Catalpa bungei*）、楝（*Melia azedarach*）等一些乡土树种；在坡岸防护的处理上，采取植物驳岸修复技术，既能最大限度地保护原有湿地生态，同时也能起到涵养水源、净化水质，防止水土流失的作用；实施生态补水，营造大水面、大浅滩和水草地，使老河道湿地保育区水生植物更加丰富，在实现水体自净、改善水体水质的同时，也吸引了越来越多的昆虫和鸟类在此栖息繁衍。

（二）大拆迁大投入配建基础设施

一是强化责任，推动试点建设。2009 年 12 月，原国家林业局批准安徽太和沙颍河国家湿地公园（试点）建设。2010 年 5 月，太和县成立了沙颍河国家湿地公园管理局，负责湿地保护管理工作。2013 年 10 月，成立公园建设指挥部，推行“一线工作法”，把湿地公园试点建设列入全县重点工程，定期调度，强力推进，让承担任务的部门主要负责人通过电视向全县人民公开承诺，接受社会监督。

二是以人为本，实施移民搬迁。太和沙颍河湿地公园建设中，整村搬迁村庄 6 个、1499 户、5646 人。搬迁 50 余家企业，其中造船厂、混凝土站等规模以上企业 9 家。整村搬迁启动后，共投入拆迁补偿和安置资金 9.9 亿元，及时足额兑付各项拆迁补偿款，并大力推进安置区建设，妥善安置搬迁群众。

三是整合资金，倾斜公园建设。自试点建设以来，县财政每年将400万元保护管理资金列入年度财政预算。另外，整合水利、交通、人防林工程和中央财政湿地保护补助资金计4870万元，完成湿地保育区生态修复65 hm^2，土方清淤50万方，硬化堤顶主循环路30 km，生态防护林建设27 hm^2；引进民间资金1600万元，完成椿樱农家园（游客接待中心）建设与功能升级。

四是文旅结合，打造生态景观。投入建设资金4.5亿元，将独具地方特色的椿樱文化、农耕文化和历史人文等融入湿地公园，高标准建设服务管理区和沙颍河休闲体验区，打造了岸线长6 km、面积为247 hm^2 的滨河生态景观带，包含花间苇乐、水岸乡情、运动健身、田园体验、生态保育、河舟之忆、湿地科普等七大主题板块，将体现太和书画艺术之乡的墨苑、体现太和清音文化的曲苑、体现太和尚武精神的武苑和体现中原农耕文化的耕苑等作为景观节点，提高了景观的文化内涵，达到了自然与文化的完美融合。

（三）丰富特色活动推动地方经济

一是突出地方特色，保留乡土印记。香椿（*Toona sinensis*）和樱桃（*Cerasus* spp.）是闻名全国的太和地方特产，古代曾作为贡品上贡朝廷。太和品质最好的香椿、樱桃就盛产在沙颍河国家湿地公园李营一带。为保护原产地地方特产，维护当地群众利益，特采取集中保留、分散保留和移栽保留的方式，最大限度地保留香椿、樱桃地方特色品种，形成了数百亩的樱桃采摘园和香椿采摘园。

二是升级节事活动，做大文化旅游。2015年起，将连续举办五届的太和县椿樱文化艺术节升级为沙颍河湿地暨椿樱文化旅游周，活动周期从3～5天延长到14天，同时增设了椿樱诗会、椿樱笔会、椿樱厨师大赛等趣味活动。节会期间，每年都吸引了近10万游客，拉动旅游消费，提高当地群众收入。

三是承办各类活动，打造黄金阵地。太和沙颍河国家湿地公园，每年约有1.5万名中小学生来湿地公园接受环境教育，成为青少年环境教育的阵地；每年接待工青妇等社会团体活动和县直各单位节事宣传活动近百次，成为社会各界举办各类社会活动的较佳场所；县直职工运动会“千人徒步”项目、太和县马拉松公开赛连续三年在这里举行，成为体育赛事的黄金赛道。

承载几多期待，聚集多少艳羡。当初破旧的村庄、废弃的厂房、荒芜的滩涂不见了，如今的沙颍河湿地公园已完成华丽转变，成为展示太和发展成果的一张金名片，被市民称为“太和之肾”。

安徽池州平天湖国家湿地公园

一、基本情况

安徽平天湖国家湿地公园位于池州市主城区，湿地公园规划总面积为 2901 hm^2，其中湿地面积为 2083 hm^2，由平天湖、月亮湖、包家河、白沙河以及齐山丘陵山地等组成。平天湖常年蓄水位为 12.8 m，水质Ⅲ类以上，属永久性淡水湖泊，汇水面积为 80 km^2，主要来源于九华山脉太朴山水系，水位由平天湖排涝站进行调控，湖水排入长江，同时通过水系贯通工程注入城区清溪河，形成生物保护、防洪调蓄、生态景观等多种功能。

平天湖湿地属亚热带季风气候区，光、热、水资源丰富，气候温和，无霜期长。低山丘陵和滨江湖泊相依，形成独特的生境类型，孕育了丰富的动植物资源，区域内现有植物 256 种，动物 258 种。其中，鸟类 179 种；兽类 20 种；鱼类 38 种；两栖动物 6 种；爬行动物 15 种。每到迁徙之季，小天鹅、雁鸭类等成千上万只候鸟聚集于此，形成一道靓丽的风景。

平天湖湿地，2014 年入选“央视最美赏月地”；2015 年成为池州市备用水源地；同年加入长江中下游湿地保护网络；2017 年 12 月，国家林业局正式授牌为国家湿地公园。

二、湿地修复工程及取得的成效

1. 实施退塘还湿恢复工程

通过对平天湖北面及南面部分坑塘开展退塘还湿、渔埂整治等相关工程项目，破埂后的鱼塘和平天湖融为一体，有效减少了原有鱼塘对湖体的面源污染，实施总面积约为 492 hm^2。同时，自 2010 年开始逐年对渔民及湿地公园周边相关居民实施补偿政策，每年投入经费 250 万元，至 2016 年底补偿金额约 1750 万元。

2. 实施水生植被改善工程

主要通过引入当地水生、湿生植物的方法对湿地公园内荒芜杂乱的湿地进行水生植被恢复重建。一是在湿地公园的月亮湖区域共投入 1832 万元进行退田还湿、退塘还湿，种植菖蒲、水杉等湿生植物；二是种植 200 余亩荷花，适当扩大湿地植被面积，并使其群落呈不连续分布；三是每年在候鸟越冬期前，对月亮湖等湿地内过度生长的芡实、芦苇等水生植被进行修整清理，便于候鸟栖息，清理面积达 133 hm^2。通过相关工程的实施，有效提升了水生植物群落物种的丰富度，增添了景观效果，并为候鸟提供了充足的栖息空间。

3. 实施生态综合整治工程

相继对湿地公园上游的白沙河、石马河区域内的80余户居民实施搬迁，拆迁面积约为2×10^4 m^2，并于2016年启动白沙河、石马河流域畜禽养殖搬迁整治项目，总投资2000多万元，共取缔、搬迁畜禽养殖户近100户，拆除猪舍、鸡舍面积约为2.8×10^4 m^2。经过搬迁整治工作的开展，使得平天湖入湖源头的污染源得到有效控制，进一步改善了平天湖流域的生态环境。

4. 实施外来有害生物防治

对湿地公园内湿地、道路两侧、广场、河道、外围保护带等区域进行全面排查，准确掌握湿地公园内一枝黄花、空心莲子草、豚草等外来物种的生长情况，及时集中清除，以维护平天湖国家湿地公园内物种平衡。

5. 实施生态驳岸建设工程

采用松木桩挡浪和抛石减浪两种方式实施防浪驳岸工程建设。其中，松木桩驳岸选择长为2.5 m和2 m、直径为12～15 cm的松木为材料；抛石减浪采取块石和卵石相结合，并在抛石沿岸栽植水生植物减浪。截至2018年，湿地公园共建设生态驳岸5400 m。通过驳岸建设，能有效减轻坡面及坡脚的不稳定性，减小风浪对岸线的侵蚀，确保湖面的整体美观，同时实现多种生物的共生与繁殖。

6. 实施林地保育绿化工程

一是在湿地公园道路两侧开展乔灌树种栽植工程，共投资157万余元，栽植灌木8000余株、乔木3万余株，其中包括水杉、垂柳、乌桕等湿地植物；二是结合湿地公园内居民搬迁工作，在拆迁后荒废的地块建设桂园、梅园、桃园等三个植物园，并对周边的耕地实施退田还林工作，总投资约540万元，共栽植各类大小桂树4000余株，梅树2000余棵，桃树3000余株；三是在湿地公园齐山南入口处实施绿化工程建设，种植各类地被、乔木、灌木等，总投资263.5万元。通过项目实施，不仅改善了周边的生态系统，延续了平天湖湿地公园山水相连的湿地风貌，还为各类动物提供了良好的栖息空间，同时也为市民提供了观赏游玩的好去处。

7. 实施鱼类净化水质工程

自2012年起，每年在平天湖国家湿地公园内投放一定数量的鲢、鳙等滤食性鱼苗，实行人放天养，进一步改善湿地公园水质。截至2018年，共投放鱼苗约30万斤，总投资170多万元。通过工程的实施，有效防止了藻类疯长和富营养化现象的发生，提高了水体透明度，为净化平天湖国家湿地公园水质、改善水环境起到积极的促进作用。

8. 实施缓冲地带生态修复工程

为实施“生态立市”战略，推进生态文明建设，更好地保护平天湖国家湿地公园，池州市委市政府决定将平天湖国家湿地公园西部外围总面积4.36 km^2的土地保护起来，划为湿地公园保护缓冲地带，经市人大形成正式决议；并于2019年初启动该区域生态修复工程，即“平天湖（西部）生态修复工程”，项目总投资约1.3亿元。项目完工后，缓冲地带不仅成为平天湖国家湿地公园西部生态屏障，还极大地缓解了生态保护压力，同时也成为池州市又一个“城市生态展厅”。

安徽淮北中湖国家湿地公园

一、基本情况

安徽淮北中湖国家湿地公园位于淮北市区中南部，西至长山路、东到龙岱河西岸、南侧隔沱河路与南湖景区相连、北临人民东路，地理坐标为东经 116°48′37″～116°51′16″、北纬 33°55′02″～33°57′27″，总面积为 1056.18 hm^2，湿地总面积为 435.21 hm^2，湿地率为 41.21%。湿地公园湿地类型有永久性河流湿地、塌陷区形成的湖泊湿地、草本沼泽湿地、河漫滩四种类型，区域内湿地生态系统较为完整。

中湖湿地分布植物 36 科 74 种，水生维管植物共有 22 科 40 种，其中国家二级保护植物 2 种：野大豆和莲；中湖湿地鸟类种类组成比较丰富，共有鸟类 15 目 35 科 80 种，其中国家二级保护鸟类 5 种，包括小天鹅、鸢、红隼、短耳鸮（*Asio flammeus*）、长耳鸮（*Asio otus*）；鱼类 6 目 12 科 29 种；两栖、爬行动物 4 目 9 科 14 种；兽类 5 目 7 科 11 种动物分布。

二、修复措施

中湖国家湿地公园因采煤塌陷而形成，目前湿地仍处于不断沉降、不断演替、不断形成的过程中，塌陷区的深度和面积仍然在不断变化，有稳沉区、浅沉区、待沉区。淮北市采取多种保护修复措施，打造多种塌陷区类型，丰富生物多样性，使中湖由原本单一的陆生生态系统演变为水陆复合型生态系统，形成了优美独特的湿地景观。

（一）开展综合治理

中湖水面形成历时短，湖底一般为农田和村庄，无进水、出水河流。为消除中湖矿山开采遗留的地质灾害隐患、解决安全隐患问题，恢复被破坏的生态环境，使水域达到可持续利用状态，2017 年，市政府投资 22 亿元，对中湖原红星、李桥、陈庄、新星、光明、代庄等 7 个社区，共计 2 万名居民进行整体生态搬迁，减少人为活动对湿地的干扰；对中湖内塌陷的建筑垃圾进行清理；人工塑造浅滩、生态岛、深潭，形成了多样化的湿地生境。

（二）实施植被修复

2018 年以来，市政府投资 2.4 亿元，在中湖国家湿地公园绿化 300 hm^2，栽植以乡土树种为主的苗木 20 万株，不同景观植物的生长为护岸增添了生机，同时也为中湖鱼类和底栖动物提供了适宜的栖息、繁殖场所，更进一步增加了生物多样性，丰富了物种多样性和生境多样性，起到了良好的水质净化和景观美化作用，形成了融自然景观和生态休闲为一体而又独具魅力的塌陷区湿地。

（三）实施水环境治理

淮北市多年平均降水量为 844.3 mm，水资源总量为 8.341×10^{8} m^3，可开发利用量为 4.083 m^3，人均水资源占有量为 398 m^3，仅为全国人均水平的 1/6，世界人均水平的 1/24，加之供水工程建设不足、部分地区水质不能满足用水标准等因素，淮北市沦为资源型、工程型和水质型缺水城市，尤以资源型缺水为主。通过治理，新增的景观水域面积约为 610.7 hm^2，改善了中湖与周边自然河流的疏通性。该湿地用于储存的水资源，为淮水北调提供了蓄水库容，有利于缓解淮北市水资源供需紧张的局面，为本区经济发展创造了良好的社会环境，实现经济、社会效益共赢的目标。

（四）实施湿地修复

为加速中湖湿地生态系统向更稳定的群落类型演替并保证恢复后生态系统的稳定性，在中湖南侧沿沱河路 1000 m 水岸和沿圆梦岛岸边区域埋设生态木桩护岸，通过人工种植乔灌草等手段，因地制宜恢复湿地植被，对河岸进行近自然型驳岸治理，以形成自然河岸或有自然河岸“可渗透性”的人工驳岸。通过促进自然恢复，提高涵养水土的能力，营造大面积湿地植被景观，达到有效净化水质的目标。通过自然生态演替修复，将有利于维持湿地野生动物的栖息地，恢复采矿塌陷湖泊，还原其自然形态，建立结构完善、功能完备、景观优美的湿地生态系统，使中湖湿地公园发展成为湖泊恢复工程的典范。

三、创新做法

坚持政府主导、社会参与的原则，鼓励社会各界积极参与，采取 PPP 项目实施中湖湿地保护修复；坚持综合协调、分工负责的原则，充分发挥林业、自然资源、生态环境、水务、农业、城乡建委等湿地保护相关部门的职能作用，协同推进中湖湿地保护修复工作；中湖湿地公园通过恢复湿地植被，退耕还湿，以人工种植和促进自然恢复手段为主，并将生态恢复与林业相结合，恢复采矿塌陷湖泊，还原其自然形态，重点保护水生植被与水鸟栖息地，加速湿地生态系统向更稳定的群落类型演替，并保证恢复后生态系统的稳定性。

四、修复成效

淮北市所在的黄淮平原是我国主要的农产品产区，人口密度高、周边自然生境匮乏。通过对中湖国家湿地公园综合治理，如整体搬迁原居民、形成大水面，栽植乡土树种和水生植物、建设塌陷区水面内部生境岛屿，可以有效避免高强度的人为干扰影响，解决安全隐患问题，恢复被破坏的生态环境，使中湖水域水质达到Ⅱ类。作为淮北市水源地，中湖国家湿地公园也成为东部候鸟迁徙路线上水鸟的安全停歇地和补给站。2017 年以来，中湖湿地公园连续三年分别有 25 只、49 只和 183 只小天鹅造访，这种建设兼顾，自然发展和人类需要的共同需求，充分展现出人类和自然和谐共生的生动画面。

安徽三汊河国家湿地公园

一、基本情况

安徽三汊河国家湿地公园位于蚌埠市淮上区西北部，南距淮河 5 km，规划面积近 801.5 hm^2，是淮河流域保存较好的一块平原沼泽型草本湿地。2016 年 8 月被国家林业局正式授牌国家湿地公园。

三汊河湿地地处中国南北分界线上，季风显著，气候温和，水资源比较丰富，近万亩芦苇保持着原始风貌，是众多鸟类繁衍的栖息地和迁徙的重要通道。经调查统计，湿地内共有维管束植物 193 种、鱼类 19 种、两栖类动物 5 种、爬行类动物 6 种、鸟类 116 种、兽类 18 种。其中，国家二级保护野生植物 2 种（野大豆和野菱）；濒危鸟类震旦鸦雀（*Paracloxornis heudei*）在湿地内栖息近百只；国家二级保护鸟类 7 种，包括红隼（*Falco tinnunculus*）、小鸦鹃（*Centropus bengalensis*）、白尾鹞（*Circus cyaneus*）、灰背隼（*Falco columbarius*）、黑翅鸢（*Elanus caeruleus*）、鸳鸯（*Aix galericulata*）和黑浮鸥（*Chlidonias niger*）；安徽省一级保护鸟类、四声杜鹃、大杜鹃、岸沙燕、家燕、金腰燕、灰喜鹊 6 种。

2017 年成立的三汊河湿地公园管理处，为正科级全额拨款的直属事业单位，编制 8 人。内设办公室、湿地保护科、科研监测和宣教科、建设和项目管理科、行政执法中队和安徽三汊河湿地公园有限公司。

二、修复工程

为遏制非法渔猎及破坏湿地的行为，采取开挖防护沟、栽植隔离林带、架设监控系统等物理隔离措施，严格实行“封湿保育”政策，杜绝人为干扰。同时科学开展生态修复工程，如建设橡胶坝、开展生态补水、保持湿地水位、清除水花生（空心莲子草）、恢复湿地植被、退耕还湿、退渔还湿、拆除违章建筑、整治周边环境、建设湿地植物保护繁育园等。

三、修复成效

1. 开展湿地保护监测防控

疏通拓宽西侧隔离沟 3000 m；依规开展陆生野生动物疫源疫病监测防控工作，重点时期每天监测一次；秋冬季节，扎实开展湿地防火工作。随着人为干扰的减少，灰背隼、黑翅鸢、黑翅长脚鹬（*Himantopus himantopus*）、鸳鸯、豆雁、银喉长尾山雀（*Aegithalos caudatus*）、圃鹀（*Emberiza hortulana*）、黑浮鸥、董鸡（*Gallicrex cinerea*）、斑鱼狗（*Ceryle rudis*）、琵嘴鸭（*Anas clypeata*）、白腰文鸟（*Lonchura striata*）、苇鹀（*Emberiza pallasi*）、蓝歌鸲（*Larvivora cyane*）等珍稀鸟类纷纷前来安家。自湿地公园建立以来，湿地鸟类新增 14 种，总种类达到 116 种。

2. 开展生态修复绿化工作

清理水花生 24×10^4 m^2；完成护岸绿化 3.1×10^4 m^2；成功开展试验性蓄水工作，吸引近 200 只野鸭越冬；夏季从怀洪新河临时性调取生态用水，缓解了湿地的旱情；对 20 hm^2 芦苇开展芦苇收割方式比对试验，探索芦苇复壮途径，效果良好；每年开展水质监测 12 次；编制完成《三汊河鸟类生境恢复方案（草案）》。

3. 实施外来有害生物防治

对湿地公园内湿地、道路两侧、广场、河道、外围保护带等区域进行全面排查，准确掌握湿地公园内水花生等外来物种的生长情况，及时进行集中清除，以维护湿地公园内物种平衡。

4. 实施林地保育修复工程

为进一步推进三汊河国家湿地公园、湿地生态系统的统筹保护，不断加大投入，实施林地保育修复工程。一是在湿地公园道路两侧及湿地周边开展乔灌树种栽植工程，共投资 29 万元，栽植灌木 0.2 万余株、乔木 0.35 万余株，其中包括水杉、紫穗槐（*Amorpha fruticosa*）、楝等本地树种；二是在湿地公园七号闸入口处实施绿化工程建设，种植各类地被、乔木、灌木等。新增绿化面积 20 hm^2。该项目的实施改善了周边的生态环境系统，为各类动物提供了良好的栖息空间。2018 年获批国家 AAA 级旅游景区，为市民增加了一个观赏游览的新去处。

5. 实施退耕还湿恢复工程

对湿地东侧保麦圩内的低洼地实施旱改水工程，积极帮助农户引进茭白、莲藕等物种，及稻田养虾等农业种植技术，完成退耕还湿面积达 100 hm^2。退耕还湿工程的实施，为鸟类栖息和觅食提供了有效场所。

四、创新做法

一是制定巡护工作制度。行政执法中队 7 名队员和 8 名农民湿地巡护员紧密配合，负责湿地的日常保护工作，确保 24 小时巡逻不间断；二是安装湿地监测系统。2018 年湿地安防综合管理系统（视频监控）的投入使用，在湿地公园内多个路口、沿湿地保育区四周共安装了 26 组 59 个摄像头和 100 对红外对摄报警装置，基本实现了湿地全覆盖；同时，配备了环境监测系统，工作人员通过手机就可以实封对湿地环境进行监测。

安徽来安池杉湖国家湿地公园

一、基本情况

安徽来安池杉湖国家湿地公园位于安徽来安与江苏六合交界处，水系发达，湿地经滁河通长江，距离长江直线距离 18 km，距离滁河入江口 33 km，2017 年 12 月被原国家林业局正式批准开展国家湿地公园试点建设。湿地公园总面积 226.8 hm^2，其中湿地面积 162.68 hm^2（不含水稻田），湿地率 71.73%。

池杉湖湿地原为长江下游典型的沿江低洼积水区。20 世纪 80 年代，来安县经多次试验，在水涝严重的低洼浅滩成功营建池杉林，面积千余亩。经过近四十年的发育演替和十余年的精心修复，现已形成池杉总数五万多棵、具有独特观赏价值的“水上森林”湿地景观。池杉林属森林沼泽湿地，这是一种罕见而稀有的“湿地-森林”复合生态系统，这种独特的生态系统和优越的环境，使池杉湖成为鸟类的重要栖息地，每年夏季栖息于此的鹭鸟和冬季迁徙而来的鸬鹚均在数千只以上，湿地公园现有鸟类 13 目 32 科 98 种，其中国家Ⅱ级重点保护鸟类 14 种。

2004 年，江苏企业家韩汇山先生通过土地流转的形式承包经营池杉湖湿地的前身——黄大圩农场。为了更好地保护这片“森林沼泽”湿地和栖息于此的近百种鸟类，在来安县人民政府的支持下，黄大圩农场 2012 年着手申报安徽省级湿地公园。2012 年底，“黄大圩”更名为“池杉湖”。2013 年 5 月，原安徽省林业厅批准成立“安徽来安池杉湖省级湿地公园（试点）”。同年“安徽池杉湖湿地公园有限公司”成立，来安县人民政府同意湿地公园的投资和运营由安徽池杉湖湿地公园有限公司负责。

二、保护修复工作成效

自 2017 年获批国家湿地公园（试点）以来，湿地公园在来安县政府的大力支持和指导下，有效保护了湿地公园内的自然资源，积极带动周边区域社会经济发展，工作成效显著，主要表现在以下几个方面。

1. 全面推进湿地保护和恢复工程，使湿地公园内的动植物资源得到有效保护，环境得到改善

安徽池杉湖湿地公园有限公司于 2015—2016 年自筹资金 6000 万元，大力开展“退田还湿”工程和生态修复工程，积极扩大湿地面积，构建健康湿地生态系统，拓展池杉湖湿地生态空间，为国家湿地公园试点建设打下了坚实的基础。

2018 年，开展湿地保育区内河道疏浚及水道贯通优化工程，购置必要的监测设备并全面启动本底资源调查和生态监测工作，初步建成池杉湖国家湿地公园视频监控系统，显著提高湿地公园生态保护能力，有效保护了湿地公园内的自然资源。

2. 大力开展科普宣教与合理利用工程建设，形成较为完善的宣传教育体系、生态旅游体系和公园服务体系

池杉湖湿地公司累计投入1亿元打造“千亩荷塘”“精品荷园”“池杉栈道”等旅游景点，“生态观鸟”“湿地泛舟”“珍禽观赏”等旅游项目，形成独具特色的生态旅游体系；另外，为方便游客入园观赏，在公园内建设游客接待中心大楼与科普宣教中心大楼，大大提高了公园接待服务能力。

2017年11月25日，湿地公园与中国鸟网合作举办“首届池杉湖湿地风光及鸟类摄影大赛启动仪式暨湿地生态建设与发展高峰论坛”。2018年11月17日，“关注湿地保护鸟类”高峰论坛暨“池杉湖杯”国际自然与风光摄影大赛颁奖典礼、中国鸟网年会在池杉湖国家湿地公园隆重举行，极大地提高了湿地公园在省内外乃至国际上的影响力。

3. 依托自身资源和地理区位优势，以研学教育为特色，逐步发挥湿地公园的科普宣教和生态旅游功能

研学教育是国家基础教育改革的重要内容，池杉湖湿地公园按照公益为本的基本思想，依托自身资源优势，立足“南京一小时都市圈”，把研学教育作为科普宣教和生态旅游的重点。2019年3月，湿地公园被评为“滁州市研学教育基地”。研学过程中，湿地公园聘请南京大学、南京林业大学、南京农业大学、安徽师范大学等高校的知名专家、学者，让“教授走进课堂”，与孩子们零距离互动，让孩子们体验和感悟池杉湖研学的独特魅力。目前，园区已制定的研学课程，主要有以下三个主题：①自然教育感悟之旅；②湿地生态观察之旅；③民俗文化体验之旅。

4. 注重社区共管共建，带动地方发展绿色经济，突出湿地公园社会效益

湿地公园积极支持周边社区和民间公益组织参与湿地公园的共管共建工作。在政府和社区的支持下，流转周边土地三千亩，积极筹划成立湿地生态保护协会和专业合作社，发展无公害种养和有机农业，一方面保护湿地公园水质，为鸟类栖息创造优良环境；另一方面也带动了社区经济发展，发挥湿地公园的社会效益。

安徽来安池杉湖国家湿地公园是政府主管、企业建设与经营的典型案例，各项基础设施正在不断完善，昔日长江下游的沿江低洼积水区，如今已是生态保护的示范区。池杉湖湿地公园未来将继续致力于湿地生态环境修复与保护，大力践行“绿水青山就是金山银山”理念，为维护本地生物多样性以及长江经济带的建设发展发挥生态屏障作用。

安徽肥东管湾国家湿地公园

一、基本情况

安徽肥东管湾国家湿地公园位于合肥市肥东县境内，规划范围涉及梁园镇、杨店乡和牌坊回族满族乡，地理坐标位于东经114.79°～117.54°、北纬32.02°～32.08°，东起肥东县X30县道，西至管湾湖大坝，南达滁河干渠，北到肥东杨店乡刘集村，其中管湾湖以湖堤为界，河流以两岸河堤为界。规划总面积约为664.24 hm^2，湿地面积为412.81 hm^2，湿地率达62%。规划区位于长江下游滁河流域上游，湿地公园的建设对于滁河流域涵养水源、净化水质、调蓄洪水、保护水生生物多样性有重要的作用，对于保障滁河流域水生态安全意义重大。

管湾国家湿地公园内湿地资源丰富，生物物种多样，生态景观优美。湿地分为永久性河流、洪泛平原湿地和库塘三个湿地型，其中库塘湿地所占的比重最大，约占湿地总面积的79.53%。管湾湖湿地境内拥有大小陂塘近百座，历史悠久，据相关史料记载距今约1200年，这里陂塘成群、星罗棋布，湿地内水面宽广，犹如一颗颗璀璨的明珠镶嵌在江淮分水岭脊背，规划区内多样的生境条件使得生物多样性的内容非常丰富。

经调查，湿地内共有维管束植物86科331种，其中野大豆（*Glycine soja*）和野菱为国家Ⅱ级保护野生植物；兽类2科6种；鸟类31科107种，小天鹅为国家Ⅱ级重点保护鸟类，普通鸬鹚、大白鹭（*Ardea alba*）、小白鹭（*Egretta garzetta*）等25种鸟类为安徽省重点保护鸟类；爬行类3科7种，中华鳖（*Trionyx sinensis*）被世界自然保护联盟濒危物种红色名录（IUCN）列为易危（VU）等级；两栖类4科9种，其中虎纹蛙（*Hoplobatrachus rugulosus*）为国家Ⅱ级保护动物，金线蛙（*Rana Plancyi*）是中国广泛分布的特有种；鱼类9科31种。

管湾国家湿地公园以管湾湖为载体、东部陂塘群为亮点，全面建设成“水、陌、林、田、景”五位一体的综合性湿地公园。建设的基本原则是保护优先、科学修复、合理利用、统筹规划、合理布局、分步实施、突出重点、体现特色和因地制宜。建设重点突出一大特色——国内首个以原乡陂塘湿地为特色的国家湿地公园，两个定位——国际知名的湿地研学旅行基地和国内最大的湿地植物种质资源库。建设愿景是鸟语阡陌、草茵林盛、景致宜人、陂塘水乡。基于现有景观资源，提炼出八大景点，组织全园景观营造。八大景点分别是鸟语流翠、水域森林、垂野渔乐、陂塘记忆、田间陇上、柳蒲飞鹭、半岛拾贝和织锦揽秀。在对湿地生态系统有效保护的基础上，示范湿地的保护与合理利用，开展科普宣传教育，提高公众生态环境保护意识，为公众提供体验自然、享受自然的休闲场所。

二、保护修复措施

主要包括基质修复、植被修复、水环境修复以及陂塘修复。

（1）基质修复：主要采用塑造地形，表土保护利用，回填覆盖和底泥污染物清除等生态整治措施，对湿地的地形、地貌进行改造，恢复湿地基质，维护湿地基质的稳定，营造适合湿地生物栖息的生态环境。

（2）植被修复：对湿地公园西部半岛内具有湿地植被景观典型性、完好性和珍稀性的区域，保留其原始状态，不做过多的添加和整理；对湿地公园东部片区的陂塘群，根据水位的不同修复成中生、湿生、挺水、浮叶、沉水等水生植物相结合，具有分带特征的湿地植被带。通过湿地植被的修复，使湿地水体自净能力得到提升。

（3）水环境修复：根据湿地公园内管湾水库的水源现状，通过相应的生态调水方式保障湿地的水流得到循环流动，从自然降水农田径流进入湿地进行水质净化，确保湿地公园的用水量和水质得到改善。

（4）陂塘修复：根据湿地水位的动态变化和水陆交接区域的植被分层、自然演替以及使用状况等，设计陂塘修复工程，采用自然生态材料进行护岸，确保水陆间的物质循环和能量流动，并为动植物创造栖息的场所。具体采用自然放坡、木桩护坡、植被护坡以及生态袋护坡等方式。

三、创新做法

根据湿地类型和湿地现状，从土壤、基质、植被恢复、栖息地保护与改善等方面，吸引动物栖居，构成完整的生物群落。

植物配置的景观化创新，湿地公园东部服务区的建设，采用大地艺术，以陂塘群为中心，打造陂塘湿地和景观花田花海为特色，使其拥有独有的观光吸引力；同时，大地景观又是动物及鸟类的最好栖息地。采用适宜生长的各类水生、陆生植物引进栽植，如将菖蒲、美人蕉、荷花、睡莲、香蒲等景观效果好的新品种，种植在不同的观景点，它们在不同的季节，因不同的花期形成了不同的特色景观。

四、修复成效

安徽肥东管湾国家湿地公园主道两侧的大规格行道树，可以形成完整的生态迎宾绿廊。以现有陂塘植物种类为主，完善陂塘整体生态系统。现有湿生植物的整理恢复，营造了多样性动植物栖息地。现有苗圃的特色分区，形成以植物造景为特色的游览片区，以植物景观烘托景观氛围。目前，修复后的管湾湿地公园已形成鸟语阡陌、草茵林盛、景致宜人、陂塘水乡的湿地生态公园。

安徽利辛西淝河国家湿地公园

一、基本情况

利辛西淝河国家湿地公园西北起西淝河朱集闸，沿西淝河流向途经王市大桥、马店大桥，东南至西淝河与茨淮新河交汇处。地理坐标为东经116°01′01″～116°13′50″，北纬33°02′38″～33°14′54″。湿地公园内湿地分为河流湿地、沼泽湿地、人工湿地三大湿地类和永久性河流、草本沼泽、水产养殖场、稻田四个湿地型。西淝河湿地公园共有维管束植物92科277种（包括种以下单位），其中蕨类植物5科5属6种，裸子植物4科5属6种，被子植物共82科212属265种（其中，国家Ⅱ级保护野生植物有野莲、野大豆2种）。野生动物共有162种，隶属于30目54科，其中国家Ⅱ级重点保护野生动物7种。

湿地公园的主体——西淝河构成的自然湿地系统，湿地野生动植物资源丰富，河流形态自然，岸线优美，景观完整度高，观赏性强，是安徽省河流湿地的典型代表，具有较高的科学研究价值。“淝水之大美，集三峡之清幽、漓江之平缓、鄱阳之辽阔、洞庭之丰饶，泛舟其上，微澜不惊，心旷神怡，置身其中，遐思无限，恍如仙境。”湿地生态系统保存良好，湿地生态演替过程完整，周边森林生态系统完整，区域内植被得到良好的保护，湿地生态系统与森林生态系统浑然一体，构成了完整的区域生态系统，两大生态系统互相作用，在区域生态环境保护中发挥着巨大的作用。

二、保护修复措施

主要包括基质恢复、植被恢复、水环境恢复以及岸坡恢复等内容。湿地科普植物园采取地形塑造、表土保护利用、回填覆盖和底泥污染物清除等生态整治措施，对湿地的地形、地貌进行改造，恢复湿地基质，维护湿地基质的稳定。通过削高填低或挖低填高等方式，使其原低洼地外观形态发生变化，开阔水域，修建浅水滩涂，营造和修复适合湿地生物栖息的生境。通过对科普植物园及水生植物园的建造，在浓缩的环境中，体现了湿地生态系统的完整关系。从高到低，依次栽植乔木、灌木、草本等植物，浅滩水生（中生）、湿生、挺水、浮水、沉水植物相结合，具有分带特征的湿地植被带，使水体自净能力得到提升，同时体现了水环境恢复的自然过程，是湿地科教的自然课本。

三、创新做法

西淝河国家湿地公园主要是河流型湿地，保护的主要矛盾是集镇生活污水及农业面源污染。

在集镇生活污水治理上，按照源头控制与末端治理相结合，扩建和新建城镇污水处理厂，提高污水处理排放标准，严格控制入河污染物排放；实施农村环境连片治理，提高农村生活垃圾、污水连片处理率；加强河网水环境综合整治，沟通水系，改善了河道生态环境。

在农业面源污染上，结合脱贫攻坚，通过转变农业生产结构，提高农民收入，增加农民保护湿地的积极性。采取政府引导、社会资金投入的方式，在西淝河两岸，布设了湿地生态林、科普植物园和黄桃产业园。它们如人的左右肾，严控两岸的面源污染流入西淝河，保护和扩充了原有的湿地原生态系统。

1. 科普植物园

该园占地面积约 25.33 hm^2，位于宣教区，包括原生态水生植物园和湿地科普植物园。原生态水生植物园是鸟类取食及栖息的地方，常见的鸟类（留鸟、候鸟、旅鸟）有 30 多种，是淮北地区不可多得的观鸟场所，园内保持着原生态风貌，岛上芦苇密布，菖蒲丛生，香樟葱郁，白鹭纷飞，国家二级保护植物野大豆十分常见，具有典型的黄淮海地区湿地特征。湿地科普植物园内栽植了 360 余种花草树木和 30 多种湿地植物，园内还建有湿地科普展览馆，馆内陈设着 64 种鸟类、30 余种其他动物、70 余种植物标本。科普植物园是一处集科研、教育、游乐等多功能于一体的场所。

2. 湿地生态林

该生态林沿西淝河右岸跨双沟及水寨两个村，位于保育区外侧，占地面积约 400 hm^2，宽 200～500 m，栽植数十万棵榉树、朴树、合欢树等乡土树种。构建田园式、自然式的植物群落，展示田园风光、水系风光、近自然风光。

3. 黄桃产业园

该园占地约 467 hm^2，在左岸程家集境内湿地恢复区外延，采取“公司＋合作社＋基地＋农户（贫困户）”的经营模式，吸收了全乡 102 户贫困户参与。黄桃基地集栽种、育苗、采摘、科技试验和观光农业、休闲旅游为一体。在充分利用土地资源的基础上，发动贫困户在树与树之间种植黄豆和花生，获得的收益全部归贫困户所有；在黄桃的种植过程中，还积极鼓励贫困户直接参与种植管理，使其能够获得长期收益。

安徽庐阳董铺国家湿地公园

一、基本情况

安徽庐阳董铺国家湿地公园是以保护合肥市饮用水水源为目的的水库型湿地公园，规划区域包括南淝河、董铺水库及其水源一级、二级保护区范围，西起南淝河支流汇合口，东至董铺水库大坝，北起三国城路，南达水库水源一级保护区南界。东西长约 10.5 km，南北宽度约 7.5 km，规划总面积约 4667.43 hm^2，湿地面积约 2949.79 hm^2，湿地率 63.2%。湿地公园以保护董铺水库优良水质、丰富的动植物资源、保障巢湖流域水生态安全为出发点，充分利用良好的湿地资源条件，展示优美的城市带库区风光和源远流长的庐州历史文化，将建成集湿地保护、科研监测、科普宣教、历史文化展示于一体的国家湿地公园。

二、保护修复措施

董铺水库位于南淝河上游，流域涉及合肥市蜀山区、庐阳区、长丰县，流域面积为 207.5 km^2。流域内北有滁河干渠，西有大蜀山分干渠穿境而过，共有大小入库支流和灌溉渠道 20 多条，总长度约 80 km。流域内地形西北高、东南低。

湿地公园建设从董铺水库水源地保护实际需要出发，通过实施污染源控制、水源涵养、河道整治、湿地修复、隔离防护等工程措施，进一步加强了水源地的保护与管理，促进了生物多样性保护，扩大了水库四周湿地的面积，有效吸收了上游农业面源污染，改善了入库水体水质，一定程度上也保护了域内野生动植物及其生存栖息环境。

三、修复成效

1. 强化组织机构建设

2016 年 12 月，设立合肥市庐阳董铺湿地公园管理处（含合肥三国遗址公园管理处）。正科级建制，公益二类单位，内设 5 个科室，分别是办公室、湿地保护科、科普宣教科、经营管理科和文物保护科。承担湿地公园建设管理及环巢湖生态治理庐阳分局工程科（负责监管董铺水库生态湿地工程建设）的职能。

2. 组建“专家库”

2017 年 3 月，报庐阳区政府批准，成立了安徽庐阳董铺国家湿地公园专家咨询委员会，组建由国家、省、市咨询专家共计 6 人小组，主要以完善科技支撑机制，加强科研监测工作，科学指导园内湿地生态保护和恢复工作，避免湿地公园建设走弯路。

3. 杜绝污染，实施全域搬迁

自 2012 年起，庐阳区政府为保护合肥市饮水安全，实施了董铺水库、大房水库保护区周边居民9千户共3万人的整体搬迁、异地安置工程，目前湿地公园范围内所有居民已基本搬迁完毕。同年也启动了畜禽养殖搬迁整治、关停经营性水产养殖、娱乐项目。经过搬迁整治工作，使水库水源保护地区域内污染源得到有效治理和控制，改善了水库生态环境。

4. 实施生态综合整治工程

2016—2018年开展董铺水库生态湿地一期项目，实施污染控制、水源涵养、河道整治、湿地修复、隔离防护等工程。项目批复总投资3.0741亿元，其中工程投资2.6061亿元。清理董铺水库一级保护区内的鱼塘、耕地、大棚等污染源，其中退渔56.03 hm^2、退耕42.97 hm^2、退棚11.45 hm^2。实施雨污分流，新建初期雨水调蓄池2座。董铺水库上游（南淝河）种植植被106.17 hm^2，水库周边种植129.45 hm^2，初步完成水源涵养林工程。入库河道整治16条支流，总长45.86 km。

5. 湿地修复与建设

以董铺水库植被调查为基础，在湿地保育区适当增加水生植物种类，提高区域生物多样性，湿地修复与建设面积达166.61 hm^2。开展隔离防护工程，湿地保育区建设物理、植物隔离带，工程总隔离长度达64.42 km，其中物理隔离长为18.58 km、植物隔离长为45.84 km。设置3座全参数水质监测站，便于水质监测信息采集，建设管护道路11.57 km。修复生态岸坡248 m，绿化面积为21.01 hm^2。

6. 开展科普宣教，加强监测

联合安徽大学、古城小学、幸福小学、大杨中心小学共建湿地课堂，开展30余次湿地科普“四进”活动（即进社区、进学校、进企业、进小区），广泛宣传环境保护及湿地科普知识。2017年起，组建湿地巡护队，聘请当地居民7人开展巡查、巡护工作。2018年起，联合安徽大学资源与环境工程学院全面开展大气、土壤、水质等科研监测和野生动植物防控监测。随着湿地生态环境持续向好，2018年度科研监测报告显示，鸟类种类及数量达到15目34科90种，其中国家Ⅱ级重点保护鸟类由1种增至5种，即小天鹅、小鸦鹃、鹰鸮（*Ninox scutulata*）、普通鵟（*Buteo buteo*）、凤头鹰（*Accipiter trivirgatus*）。2019年4月首次发现国家一级保护动物东方白鹳40余只。

安徽安庆菜子湖国家湿地公园

一、基本情况

安徽安庆菜子湖国家湿地公园位于长江中下游北岸的安庆市宜秀区罗岭镇，为安庆市九大通江湖泊之一，是2015年12月被国家林业局正式批准开展试点建设的国家湿地公园。湿地公园总面积为2539 hm^2，其中湿地面积为2358 hm^2，湿地率92.87%。

菜子湖国家湿地公园以菜子湖宽广、清澈的水文景观为主体，以丰富的生物景观和人文景观镶嵌互补，其风景资源的特点可以概括为：水清草美、天蓝地阔、鱼跃鸟鸣、人悠舟闲；这里有传统的龙舟文化，既是全国五大剧种之一“黄梅戏”的故乡，也是京剧的发源地。清代这里以“五里三进士、隔河两状元”，以状元之乡而闻名遐迩。

菜子湖国家湿地公园是候鸟重要的迁徙停歇地、越冬地和繁殖地，共分布有水鸟6目12科60种，总数约5万只。其中，国家重点保护的有白鹤、白头鹤、东方白鹳、白琵鹭等。在菜子湖栖息越冬的水禽中，有7种水鸟达到或超过迁徙路线1%标准，作为发育在沿江河谷洼地中的自然浅水湖泊湿地，菜子湖湿地具有代表性、自然性、稀有性和多样性的特点。

二、保护修复主要措施

宜秀区高度重视菜子湖国家湿地公园建设工作，2016年成立了菜子湖国家湿地公园建设指挥部，围绕总体规划和试点建设任务，编制了湿地公园试点建设任务分解表，积极落实机构和建设资金，全力推进湿地公园试点建设。2019年4月10日，安庆市委编办批复同意设立安庆菜子湖国家湿地公园保护中心，该中心为公益一类正科级政府直属全额拨款事业单位，核定全额拨款事业编制10名。

围绕菜子湖湿地保护管理主题，结合菜子湖湿地自然资源特点和当地传统文化，2014年以来，宜秀区连续举办五届“我与候鸟有个约会——安徽菜子湖湿地观鸟节”活动；2016年以来，宜秀区积极推进菜子湖国家湿地公园科普宣教体系建设，按照总体规划要求，先后建成湿地公园宣教馆、湿地植物认知园、观鸟长廊、观鸟塔等宣教设施；对菜子湖国家湿地公园地界标识、建筑及场所名牌、解说牌、指向标识牌、警示牌进行设计并制作安装；针对导游图及导游解说系统，制作了相关宣传手册；为展示菜子湖湿地的壮美、越冬候鸟的灵气、人与自然的和谐，积极推广宣传菜子湖“湿地、候鸟、自然”旅游品牌。

为科学准确地掌握菜子湖国家湿地公园的自然属性、水环境质量、生物多样性以及管理等方面的状况，菜子湖湿地公园与安徽大学资源与环境工程学院合作，组织开展菜子湖湿地公园本底调查，编制了菜子湖湿地公园生物多样性科学考察报告；与安庆沿江湿地自然保护区合作，对菜子湖水鸟及湿地生境状况进行月度调查；先后多次开展长江中下游湿地网络水鸟同步调查工作和第二次全国陆生野生动物资源调查水鸟同步调查工作；落实资金，建成湿地公园监测中心、鸟类环志站、野生动物救助站，购置科研监测必需的相关设备，保证了科研监测工作的顺利开展。湿地公园积极探索和支持菜子湖沿湖社区和民间公益组织参与湿地公园的共管共建和保护管理工作。先后成立了社区共管委员会和安庆菜子湖湿地生态保护协会。在地方政府和沿湖社区的支持下，拆除了菜子湖湿地公园范围内 4.2×10^4 m 围栏网，恢复菜子湖水产养殖的人放天养和湿地的自然修复；湿地公园与社区和民间公益组织合作，组织开展湿地垃圾清理、湿地巡护、以机代牛、野生动物疫源疫病监测、反盗猎、湿地科普宣传等工作，并对菜子湖燕窝岛 7 户居民进行生态移民。

三、修复成效

作为开放式管理的菜子湖国家湿地公园，其科普宣教、旅游、管理等基础设施正在不断完善，水草萋萋的菜子湖湿地，已成为南飞候鸟的天堂；绿波荡漾、万鸟飞翔的壮美画面，已经成为海内外瞩目的美丽自然景观。随着菜子湖国家湿地公园知名度和影响力的不断提升，众多市民、公众和摄影爱好者来到菜子湖湿地，感受菜子湖湿地的山水之美、生态之美、自然之美。未来的湿地公园，将把菜子湖候鸟作为一种特色文化来经营、一个知名品牌来培育、一张绿色名片来打造，全面彰显宜秀和谐、生态多彩、宜居宜业宜游的美好城区形象。

安徽泗县石龙湖国家湿地公园

一、基本情况

安徽泗县石龙湖国家湿地公园地处黄淮海平原南缘的安徽省宿州市泗县南部，位于大路口乡、墩集镇境内，石梁河下游、天岗湖上游、龙须沟和石梁河交汇处，属石梁河水系。

安徽泗县石龙湖国家湿地公园于2009年开展试点建设，2016年8月顺利通过原国家林业局验收，正式授牌为国家湿地公园，湿地公园始建面积为1485 hm^2。2018年，石龙湖湿地公园进行了功能区划和范围调整，调整后的湿地公园总面积为1001.18公顷，范围西北至大路口乡戴庄，东北至343国道，南至龙须沟和石梁河交汇口，四界基本以17 m水位线（黄海高程，除涝水位）为界，湿地公园南部和最北部边界按照村庄和农田沿道路划分开的原则区划，以环湖路为界。湿地公园的地理坐标为东经117°53′18″～117°56′22″、北纬33°20′09″～33°26′16″。

石龙湖湿地类型多样，湿地公园内有湿地面积573.72 hm^2，湿地率为57.30%。包括永久性河流、洪泛平原湿地、永久性淡水湖、草本沼泽及水产养殖场、库塘湿地六个湿地型。

石龙湖处于暖温带向亚热带过渡带，地形独特，湿地类型多样，生物多样性丰富，共有被子植物69科187属260种，裸子植物3科5属5种，蕨类植物6科6属6种；石龙湖湿地还有珍稀濒危植物野菱、野大豆、野莲等。湿地公园内现有脊椎动物32目71科203种，其中国家级重点保护野生动物有19种（国家一级重点保护的2种，国家二级重点保护的17种）。

石龙湖是由两条天然河流交汇而成的湖泊，湿地主体为石龙湖及河漫滩，以湖泊湿地、河流湿地、沼泽湿地为主，另有部分人工湿地，是河流湖泊沼泽复合型湿地的典型代表。湿地类型丰富多样，生态系统结构完整。湖面分布有大面积野生莲、菱和一片片原生芦苇等水生生物群落，有数十种水鸟在此栖息、觅食、嬉戏。湖中有一个龙眼温泉，形成独特的湿地景观，在我国非常少见。

石龙湖湿地公园拥有丰富的生物多样性和较多的珍稀濒危物种，在黄淮平原具有一定的重要地位，具有很高的保护价值和科研价值。石龙湖湿地公园维系着新汴河与天井湖的联系通道，天井湖与淮河相连。石龙湖常年能调蓄洪水近 5×10^7 m^3，汛期水位18 m时，水面面积达1656 hm^2，能调蓄洪水近 1.0764×10^8 m^3。这在一定程度上缓解了汛期洪水对当地乃至淮河的威胁，是淮河流域重要的天然蓄水库。

石龙湖的历史文化悠久，所在地有泗州戏、瑶剧等特色剧种，有霸王城、邓公墓、赵古堆等历史遗迹和管仲、李白、欧阳修、郑板桥等历史名人留下的文字记录，这些共同构成了石龙湖湿地公园独特的文化内涵。

二、修复措施

开展了水源水质保护、湿地恢复、污染源治理三个专项整治行动，投入大量人力物力财力进行河道清淤、有害生物清理、退耕还湿、退渔还湿、周边社区环境连片整治和污染治理，增强了物种保护及植被恢复力度。通过专项整治行动的开展，湿地大环境和湖区水质得到有效改善，周边村庄面貌有了巨大的变化。

三、创新做法

1. 实施环境连片整治，切实治理源头污染

石龙湖湿地公园自建设以来，为了保证公园的生态环境质量，杜绝公园周边的污染源，实施了泗县大路口农村环境连片整治项目。项目总投资 2138.9 万元，涉及 3 个行政村，共计 18 个自然村、4960 户、20107 人，受益面积达 28 km^2。开展农村垃圾整治工作，建有 2 处垃圾房，购买了垃圾箱、垃圾车、垃圾桶等工具设备。

泗县政府对公园周边的酒店、宾馆、餐厅等污染源单位提出治理要求，实行达标后才能排放污水，要求湿地公园周边农田禁止使用农药、化肥，减少农业面源污染；将湿地公园附近生产山芋粉丝的个体作坊集中搬迁到开发区进行生产，从源头上解决了石龙湖秋冬季水质因其无规则排放被污染的问题。

2. 实施退耕还湿工程，树立湿地恢复典型

石龙湖国家湿地公园按照安徽省人民政府办公厅关于健全生态保护补偿机制的实施意见的相关要求，积极开展退耕还湿工作，在优化公园范围的同时，进一步通过退耕还湿工程，保护湿地生态系统的完整性和高品质，彰显湿地公园建设中“全面保护”的理念，努力成为皖北地区乃至全国湿地恢复的典型。

3. 实施定期科学监测，打造科普宣教典范

石龙湖湿地公园自 2014 年开始，每年与高校合作进行年度生物多样性监测，并形成监测记录和成果。公园建有湿地视频监控系统 1 套，设置了 4 处视频监测点，实现了对湿地的远程监测，也更有利于湿地的保护和管理。湿地公园在合理利用区修建、设立了科普宣教馆、湿地大讲堂、观鸟台、宣教长廊、宣传牌等基础宣教设施，定期开展湿地知识讲座和湿地参观活动，为人们提供了一个认识湿地、了解湿地的平台。开放的石龙湖湿地公园，成为安徽师范大学、宿州学院等高校的教学实习基地和宿州大中小学生的特殊课堂。湿地公园还利用“世界湿地日”“安徽湿地日”“世界水日”“爱鸟周”“植树节”等举办科普宣教活动，使公众通过参加这些活动，增加公众湿地保护意识，保护好湿地资源和生态环境。

四、修复成效

石龙湖国家湿地公园自 2009 年试点以来，为改善湿地公园的生境状况，采取了系列湿地保护修复措施。多年来，公园累计投入资金 150 余万元，用于清理水花生、浮萍、农作物秸秆及其他污染杂物；同时，在局部废弃物污染严重的区域进行必要的消

毒，以防止相关疾病的传播，累计投入人力 1000 人次，投入资金 17 万余元；对石梁河河道进行清淤处理，总长度 2 km，工程量 52×10^4 m^3，总投资 548.5 万元；2018 年，县政府投入资金 1300 万元，对石龙湖湖区及龙须沟陈桥至石龙湖湖区段 2 km，实施清淤工程；对环湖路以内 333 hm^2 土地进行流转，实施退耕还湿工程面积约 60 hm^2，累计投入资金近 50 万元；对 9 处承包经营到期总面积约 40 hm^2 的养殖塘的水产养殖予以取缔，对养殖塘实施退渔还湿，并进行湿地人工辅助自然恢复，累计投入资金 50 余万元；取缔围网养殖户 4 户，清理渔船 36 条，清理围网养殖网箱 20 余处，清理围网近 3000 m，清理围网木桩千余根，清理捕捞地笼 500 多个。这些措施有效地保证了石龙湖水流通畅，减少了污染物对水体的污染，保持了良好的水体景观和水质，使湿地生境得到有效改善，生物多样性得到有效维护。

安庆嬉子湖湿地植被栽培繁育示范基地

一、基本概况

嬉子湖湿地植被栽培繁育示范基地位于嬉子湖国家湿地公园内，建设面积 $2\times10^4\ m^2$，项目期限为 3 年，自 2015 年 11 月始至 2018 年 11 月止，项目总投资 100 万元，主要目的是培育乡土水生植物，为本地湿地修复提供优良的种苗，积累水生植物栽培经验，同时兼顾宣教展示功能。

二、主要做法

1. 湿地公园管理局主导、公司实施

该项目由嬉子湖国家湿地公园管理局为主导，嬉子湖生态旅游有限责任公司负责实施，公园管理局成立项目建设领导组，确定项目负责人和技术负责人，编制符合本地实际情况的项目实施方案，统筹组织指导和协调项目的实施工作。嬉子湖生态旅游有限责任公司负责基地建设用地和具体工程建设，真正做到‘组织上有保障、技术上有支撑、经费上有落实”，为嬉子湖湿地植被栽培繁育示范基地成功建设奠定了坚实的基础。

2. 以乡土水生植物为主，不盲目引进外来品种

自 2015 年 11 月开始，采集当地本土水生植物的种子作为基地种苗的主要来源，严控非本土苗木的引进，在基地建设中充分考虑植被对湿地的修复作用、对水质的净化能力以及对湿地野生动物食物链的修复等，已培育湿地植物种类达 38 种，基本满足了湿地修复苗木的需求。

3. 建立水生植物培育档案

对水生植物的成活率及生长情况进行跟踪调查，及时修正各类措施，按照“一种一档”原则，建立移植、培育等档案。

4. 运用栽培新方式

此次栽培结合湿地公园水生植物认知园建设，将过去的“田块”单品种集中栽植方式改为“基塘”多品种混合栽植方式，营造原生态植物群落。

三、技术关键

(1) 控制水位。通过两年多实践，发现对于水生植被栽植而言，控制水位是关键。

(2) 管理维护。有效的管理维护至关重要，要对生长季末枯萎的植被进行适当的人工割除，对枯枝落叶进行适当清理，定期收割高大挺水植物和打捞漂浮植物，并及时补植乡土植物。

（3）污染源治理。及时进行病虫害防治和有害生物清理。

（4）调整密度。对密度过大的水生植物要及时间苗。

四、建设成效

（1）通过项目实施，填补了安庆市无水生植物培育基地的空白。

（2）为嬉子湖湿地公园水生植被修复乃至安庆市其他的植被修复提供种源。

（3）积累了丰富的水生植被培育经验，培养和锻炼了一批专业技术人员。

（4）对公园内珍稀的水生植物起到保护作用，例如莲和野大豆。

（5）为广大公众了解认识水生植被提供了良好的平台。

贵池茅坦十八索湿地学校

一、贵池茅坦乡中心小学简介

贵池茅坦乡中心小学始建于1949年，系新中国成立后原茅坦乡创办最早的学校之一，位于墩上街道办事处茅坦村，地处贵池、青阳、铜陵三县交界处。目前，学校占地面积为7500 m^2，校舍建筑面积为3050 m^2，运动场面积为2640 m^2。现有全日制6个年级7个教学班，3个幼儿班；在校学生及幼儿400余人，教职工26人。

灵秀九华孕育了两条河流，一条是发源于九华山东麓岔泉岭的青通河，另一条是发源于山之北麓的九华河。这两条河像九华母亲修长的手臂，在她的环抱里，便是省级保护区——十八索自然保护区。

贵池茅坦乡中心小学学生居住在十八索湿地保护区周围，因为地理条件优越，具有开展湿地宣传教育得天独厚的条件。自2001年以来，该校一直开展爱鸟护鸟宣传活动，将“湿地保护教育”当作独特的地方文化在传承。

二、茅坦十八索湿地学校

2016年5月，贵池区林业局、教体局联合下文，设立“茅坦十八索湿地学校”，挂靠茅坦小学，旨在开展多种形式宣教活动，提高孩子们和居民对湿地和鸟儿的保护意识，并积极投身到保护湿地、保护鸟类活动中，争创未成年生态道德示范学校，让保护区永续“水碧天蓝、鸟语花香”!

办学理念：在幼小的心灵种下环保的种子。

办学思想：尊重自然、保护自然、顺应自然。

办学目标：小手牵大手，使每一位学生都成为湿地的保护者、宣传者!

2017年4月20日，安徽省GEF项目管理办公室、贵池十八索保护站、茅坦小学签署三方联合协议，共建十八索湿地学校，GEF项目办为湿地学校捐赠设备仪器和科普书籍。

学校邀请湿地国际专家马敬能先生来校为师生授课，讲解国内外湿地和鸟类知识；学校还邀请池州市野生鸟类保护协会负责人汪湜讲解鸟类知识并指导学生如何爱护鸟、保护鸟；十八索保护区程东升站长为学生普及湿地保护知识；十八索巡护员杜政荣带领同学们前往湿地观鸟，直观教授同学们认识鸟。学校每周一次的队会都是围绕湿地和鸟类知识展开，或诗歌朗诵，或演讲会。在湿地学校，保护湿地、爱护鸟类已深深地印在每个学生的心中。

学校每个班级都有自己的个性班级名，这些都与十八索湿地有关，如荷花班、天鹅班、白鹤班等。围绕湿地保护，学生们写作文、写手抄报、绘画，并参加学校一年一度的征文比赛，优秀作品还在橱窗展出，供广大师生阅读、欣赏；本校教师创编的《十八索》之歌，学生人人会唱，并唱响十八索周围社区；《重游十八索》在贵池区童谣比赛中获得优秀奖；学生自导自演的情景剧《双雁齐飞》在池州电视台多维度栏目播出；快板《爱鸟在行动》在池州市“相约中国梦”的舞台上荣获一等奖；此外，每年还与社区开展联合行动、宣传教育多达 20 次，受众遍布 5 个自然村 2 万余人口。保护区周边居民对湿地和鸟类的保护意识逐渐提高，老百姓把小天鹅、白鹤等候鸟当作吉祥如意的象征。2018 年 3 月，湿地学校制作湿地宣传展板 20 余面，用直观的方式展示十八索湿地的动植物图片，供师生参观学习。

2018 年 6 月，学校组织学生开展环保行动，清理垃圾，尤其是进社区宣传垃圾分类的意义，使不乱扔垃圾成为居民的自觉行为，有效保护了十八索湿地环境。2019 年 4 月，组织开展了十八索湿地首届手机摄影比赛，学生家长积极参与，认识了大美湿地、诗意湿地，取得了较好的社会反响。

2017 年 7 月，茅坦小学荣获“全国未成年人生态道德教育示范学校”荣誉称号。

2017 年 12 月，湿地国际中国办事处授予该校“湿地学校”称号，并加入中国湿地学校网络。

2018 年 7 月，安徽 GEF 终期评估，UNDP（联合国开发计划界）的国际专家充分肯定湿地学校办学思路，并给予很高的评价。

立足现在，展望未来。湿地学校将进一步提高全体教师素质，加强学生的生态道德教育。有计划地组织学生走出课堂，到湿地中去开阔成长视野，在提高学生对环保的感性认识方面，做出更多努力，把湿地学校越办越好。

安徽安庆菜子湖湿地社区共管

一、菜子湖湿地概况

菜子湖湿地是安庆沿江湿地自然保护区的一个重要湖泊，总面积约16667 hm^2，湿地生物多样性极其丰富，据调查：有湿地维管束植物43科100属147种，鱼类8目18科69种，底栖动物28种，隶属于14科25属。菜子湖地处东亚—澳大利亚迁徙水鸟通道，是许多重要水鸟的越冬地和停歇地，有国家重点保护水鸟11种；IUCN名录物种6种。在菜子湖越冬的白头鹤数量约占全球该物种种群数量的3%；被列为IUCN濒危物种的东方白鹳，在菜子湖越冬的种群数量约占全球该物种种群数量的5%。

二、社区共管在菜子湖湿地由来及工作开展情况

1. 社区共管的定义

共管是合作管理的简称，指涉及保护区管理的不同利益相关群体，建立起相互信任的合作伙伴关系，共同参与保护区管理方案的决策、实施和评估过程，研究和解决保护区管理不同利益群体之间存在的有关问题，其目标是将生物多样性保护和可持续发展结合起来。其中，最重要的是把社区这个基本的利益相关群体包含到保护区的整个管理过程中，包括认识存在的问题、探讨解决问题的办法以及对问题的解决，即为社区共管。

2. 社区共管在菜子湖湿地的由来

2010—2012年，安庆市林业局与瑞尔保护协会合作，在菜子湖实施了瑞尔自豪领导力开发项目，项目地涉及宜秀区罗岭镇姥山、小龙山、妙山三个社区。基于社区良好的湿地保护意识的基础以及前期所做的工作，社区确定在此开展社区共管项目。该项目主要以变革理论模型为行动导向，运用社会营销的方式，抓住湿地资源利用者的主要受众，针对其处于的不同阶段开展宣传活动和障碍清除活动，以达到保护生物多样性的目的；同时，建立社区发展和自然保护相协调的关系，社区积极参与自然保护区的保护和管理工作，探索出一条湿地保护和合理利用和谐并存的新模式。

3. 社区共管工作的开展

（1）成立了社区共管组织

在项目地的三个社区成立社区共管组织，选举产生了会长、秘书长等，制定了社区共管章程，三个社区还分别签订了社区共管协议。共管组织成员包括保护区、农委、当地镇政府、社区干部、社区群众、渔民承包户的代表，共计30人。

（2）开展了参与乡村评估的问卷调查

项目实施期间，保护区共开展了2次社区问卷调查，完成调查问卷900余份，通

过对当地社区群众的调查，了解项目实施前后知识、态度、人际交流等方面的变化。根据调查结果，实施共管项目以后，各方面指标显著性变化明显。其中，知道菜子湖水草减少原因的人数从2010年的58.6%提高到2012年的81.8%；非常同意菜子湖水鸟应该得到保护的人数从2010年的32.6%提高到2012年61.6%；愿意加入社区共管组织的人数从2010年的1.2%提高到2012年的20.2%。

（3）开展了形式新颖的共识会

在社区共管会的组织下，林业局召开了多次社区会议，有一对一访谈、拦截式访谈、焦点小组会议等，但是，其中效果最好、同时也深受社区群众喜欢的会议方式就是共识会。会议中，针对如何保护菜子湖的水草资源、如何制定合理有效的共管协议等主题，来自社区不同的利益相关者均踊跃发言，提出自己的想法和意见，通过整合收集他们的意见，为下一步保护区制定更加合理完善的保护措施提供了翔实的第一手资料。

（4）开展生态渔业示范

菜子湖湿地面临的主要威胁是过度养殖对湿地资源的破坏，为解决和缓解这一威胁，项目中制定了详细的障碍清除策略。邀请当地渔业专家对承包户开展了多次生态渔业培训，并选取2家承包户作为生态渔业示范户，示范面积达433 hm^2，共管委员会为示范户提供平时的技术服务和部分认证费用。从前两年的示范效果可以看出，渔民承包户的收益并没有降低，且示范区的水生植被恢复情况良好。

三、社区共管取得成效

（1）使安庆市的湿地保护逐渐形成保护区与社区共建共管的良好局面

2008年起，安庆市人民政府将湿地保护纳入相关部门的年度工作目标考核，实现了湿地保护政府主流化。菜子湖湿地社区共管委员会是安徽泊湖湿地类型保护区中建立的首个基层共管组织。共管机制的建立，加强了保护区与当地政府、基层社区的联系，让安庆的湿地保护继主流化以后形成了第二个亮点，促进了保护区的有效管理。

（2）使社区群众的保护意识提高，湿地资源得到有效保护

社区群众通过参与湿地保护工作，充分意识到湿地生物多样性资源的重要性，激发了自身对家乡资源的热爱和自豪感，使得菜子湖的水鸟资源和植被资源得到有效保护。

（3）对湿地保护相关部门产生影响

社区共管项目的开展涉及林业、渔业、环保等相关部门，通过培训、会议等形式，加强了保护区与相关部门的联系；同时，多部门联合开展湿地保护工作，也有利于解决实际工作中遇到的问题与困难。

安徽安庆市菜子湖湿地生态保护协会

菜子湖位于安徽省安庆市和铜陵市境内，是安徽省的重要湿地。菜子湖周边涉及宜秀、桐城、枞阳等 3 县（区），共 10 个乡镇，总面积达 16667 hm^2，周边人口约 34.8399 万人。

在 21 世纪初，菜子湖湿地生物多样性资源曾一度遭到人为破坏。围湖造田、围网养殖、投放饲料养鱼、捕猎候鸟、过度放牧等现象十分严重，原有的湿地面积和叶茂繁盛的植物多样性逐年减少，湿地生物物种资源面临灭绝的状况。

为了拯救菜子湖这片被人为破坏的湿地，当地一位农民发起了一支庞大的菜子湖湿地生态保护协会的民间社团组织，他就是现在的安庆市菜子湖湿地生态保护协会的理事长王三益同志。2008 年协会开始筹建，2010 年 1 月被正式批准成立。协会刚成立时会员只有 100 多人，现在协会会员和志愿者已有 300 多人，协会会员大都是菜子湖周边的桐城、枞阳、宜秀 3 县（区）的渔民、农民和市民。该协会依法登记，具有法人资格，有固定的活动场所，有办事机构，有一套有效的管理制度，协会依法开展正常活动，是一个非官方、非营利性的从事湿地保护的民间社团组织。协会人数多、规模大、力量雄厚，全国有 5 所大学与该协会建立了科普宣传教育培训点。该协会是菜子湖湿地一支庞大的自然环境保护队伍，也是华东地区第一个由农民发起的合法的湿地生态环境保护民间社团组织。

协会自成立以来，义务为湿地生态环境和鸟类保护做了大量工作，并利用各种宣传方式开展科普宣传公益活动。协会主要日常工作是：组织巡护队进行巡护预警，巡查保护区内是否存在违规开垦、投放污染环境的鱼饲料和盗猎候鸟行为，开展湿地宣传和湿地垃圾清理等诸多工作。湿地保护除人工巡护外，协会还自筹资金 100 多万元建起了湿地观测台和湿地远程监控系统；购买了无人机和橡皮艇实行空中、地面、水上全程布控；建立了安徽菜子湖湿地宣教中心——宣教馆；建立了鸟类救护站，等等。协会紧紧依靠会员和志愿者的群体力量，联手合作，多管齐下，共同抵制和阻止破坏湿地生态环境的不良行为，在业务主管部门的指导下，有效地遏制了菜子湖湿地生态环境的破坏，使湿地生态环境得到了明显的改善和恢复。

光阴荏苒，日月如梭。10 多年过去了，经过几千个日日夜夜的精心守护，菜子湖得到了充分的休养生息。近几年来，迁徙到菜子湖越冬栖息的候鸟每年达到 10 万多只，各异奇彩的候鸟在湿地草原上跃舞争鸣。现在的菜子湖湿地呈现出“水清、草绿、鸟飞、鱼跃、生机盎然”的全新美景。如今，到菜子湖湿地观光的人流、车辆穿梭不息，打破了以往路上无行人、湖上无鸟鸣的画面。

王三益会长说道：湿地保护是一项长期而艰巨的任务，保护好湿地对改善区域生态状况，对促进经济社会可持续发展、实现人与自然和谐共生都具有十分重要的意义。说到底，保护湿地也就是保护人类自己。因此，保护好菜子湖湿地资源是每个人义不容辞的责任，今后，不论困难有多大，我们都将一如既往地把菜子湖湿地生态环境保护好，决不松懈。

附录 1 安徽省湿地类型自然保护区名录

序号	名称	级别	位置	面积（hm^2）	保护对象	批建时间	隶属行政主管部门
1	安徽扬子鳄国家级自然保护区	国家级	宣州、郎溪、广德、泾县、南陵等县区	18565.0	扬子鳄及其栖息地	1982.6	安徽省林业局
2	安徽升金湖国家级自然保护区	国家级	池州市	33340.0	湿地生态系统及白头鹤、白鹤、白枕鹤、灰鹤、东方白鹳、黑鹳、白琵鹭、小天鹅、白额雁、鸳鸯等	1986.2.4	池州市林业局
3	安徽铜陵淡水豚国家级自然保护区	国家级	铜陵、枞阳、无为、贵池等县市	31518.0	淡水豚类及湿地生态系统	2000.12.5	安徽省林业局
4	安徽安庆沿江湿地省级自然保护区	省级	太湖、望江、枞阳	50332.0	湿地生态系统和珍稀水禽	1995 成立，2013 年调整	安庆市林业局
5	安徽宿松华阳河湖群省级自然保护区	省级	宿松县	50496.0	湿地生态系统和珍稀水禽	1995 成立，2014 年调整	宿松县林业局
6	安徽贵池十八索省级自然保护区	省级	贵池区	3651.6	白头鹤、白鹳、黑鹳、白琵鹭、小天鹅、卷羽鹈鹕、白额雁、鸳鸯等	1998	池州市贵池区林业局

（续表）

序号	名称	级别	位置	面积（hm^2）	保护对象	批建时间	隶属行政主管部门
7	安徽颍上八里河省级自然保护区	省级	颍上县	14600.0	湿地生态系统及鹤类、鹳类、雁鸭类等	2001.4	颍上县林业局
8	安徽霍邱东西湖省级自然保护区	省级	霍邱县	14200.0	珍稀水禽及其湿地生态系统	2001.4.6	霍邱县林业局
9	安徽当涂石臼湖省级自然保护区	省级	当涂县	10666.7	珍稀水禽及其湿地生态系统	2001.4.6	当涂县林业局
10	安徽五河沱湖省级自然保护区	省级	蚌埠市五河县	4180.2	湿地生态系统及其珍稀物种，包括珍稀濒危候鸟和珍贵淡水水产种质资源	2000.12.22	五河县林业局
11	安徽明光女山湖省级自然保护区	省级	明光市	21000.0	珍稀水禽及其湿地生态系统	2006	明光市林业局
12	安徽颍州西湖省级自然保护区	省级	阜阳市颍州区	11000.0	珍稀水禽及其湿地生态系统	2002.4.22	阜阳市林业局
13	安徽泗县沱河省级自然保护区	省级	泗县	2463.0	湿地生态系统	2009.3.25，2012年晋升为省级	泗县林业局
14	安徽砀山黄河故道省级自然保护区	省级	砀山县	218000.0	湿地生态系统	2012.2	砀山县林业局

（续表）

序号	名称	级别	位置	面积（hm^2）	保护对象	批建时间	隶属行政主管部门
15	安徽萧县黄河故道省级自然保护区	省级	萧县	3200.0	湿地生态系统	2009.9.15，2012年晋升为省级	萧县林业局
16	安徽固镇县两河湿地市级自然保护区	市级	固镇县	2000.0	珍稀水禽及其湿地生态系统	2006.4	固镇县林业局
17	安徽怀远县四方湖市级自然保护区	市级	蚌埠怀远县	10054.0	珍稀水禽及其湿地生态系统	2004.2.2	怀远县林业局
18	安徽黟县清溪县级自然保护区	县级	黟县	3000.0	金头闭壳龟等	2007.8.22	黟县林业局
19	安徽黄山区西溪湿地县级保护区	县级	黄山区乌石乡	4710.0	湿地生态系统	2007.10.1	黄山区林业局
20	安徽徽州区鸳鸯湖县级自然保护区	县级	徽州区西溪南镇	505.0	鸳鸯等水禽及其湿地生态系统	2007.6.26	徽州区林业局
21	安徽芜湖县长港扬子鳄县级自然保护区	县级	芜湖县红杨镇	21.3	扬子鳄及其栖息地	2009.11	芜湖县林业局
22	安徽芜湖县和平鹭鸟县级自然保护区	县级	芜湖县和平乡	6870.0	湿地生态系统	2002.11	芜湖市林业局
23	安徽芜湖县陶辛水韵县级自然保护区	县级	芜湖县陶辛镇	3270.0	湿地生态系统	2003.3	芜湖市林业局

附录 2 安徽省湿地公园名录（截至 2019 年底）

序号	名称	级别	面积（hm^2）	新建时间	晋升国家级时间	所在县（市、区）	主要保护对象
1	安徽太平湖国家湿地公园	国家级	9850.00	2007.11	2007.11	黄山区	库塘湿地生态系统
2	安徽迪沟国家湿地公园	国家级	2800.00	2008.12	2008.12	颍上县	塌陷湿地生态系统
3	安徽三汊河国家湿地公园	国家级	801.50	2009.12	2009.12	淮上区	河流湿地生态系统
4	安徽泗县石龙湖国家湿地公园	国家级	1001.18	2009.12	2009.12	泗县	河流湿地生态系统
5	安徽淮南焦岗湖国家湿地公园	国家级	3267.00	2009.12	2009.12	毛集实验区	湖泊湿地生态系统
6	安徽太和沙颍河国家湿地公园	国家级	714.00	2009.12	2009.12	太和县	河流湿地生态系统
7	安徽太湖花亭湖国家湿地公园	国家级	21841.00	2009.12	2009.12	太湖县	库塘湿地生态系统
8	安徽颍州西湖国家湿地公园	国家级	818.93	2009.12	2009.12	颍州区	湖泊湿地生态系统
9	安徽秋浦河源国家湿地公园	国家级	1826.44	2011.3	2011.3	石台县	河流湿地生态系统
10	安徽六安淠河国家湿地公园	国家级	4448.00	2011.12	2011.12	六安市	河流湿地生态系统
11	安徽道源国家湿地公园	国家级	858.70	2011.12	2011.12	涡阳县	塌陷湿地生态系统
12	安徽平天湖国家湿地公园	国家级	2901.00	2011.12	2011.12	池州市	湖泊湿地生态系统
13	安徽安庆菜子湖国家湿地公园	国家级	2539.00	2014.6.9	2015.12	宜秀区	湖泊湿地生态系统
14	安徽桐城嬉子湖国家湿地公园	国家级	5445.89	2014.6.9	2015.12	桐城市	湖泊湿地生态系统
15	安徽界首两湾国家湿地公园	国家级	504.34	2013.5	2015.12	界首市	河流湿地生态系统
16	安徽利辛西淝河国家湿地公园	国家级	958.71	2014.6.9	2015.12	利辛县	河流湿地生态系统

（续表）

序号	名称	级别	面积（hm^2）	新建时间	晋升国家级时间	所在县（市、区）	主要保护对象
17	安徽肥西三河国家湿地公园	国家级	1887.22	2014.12	2015.12	肥西县	河流湿地生态系统
18	安徽休宁横江国家湿地公园	国家级	661.09	2015.12	2015.12	休宁县	河流湿地生态系统
19	安徽阜南王家坝国家湿地公园	国家级	7054.47	2014.12	2015.12	阜南县	洪泛平原湿地生态系统
20	安徽庐阳董铺国家湿地公园	国家级	4667.43	2014.12	2016.12	庐阳区	湖泊湿地生态系统
21	安徽肥东管湾国家湿地公园	国家级	664.24	2016.7	2016.12	肥东县	水库湿地生态系统
22	安徽淮北中湖国家湿地公园	国家级	1056.18	2016.7	2016.12	淮北市	塌陷湖泊湿地生态系统
23	安徽颍泉泉水湾国家湿地公园	国家级	587.76	2014.12	2016.12	颍泉区	河流湿地生态系统
24	安徽巢湖半岛国家湿地公园	国家级	998.36	2016.12	2016.12	巢湖市	湖泊湿地生态系统
25	安徽蒙城北淝河国家湿地公园	国家级	1367.14	2016.12	2016.12	蒙城县	塌陷湖泊湿地生态系统
26	安徽潜山潜水河国家湿地公园	国家级	1450.06	2016.12	2016.12	潜山县	河流湿地生态系统
27	安徽合肥巢湖湖滨国家湿地公园	国家级	1535.31	2014.12	2017.12	包河区	湖泊湿地生态系统
28	安徽怀宁观音湖国家湿地公园	国家级	366.38	2017.7	2017.12	怀宁县	河流湿地生态系统
29	安徽来安池杉湖国家湿地公园	国家级	226.80	2013.5	2017.12	来安县	湖泊湿地生态系统
30	安徽含山大渔滩省级湿地公园	省级	466.30	2014.6.9		含山县	湖泊湿地生态系统
31	安徽南陵奎湖省级湿地公园	省级	505.37	2014.6.9		南陵县	湖泊湿地生态系统
32	安徽颍东区东湖省级湿地公园	省级	6133.00	2014.6.9		颍东区	河流湿地生态系统
33	安徽凤台凤凰湖省级湿地公园	省级	508.00	2014.12		凤台县	湖泊湿地生态系统
34	安徽潘集区泥河省级湿地公园	省级	2671.87	2014.12		潘集区	塌陷湿地生态系统

（续表）

序号	名称	级别	面积（hm^2）	新建时间	晋升国家级时间	所在县（市、区）	主要保护对象
35	安徽界首莲浦湖省级湿地公园	省级	176.00	2014.12		界首市	河流湿地生态系统
36	安徽临泉泉鞍洲省级湿地公园	省级	872.68	2014.12		临泉县	河流湿地生态系统
37	安徽宣城宛陵湖省级湿地公园	省级	267.40	2015.7		宣州区	湖泊湿地生态系统
38	安徽广德桐汭省级湿地公园	省级	257.04	2015.7		广德县	河流湿地生态系统
39	安徽贵池杏花村省级湿地公园	省级	2197.25	2016.7		贵池	河流湿地生态系统
40	安徽濉溪凤栖湖省级湿地公园	省级	493.30	2016.7		濉溪	塌陷湖泊湿地生态系统
41	安徽肥东龙栖地省级湿地公园	省级	573.71	2013.8 市，2017.7 省		肥东县	库塘湿地生态系统
42	安徽太和茨河湾省级湿地公园	省级	433.60	2017.7		太和县	河流湿地生态系统
43	安徽利辛阚泽省级湿地公园	省级	743.07	2017.7		利辛县	河流湿地生态系统
44	安徽巢湖柘皋河省级湿地公园	省级	446.65	2017.7		巢湖市	河流湿地生态系统
45	安徽巢湖槐林省级湿地公园	省级	193.96	2017.11		巢湖市	湖泊湿地生态系统
46	安徽怀远滨淮省级湿地公园	省级	430.00	2017.11		怀远县	河流湿地生态系统
47	安徽阜南谷河省级湿地公园	省级	1583.00	2017.11		阜南县	河流湿地生态系统
48	安徽临泉鹭鸟洲省级湿地公园	省级	86.07	2017.11		临泉县	库塘和河流湿地生态系统
49	安徽宿州仙湖省级湿地公园	省级	332.68	2017.11		宿州市	库塘和河流湿地生态系统
50	安徽芜湖东草湖省级湿地公园	省级	240.00	2017.11		芜湖县	库塘和河流湿地生态系统
51	安徽宁国西津河省级湿地公园	省级	119.70	2017.11		宁国市	河流湿地生态系统

（续表）

序号	名称	级别	面积（hm^2）	新建时间	晋升国家级时间	所在县（市、区）	主要保护对象
52	安徽屯溪三江省级湿地公园	省级	386.66	2018.12		屯溪区	河流湿地生态系统
53	安徽宣城官塘湖省级湿地公园	省级	105.00	2018.12		宣州区	库塘湿地生态系统
54	安徽宿松钓鱼台省级湿地公园	省级	368.75	2018.12		宿松县	库塘湿地生态系统
55	安徽宣城金梅岭市级湿地公园	市级	45.50	2015.5		宣州区	湿地生态系统
56	安徽宣城龙须湖市级湿地公园	市级	318.00	2015.5		郎溪县	湿地生态系统
57	安徽宣城张家湾市级湿地公园	市级	205.00	2015.5		广德县	湿地生态系统
58	安徽宣城储家滩市级湿地公园	市级	36.15	2015.7		宁国市	湿地生态系统
59	安徽宣城平垣市级湿地公园	市级	144.28	2015.6		泾县	湿地生态系统
60	安徽宣城丁家山市级湿地公园	市级	27.00	2015.7		旌德县	湿地生态系统
61	安徽阜阳太和太临河市级湿地公园	市级	25.00	2018.12		太和县	库塘和河流湿地生态系统
62	安徽阜阳界首鹭栖湖市级湿地公园	市级	23.00	2018.12		界首市	库塘和河流湿地生态系统
63	安徽阜阳临泉东马寨市级湿地公园	市级	10.09	2018.12		临泉县	库塘和输水河湿地生态系统
64	安徽阜阳临泉赵寨竹海市级湿地公园	市级	10.67	2018.12		临泉县	库塘湿地生态系统
65	安徽马鞍山含山县裕溪河后河市级湿地公园	市级	208.33	2019.12		含山县	湿地生态系统
66	安徽马鞍山和县双桥河市级湿地公园	市级	139.60	2019.12		和县	湿地生态系统
67	安徽马鞍山当涂县护城河市级湿地公园	市级	257.70	2019.12		当涂县	湿地生态系统
68	安徽马鞍山花山区雨山湖市级湿地公园	市级	150.85	2019.12		花山区	湿地生态系统

附录3 安徽省重要湿地名录（第一批）①

经安徽省人民政府批准，省林业厅、省农委、省水利厅、省国土厅、省环境保护厅联合公布第一批安徽省重要湿地名录计52处，总面积约45万公顷。其中，巢湖、石臼湖、扬子鳄栖息地、太平湖列入中国重要湿地名录，升金湖列入国际重要湿地名录。

合肥市（5处）

肥西三河国家湿地公园
合肥滨湖省级湿地公园
合肥庐阳省级湿地公园
肥东东景省级湿地公园
* 巢湖

淮北市（2处）

淮北中湖省级湿地公园
濉溪凤栖湖省级湿地公园

亳州市（2处）

利辛西淝河国家湿地公园
涡阳道源国家湿地公园

宿州市（4处）

萧县黄河故道省级自然保护区
砀山黄河故道省级自然保护区
泗县沱河省级自然保护区
泗县石龙湖国家湿地公园

蚌埠市（2处）

五河沱湖省级自然保护区
蚌埠三汊河国家湿地公园

阜阳市（11处）

颍州西湖省级自然保护区
颍上八里河省级自然保护区
颍上迪沟国家湿地公园
太和沙颍河国家湿地公园
颍州西湖国家湿地公园
界首两湾国家湿地公园
阜南王家坝国家湿地公园
颍东东湖省级湿地公园
界首莲浦湖省级湿地公园
临泉泉鞍洲省级湿地公园
颍泉泉水湾省级湿地公园

淮南市（3处）

淮南焦岗湖国家湿地公园
潘集区泥河省级湿地公园
凤台凤凰湖省级湿地公园

滁州市（2处）

明光女山湖省级自然保护区
来安池杉湖省级湿地公园

---

① 2017年2月13日，安徽省林业厅 安徽省农业委员会 安徽省水利厅 安徽省国土资源厅 安徽省环境保护厅 关于公布第一批省级主要湿地名录的通知（林自〔2017〕7号）

六安市（2 处）

霍邱东西湖省级自然保护区
六安淠河国家湿地公园

马鞍山市（2 处）

*石臼湖湿地
含山大渔滩省级湿地公园

芜湖市（1 处）

南陵奎湖省级湿地公园

宣城市（3 处）

*安徽扬子鳄国家级自然保护区
宣城宛陵湖省级湿地公园
广德桐汭省级湿地公园

铜陵市（1 处）

铜陵淡水豚国家级自然保护区

池州市（5 处）

*升金湖湿地
贵池区十八索省级自然保护区
池州平天湖国家湿地公园
石台秋浦河源国家湿地公园
贵池杏花村省级湿地公园

安庆市（5 处）

安庆沿江湿地省级自然保护区
宿松华阳河湖群省级自然保护区
安庆菜子湖国家湿地公园
桐城嬉子湖国家湿地公园
太湖花亭湖国家湿地公园

黄山市（2 处）

*太平湖湿地
休宁横江国家湿地公园

注：
① *为中国重要湿地
② 安徽扬子鳄国家级自然保护区涉及的 5 个县按照一处统计

参考文献

1. Daily G C，Söderqvist T，Aniyar S，et al. Ecology. The value of nature and the nature of value [J]. Science，2000，289 (5478)：395－396.

2. 周小春，张颖. DB34/T 2831—2017 湿地植被修复技术规程 [S]. 合肥：安徽省质量技术监督局，2017.

3. 周小春，周立志. DB34/T 3035—2017 省级湿地公园建设规范 [S]. 合肥：安徽省质量技术监督局，2017.

4. 卢萍，周小春. DB34/T 3420—2019 湿地生态状况评估技术规范 [S]. 合肥：安徽省质量技术监督局，2019.

5. 周立志，卢萍. DB34/T 3422—2019 省级重要湿地和一般湿地生态监测技术规程 [S]. 合肥：安徽省质量技术监督局，2019.

6. Doncaster C P. Comment on "On the regulation of populations of mammals，birds，fish，and insects" [J]. Science，2006，311 (5764)：1100.

7. Lu C，Wang Z，Li L，et al. Assessing the conservation effectiveness of wetland protected areas in Northeast China [J]. Wetlands Ecology & Mannagement，2016，24 (4)：1－18.

8. Xu W，Li X，Pimm S L，et al. The effectiveness of the zoning of China's protected areas [J]. Biologocal Conservation，2016，204：231－236.

9. Zhang D，Zhou L，Song Y，et al. Effect of water level fluctuations on temporal-spatial patterns of foraging activities by the wintering Hooded Crane (*Grus monacha* Temminck) [J]. Avian Research，2015，6 (3)：169－177.

10. 安徽大学资源与环境工程学院. 升金湖国家级自然保护区综合考察报告[R]. 合肥：安徽大学，2014.

11. 鲍达明，谢屹，温亚利. 构建中国湿地生态效益补偿制度的思考 [J]. 湿地科学，2007，5 (2)：128－131

12. 陈广洲，葛欢，施金菊，等. 四个时期升金湖湿地的土地利用动态研究 [J]. 湿地科学，2017，15 (1)：20－24.

13. 陈锦云. 安徽沿江湖泊越冬水鸟群落结构研究 [D]. 合肥：安徽大学，2011.

14. 程中才. 中国湿地资源（安徽卷）[M]. 北京：中国林业出版社. 2015.

15. 高利建. 基于生态保护的湿地公园景观规划研究 [D]. 北京：中国林业科学研究院，2015.

16. 宫蕾. 安徽沿江湖泊越冬白头鹤（*Grus monacha* Temminck）觅食生态的研究 [D]. 合肥：安徽大学，2013.

17. 李文华．生态系统服务功能价值评估的理论、方法与应用［M］．北京：中国人民大学出版社，2008.

18. 刘靓靓，周忠泽，田焕新，等．升金湖自然保护区维管植物群落类型及区系研究［J］．生物学杂志，2016，33（05）：40－46.

19. 刘子刚，卫文斐，刘喆．我国湿地生态补偿存在的问题及对策［J］．湿地科学与管理，2015，11（4）：32－36.

20. 陆维研，杨朔，董琰，等．建立湿地生态效益补偿制度的必要性及可行性分析［J］．安徽农业科学，2007，35（21）：6570－6572.

21. 孙永侠．我国湿地生态补偿机制的构建［D］．杭州：浙江农林大学，2013.

22. 欧阳志云，王如松．生态系统服务功能、生态价值与可持续发展［J］．世界科技研究与发展，2000，1（5）：45－50.

23. 沙晨燕，李玲，唐浩，等．典型滩涂环境因子对植物群落空间分布的影响［J］．人民长江，2016，47（22）：10－15.

24. 施葵初，周小春．安徽湿地［M］．合肥：合肥工业大学出版社，2003.

25. 王明胜，张颖，李海峰，周小春．湿地生态效益补偿实践与思考［J］．安徽林业科技，2020，46（5）：3－6.

26. 王涛．重庆市阿蓬江湿地景观质量评价［D］．长沙：中南林业科技大学，2013.

27. 王伟，陆健健．生态系统服务功能分类与价值评估探讨［J］．生态学杂志，2005，24（11）：1314－1316.

28. 王子鹏，周立志．安徽省湿地公园发展状况研究［J］．安徽林业科技，2020，46（1）：9－17.

29. 王子鹏，周立志．安徽省湿地公园建设成效评估研究［J］．湿地科学，2019，17（5）：527－535.

30. 许李林，徐文彬，孙庆业，等．升金湖植物区系及其群落演变［J］．武汉植物学研究，2008，（03）：264－270.

31. 杨芳，邝奕轩．城市湿地的保护与可持续利用［J］．城市科学，2013，245（5）：26－45.

32. 杨玲．湖泊湿地退化对越冬白头鹤（*Grus monacha* Temminck）觅食活动的影响［D］．合肥：安徽大学，2015.

33. 杨阳．升金湖越冬水鸟优势种及关键种生境适宜性研究［D］．合肥：安徽大学，2018.

34. 杨园园，戴尔阜，付华．基于 InVEST 模型的生态系统服务功能价值评估研究框架［J］．首都师范大学学报：自然科学版，2012，33（3）：41－47.

35. 周波．安徽沿江湖泊白头鹤越冬生态学的初步研究［D］．合肥：安徽大学，2009.

36. 周小春．安徽湿地的形成与演变［J］．安徽林业科技，2017，43（4）：8－12.

37. 周映华．流域生态补偿及其模式初探［J］．水利发展研究，2008，（03）：11－16.